概率论与数理统计学习指导与精练

主　编　曹金亮　张野芳
副主编　王小双　鲍吉锋

北京理工大学出版社
BEIJING INSTITUTE OF TECHNOLOGY PRESS

内容简介

本书是为概率论与数理统计课程的学习而编写的指导性教材，本书总结归纳了概率论与数理统计课程的基本概念、基本理论与基本方法．通过对类型与数量众多的例题的解析，使读者能够较好地掌握概率论与数理统计的思想方法与解题技巧．本书对历年硕士研究生入学考试中概率统计部分的常考点及试题做了详细分析．此外，本书每节后面还配备了常规练习题，在附录中提供了四套综合测试题供读者选用．

本书可作为高等学校理工科、农林医、经济、管理等各专业概率论与数理统计课程的配套教材，也是相关专业研究生入学考试复习备考很好的参考教材．

图书在版编目（CIP）数据

概率论与数理统计学习指导与精练／曹金亮，张野芳主编．—北京：北京理工大学出版社，2020.9（2022.1重印）

ISBN 978-7-5682-8994-8

Ⅰ．①概…　Ⅱ．①曹…②张…　Ⅲ．①概率论-高等学校-教学参考资料②数理统计-高等学校-教学参考资料　Ⅳ．①O21

中国版本图书馆 CIP 数据核字（2020）第 166160 号

出版发行／北京理工大学出版社有限责任公司

社　　址／北京市海淀区中关村南大街 5 号

邮　　编／100081

电　　话／（010）68914775（总编室）

（010）82562903（教材售后服务热线）

（010）68944723（其他图书服务热线）

网　　址／http：//www. bitpress. com. cn

经　　销／全国各地新华书店

印　　刷／唐山富达印务有限公司

开　　本／787 毫米×1092 毫米　1/16

印　　张／17. 5

字　　数／411 千字

版　　次／2020 年 9 月第 1 版　2022 年 1 月第 2 次印刷

定　　价／49. 80 元

责任编辑／孟祥雪

文案编辑／孟祥雪

责任校对／周瑞红

责任印制／李志强

前 言

概率论与数理统计是高等院校理工科、农林医、经济、管理等各专业的一门重要的基础课程，也是全国硕士研究生相关专业入学考试数学科目的重要组成部分.

为了帮助读者更好地学习这门课程，我们根据多年的教学经验编写了本书. 本书旨在帮助广大读者理解基本概念，掌握基本知识点，学会解题方法，掌握解题技巧，提高分析问题与解决问题的能力，为后续课程的学习和将来的硕士研究生入学考试打下良好的数学基础.

本书共分八章，与一般的《概率论与数理统计》教材前八章相对应，为了配合教学过程，内容编排与教材基本一致，分章节展开，使读者在使用上更加方便. 内容的选取充分参考了硕士研究生入学考试大纲，使之能够覆盖考研大纲对概率统计部分所要求的全部知识点. 在每节的例题解析部分对大部分题目都给出了解题分析，帮助读者分析解题思路. 此外，本书还对历年硕士研究生入学考试中概率统计部分的试题及考点进行了分析，为考生备考提供了复习依据.

掌握数学概念与方法的最好途径就是做题，为此，本书每节都配备了常规练习题. 在使用本书时，学生应尽力多做一些练习题，通过练习真正掌握每章的内容. 对于本书提供的例题，读者应先对题目进行独立思考，然后再查阅解答过程，最好能够提出不同于书中的解题方法. 在书的最后附有 4 套综合测试题，读者可以通过这些测试题进行自我测试检查，测试对本课程的掌握程度.

本书由曹金亮、张野芳担任主编，王小双、鲍吉锋担任副主编. 在本书的编写过程中，浙江海洋大学信息工程学院领导及数学系的各位同人给予了热情的关怀与帮助. 在编写中我们参考了大量同类教材、学习指导书和网络资料，在此不一一列出，谨对这些参考书及资料的原作者表示衷心的感谢!

感谢浙江海洋大学教务处对本教材在立项及出版等各方面的大力支持与帮助.

编　者

目 录

第1章

随机事件及其概率

基本要求

(1) 了解样本空间（基本事件空间）的概念，掌握事件的关系及运算.

(2) 理解概率、条件概率的概念，掌握概率的基本性质，会计算古典型概率和几何型概率，掌握概率的加法公式、减法公式、乘法公式、全概率公式和贝叶斯（Bayes）公式.

(3) 理解事件独立性的概念，掌握用事件独立性进行概率计算的方法；理解独立重复试验的概念，掌握计算有关事件概率的方法.

重点与难点

本章重点

(1) 随机事件及事件间的运算关系.

(2) 概率的公理化定义及概率的基本性质的应用.

(3) 乘法公式及条件概率公式.

(4) 事件的独立性及其应用.

本章难点

(1) 概率的公理化定义及概率的基本性质的应用.

(2) 古典概率的计算及条件概率、全概率公式和贝叶斯（Bayes）公式的应用.

1.1 随机事件及其运算

1.1.1 知识要点

1. 随机试验的概念

具有以下三个特征的试验称为随机试验，用字母 E 表示：(1) 试验可以在相同的条件下重复进行；(2) 每次试验的结果不止一个，并事先能明确试验的所有可能的结果；(3) 试验前不能确定哪一个结果会发生.

2. 样本空间、随机事件、基本事件、不可能事件、必然事件的概念

随机试验 E 中的所有可能的结果组成的集合称为样本空间 Ω（每一个结果称为样本点）；样本空间的子集（由某些样本点组成）称为随机事件；每一个样本点（即每一个结果）称为基本事件；一定不发生的事件叫作不可能事件，记作 $\varnothing$；一定发生的事件叫作必然事件，即 Ω.

3. 事件间的关系和运算

熟练掌握事件的运算关系是正确计算随机事件概率的基础. 以下列出事件之间的关系及运算规律：

(1) 包含关系：若事件 A 发生必然导致事件 B 发生，即 A 中的样本点都属于 B，则称事件 B 包含事件 A，记为 $A \subset B$ 或 $B \supset A$.

(2) 相等关系：若 $A \subset B$ 且 $B \subset A$，则称 A 与 B 相等（或等价），记为 $A = B$.

(3) 并（或和）的事件：事件 A 和事件 B 至少有一个发生，记为 $A \cup B$，称为 A 与 B 的并（或和）. 它是由 A 与 B 中的所有样本点构成的集合.

一般地，n 个事件 $A_1, A_2, \cdots, A_n$ 的和事件记为 $\bigcup\limits_{i=1}^{n} A_i$，它表示事件 $A_1, A_2, \cdots, A_n$ 至少有一个发生. 可列个事件 $A_1, A_2, \cdots$ 的和事件记为 $\bigcup\limits_{i=1}^{\infty} A_i$，它表示事件序列 $A_1, A_2, \cdots$ 中至少有一个事件发生.

对于任意事件 A，有 $A \cup \varnothing = A$，$A \cup A = A$，$A \cup \Omega = \Omega$. 若 $A \subset B$，则 $A \cup B = B$.

(4) 积（或交）的事件：事件 A 和 B 同时发生，记为 $A \cap B$，也简记为 AB，称为事件 A 与 B 的积（交），它是由事件 A 和 B 中共同的样本点构成的集合.

一般地，n 个事件 $A_1, A_2, \cdots, A_n$ 的积事件记为 $\bigcap\limits_{i=1}^{n} A_i$，它表示事件 $A_1, A_2, \cdots, A_n$ 同时发生. 可列个事件 $A_1, A_2, \cdots$ 的积事件记为 $\bigcap\limits_{i=1}^{\infty} A_i$，它表示事件序列 $A_1, A_2, \cdots$ 的事件同时发生.

由积事件的定义可知，对于任意事件 A，有 $A \cap A = A$，$A \cap \Omega = A$，$A \cap \varnothing = \varnothing$.

(5) 差的事件：事件 A 发生而事件 B 不发生，记为 $A - B$，称为事件 A 和 B 的差. 它是由集合 A 中去掉属于 B 的元素后剩余的点组成的集合.

(6) 互不相容（互斥）事件：若事件 A 和 B 不能同时发生，则称事件 A 和 B 为互不相容事件或互斥事件. 记作 $A \cap B = \varnothing$.

两个事件互斥的基本特征是它们无共性，即它们不含有相同的样本点.

(7) 互逆（对立）事件：设事件 A 和 B 互不相容，且 $A \cup B = \Omega$，则称事件 A 和 B 为对立事件，也称事件 A 和 B 为互逆事件. 这时 B 称为 A 的逆事件，记为 $\overline{A}$.

由差事件与逆事件的定义，对于任意事件 A 与 B，有 $\overline{A} = \Omega - A$，$\overline{\overline{A}} = A$，$A \cap \overline{A} = \varnothing$，

$A \cup \overline{A} = \Omega$, $A - B = A - AB = A\overline{B}$.

(8) 完备事件组：设 Ω 是试验 E 的样本空间，A_1，A_2，…，A_n 是 E 的一组事件，若 $A_iA_j = \varnothing$，$i \neq j$，i，$j = 1$，2，…，n；且 $A_1 \cup A_2 \cup \cdots \cup A_n = \Omega$，则称 A_1，A_2，…，A_n 为 Ω 的一个完备事件组.

(9) 事件间的运算律：

①交换律：$A \cup B = B \cup A$，$A \cap B = B \cap A$；

②结合律：$A \cup (B \cup C) = (A \cup B) \cup C$，$A \cap (B \cap C) = (A \cap B) \cap C$；

③分配律：$A \cup (B \cap C) = (A \cup B) \cap (A \cup C)$，$A \cap (B \cup C) = (A \cap B) \cup (A \cap C)$；

④德・摩根律（对偶原理）：$\overline{A \cup B} = \overline{A} \cap \overline{B}$，$\overline{A \cap B} = \overline{A} \cup \overline{B}$.

德・摩根律可以推广到任意多个事件的情形，即对于任意多个事件，有

$$\overline{\bigcup_i A_i} = \bigcap_i \overline{A_i},\quad \overline{\bigcap_i A_i} = \bigcup_i \overline{A_i}$$

1.1.2　典型例题

例 1.1.1　甲、乙、丙三人各射一次靶，记 A = "甲中靶"，B = "乙中靶"，C = "丙中靶"，则用上述三个事件的运算分别表示下列事件.

(1) "甲未中靶"；(2) "甲中靶而乙未中靶"；(3) "三人中只有丙未中靶"；(4) "三人中恰有一人中靶"；(5) "三人中至少有一人中靶"；(6) "三人中至少有一人未中靶"；(7) "三人中至少两人中靶"；(8) "三人均未中靶"；(9) "三人中至多一人中靶"；(10) "三人中至多两人中靶"；(11) 恰有两人中靶.

分析　事件之间的关系运算，要与一些概率语言"至少""恰有""同时"等联系起来，并熟悉其运算规律.

解　利用事件的运算规律，有

(1) $\overline{A}$；(2) $A\overline{B}$；(3) $AB\overline{C}$；(4) $A\overline{B}\,\overline{C} \cup \overline{A}B\overline{C} \cup \overline{A}\,\overline{B}C$；(5) $A \cup B \cup C$；(6) $\overline{A} \cup \overline{B} \cup \overline{C}$ 或 $\overline{ABC}$；(7) $AB \cup AC \cup BC$；(8) $\overline{A}\,\overline{B}\,\overline{C}$；(9) $A\overline{B}\,\overline{C} \cup \overline{A}B\overline{C} \cup \overline{A}\,\overline{B}C \cup \overline{A}\,\overline{B}\,\overline{C}$；(10) $\overline{ABC}$ 或 $\overline{A} \cup \overline{B} \cup \overline{C}$；(11) $AB\overline{C} \cup A\overline{B}C \cup \overline{A}BC$.

例 1.1.2　指出下列各等式命题是否成立，并说明理由.

(1) $A \cup B = (A\overline{B}) \cup B$；(2) $\overline{A}B = A \cup B$；(3) $\overline{A \cup B} \cap C = \overline{ABC}$；(4) $(AB)(A\overline{B}) = \varnothing$.

分析　在考虑等式成立时，运用逆事件与事件之间的相互关系及对偶等运算规律，来了解其内在关系.

解　(1) 成立. $(A\overline{B}) \cup B = (A \cup B) \cap (\overline{B} \cup B)$　　（分配律）

$$= (A \cup B) \cap \Omega$$

$$= A \cup B.$$

(2) 不成立. 若 A 发生，则必有 $A \cup B$ 发生，但由于 A 发生，必有 $\overline{A}$ 不发生，从而 $\overline{A}B$ 不发生，故 $\overline{A}B = A \cup B$ 不成立.

(3) 不成立. $\overline{A \cup B} \cap C = \overline{A}\,\overline{B}C \neq \overline{A} \cup \overline{B} \cup \overline{C} = \overline{ABC}$.

(4) 成立. $(AB)(A\overline{B}) = (AB)(\overline{B}A) = A(B\overline{B})A = (A\varnothing)A = \varnothing A = \varnothing$.

常规训练

1. 是非题.

(1) 互不相容事件一定是对立事件. ( )

(2) 事件 $A - B$ 可表示为 $A\overline{B}$ 的事件. ( )

2. (1) 设 A, B 为任意两个随机事件, 则事件 $(A \cup B)(\Omega - AB)$ 表示 ( ).

A. 必然事件　　B. A 与 B 恰有一个发生

C. 不可能事件　　D. A 与 B 不同时发生

(2) 设 A, B, C 为三事件, 则 $\overline{(A \cup C)B}$ 表示 ( ).

A. ABC　　B. $(\overline{A}\,\overline{C}) \cup \overline{B}$

C. $(\overline{A} \cup \overline{B}) \cup C$　　D. $(\overline{A} \cup \overline{C}) \cup \overline{B}$

3. (1) 设事件 A 和 B 及 $\overline{A}$ 和 $\overline{B}$ 各互不相容, 则 A 和 B 为____________.

(2) 根据对偶原理, 任意三事件 A, B, C 有 $\overline{A \cup B \cup C} =$ ____________.

(3) 设 E 为观察舟山地区 10 月份的平均气温. 则试验的样本空间为____________. 用 A 表示 10 月平均气温小于 20℃, 则 A 为____________.

4. 将一枚均匀的硬币抛两次, 事件 A, B, C 分别表示 “第一次出现正面” “两次出现同一面” “至少有一次出现正面”, 试写出样本空间及事件 A, B, C 中的样本点.

5. 掷一颗骰子的试验, 观察其出现的点数, 事件 $A =$ “偶数点”, $B =$ “奇数点”, $C =$ “点数小于 5”, $D =$ “点数为小于 5 的偶数”, 讨论上述事件间的关系.

6. 设某人向靶子射击 3 次, 用 A_i 表示 “第 i 次击中靶子” ($i = 1, 2, 3$), 试用语言描述下列事件：

(1) $\overline{A_1} \cup \overline{A_2} \cup \overline{A_3}$；(2) $\overline{A_1 \cup A_2}$；(3) $(A_1A_2\overline{A_3}) \cup (\overline{A_1}A_2A_3)$.

7. 化简 $\overline{(\overline{AB} \cup C)(\overline{AC})}$.

8. 设 A 和 B 是任意两事件，化简下列二式：

(1) $(A \cup B)(A \cup \overline{B})(\overline{A} \cup B)(\overline{A} \cup \overline{B})$；(2) $AB \cup \overline{A}B \cup A\overline{B} \cup \overline{AB} - \overline{AB}$.

9. 证明：$(A \cup B) - B = A - AB = A\overline{B} = A - B$.

1.2 频率与概率

1.2.1 知识要点

1. 频率的定义及性质

在 n 次重复试验中，若事件 A 发生了 n_A 次，则称 n_A 为事件 A 发生的频数，称比值 n_A/n 为事件 A 发生的频率，并记成 $f_n(A)$，即 $f_n(A)=n_A/n$.

依照频率的定义易知，频率具有下列基本性质：

（1）非负性：对任意事件 A，$f_n(A)\geqslant 0$；

（2）规范性：$f_n(\Omega)=1$；

（3）有限可加性：若事件 $A_1, A_2, \cdots, A_k$ 互不相容，则有

$$f_n(A_1\cup A_2\cup\cdots\cup A_k)=f_n(A_1)+f_n(A_2)+\cdots+f_n(A_k)$$

注：频率在一定程度上反映了事件 A 发生可能性大小，但在一定条件下做重复试验，其结果可能是不一样的，因此不能用频率代替概率.

2. 概率的统计定义及性质

在一定条件下重复进行试验，如果随着试验次数 n 的增加，事件 A 在 n 次试验中出现的频率 $f_n(A)$ 稳定于某一数值 p（或稳定地在某一数值 p 附近波动），则称数值 p 为事件 A 在这一定条件下发生的概率，记作

$$P(A)=p$$

上述概率的定义是由频率引进的，与频率类似，它也具备下述性质：

（1）非负性：对任意事件 A，$P(A)\geqslant 0$；

（2）规范性：$P(\Omega)=1$；

（3）有限可加性：若事件 $A_1, A_2, \cdots, A_k$ 互不相容，则有

$$P(A_1\cup A_2\cup\cdots\cup A_k)=P(A_1)+P(A_2)+\cdots+P(A_k)$$

3. 概率的公理化定义

设 Ω 是随机试验 E 的样本空间. 对 Ω 中的每一个事件 A 赋予一个实数，记为 $P(A)$，如果这个集合函数 $P(\cdot)$ 满足下列三个条件，则称 $P(A)$ 为事件 A 的概率：

（1）非负性：对于每一个事件 A，有 $P(A)\geqslant 0$；

（2）规范性：对于必然事件 Ω，有 $P(\Omega)=1$；

（3）可列可加性：设 $A_1, A_2, \cdots, A_n, \cdots$ 是两两互不相容的事件序列，即对于 $i\neq j$，$A_iA_j=\varnothing$，$i, j=1, 2, \cdots$，则有

$$P\left(\bigcup_{i=1}^{\infty}A_i\right)=\sum_{i=1}^{\infty}P(A_i)$$

4. **概率的基本性质**

性质 1　$P(\varnothing)=0$.

性质 2　设 n 个事件 $A_1, A_2, \cdots, A_n$ 两两互不相容，即对于 $i\neq j$，$A_iA_j=\varnothing$，$i, j=1, 2, \cdots, n$，则有

$$P(\bigcup_{i=1}^{n} A_i)=\sum_{i=1}^{n} P(A_i)\quad \text{（有限可加性）}$$

性质 3　对于任一事件 A，有 $P(\bar{A})=1-P(A)$.

性质 4　设 A, B 是两个事件，若 $B\subset A$，则有

$$P(A-B)=P(A)-P(B)$$

推论 1　若 $A\supset B$，则有 $P(A)\geqslant P(B)$；对于任意事件 A，有 $P(A)\leqslant 1$.

性质 5　（加法公式）对于任意两事件 A, B，有

$$P(A\cup B)=P(A)+P(B)-P(AB)$$

推论 2　对于任意的事件 A, B，有 $P(A\cup B)\leqslant P(A)+P(B)$.

推论 3　对于任意 n 个事件 $A_1, A_2, \cdots, A_n$，有

$$P(A_1\cup A_2\cup\cdots\cup A_n)\leqslant P(A_1)+P(A_2)+\cdots+P(A_n)$$

性质 6　可以推广到任意有限多个事件的情形. 对于任意多个事件 $A_1, A_2, \cdots, A_n$，有

$$P(\bigcup_{i=1}^{n} A_i)=\sum_{i=1}^{n} P(A_i)-\sum_{1\leqslant i<j\leqslant n} P(A_iA_j)+\sum_{1\leqslant i<j<k\leqslant n} P(A_iA_jA_k)-\cdots+(-1)^{n-1}P(\bigcap_{i=1}^{n} A_i)$$

特别地，对于三个事件 A_1, A_2, A_3，有

$$P(A_1\cup A_2\cup A_3)=P(A_1)+P(A_2)+P(A_3)-P(A_1A_2)-P(A_1A_3)-P(A_2A_3)+P(A_1A_2A_3)$$

1.2.2　典型例题

例 1.2.1　已知事件 A，B 同时发生时事件 C 发生，证明 $P(C)\geqslant P(A)+P(B)-1$.

解　由事件的运算关系知，此时 $AB\subset C$，从而有 $P(C)\geqslant P(AB)$. 又由加法公式及 $0\leqslant P(A\cup B)\leqslant 1$，可得

$$P(AB)=P(A)+P(B)-P(A\cup B)\geqslant P(A)+P(B)-1$$

由此可得

$$P(C)\geqslant P(A)+P(B)-1$$

例 1.2.2　设 $P(\bar{A})=0.3$，$P(B)=0.4$，$P(A\bar{B})=0.5$，求 $P(\bar{A}\cup\bar{B})$；$P(\bar{A}B)$；$P(A\cup\bar{B})$；$P(\bar{A}\,\bar{B})$；$P[B(A\cup\bar{B})]$.

解　易知 $P(A)=0.7$，$P(\bar{B})=0.6$，由 $P(AB)=P(A)-P(A\bar{B})=0.2$，又有

$$P(A\cup B)=P(A)+P(B)-P(AB)=0.9$$

由此可知：

$$P(\bar{A}\cup\bar{B})=P(\bar{A})+P(\bar{B})-P(\bar{A}\,\bar{B})=P(\bar{A})+P(\bar{B})-1+P(A\cup B)=0.8$$

$$P(\bar{A}B)=P(B)-P(AB)=0.2$$

$$P(A \cup \overline{B})=P(A)+P(\overline{B})-P(A\overline{B})=0.8$$
$$P(\overline{A}\,\overline{B})=1-P(A \cup B)=0.1$$
$$P[B(A \cup \overline{B})]=P(AB)+P(\varnothing)=0.2$$

例 1.2.3 已知 $AC=\varnothing$，$P(C)=0.3$，$P(BC)=0.1$，求 $P[\overline{A}(C-B)]$

解 注意到 $AC=\varnothing$，$\overline{A}\supset C\supset C-B$，则 $P[\overline{A}(C-B)]=P(C-B)=P(C)-P(BC)=0.2$.

例 1.2.4 某城市中发行两种报纸 A，B，经调查，在这两种报纸的订户中，订阅 A 报的有 45%，订阅 B 报的有 35%，同时订阅两种报纸 A，B 的有 10%，求只订一种报纸的概率.

分析 居民订阅报纸可看成随机事件. 利用事件的运算关系把复杂事件用简单事件来表示，然后利用相关的概率公式求得概率.

解 记 A = "订阅 A 报"，B = "订阅 B 报"，C = "只订一种报"，则

$$\begin{aligned}P(C)&=P[(A-B)\cup(B-A)]=P[(A\overline{B})\cup(B\overline{A})]=P(A-AB)+P(B-AB)\\&=P(A)-P(AB)+P(B)-P(AB)=0.45-0.1+0.35-0.1=0.6\end{aligned}$$

例 1.2.5 已知 $P(A)=P(B)=P(C)=\dfrac{1}{4}$，$P(AC)=P(BC)=\dfrac{1}{16}$，$P(AB)=0$. 求事件 A，B，C 全不发生的概率.

解
$$\begin{aligned}P(\overline{A\cup B\cup C})&=1-P(A\cup B\cup C)\\&=1-[P(A)+P(B)+P(C)-P(AB)-P(AC)-P(BC)+P(ABC)]\\&=1-\left[\frac{1}{4}+\frac{1}{4}+\frac{1}{4}-0-\frac{1}{16}-\frac{1}{16}+0\right]=\frac{3}{8}\end{aligned}$$

例 1.2.6 设事件 A，B，C 两两互不相容，$P(A)=0.2$，$P(B)=0.3$，$P(C)=0.4$. 求 $P[(A\cup B)-C]$.

解 因为 A，B，C 两两互不相容，所以 $A\subset\overline{C}$，$B\subset\overline{C}$，$P(AB)=0$. 因而

$$\begin{aligned}P[(A\cup B)-C]&=P[(A\cup B)\overline{C}]=P[(A\overline{C}\cup B\overline{C}]\\&=P(A\overline{C})+P(B\overline{C})-P(AB\overline{C})\\&=P(A)+P(B)=0.5\end{aligned}$$

常规训练

1. 是非题.

(1) 概率可用频率去定义，所以概率就是频率. ( )

(2) 对任意 n 个事件 $A_1, A_2, \cdots, A_n$，有 $P(A_1\cup A_2\cup\cdots\cup A_n)\leqslant P(A_1)+P(A_2)+\cdots P(A_n)$. ( )

2. (1) 当事件 A 与 B 同时发生时，事件 C 必发生，则 ( ).

A. $P(C)=P(AB)$　　B. $P(C)=P(A\cup B)$

C. $P(C) \geqslant P(A) + P(B) - 1$　　D. $P(C) \leqslant P(A) + P(B) - 1$

（2）设 A，B 是两个概率不为零的，且不相容的随机事件，则下列结论一定正确的是（　　）.

A. $\overline{A}$ 与 $\overline{B}$ 互不相容　　B. $\overline{A}$ 与 $\overline{B}$ 相容

C. $P(AB) = P(A)P(B)$　　D. $P(A - B) = P(A)$

3. 设 A，B 为两个随机事件，$P(A) = 0.6$，$P(A - B) = 0.3$，$P(\overline{AB}) =$ ________.

4. 观察某地区未来 5 天的天气情况，记 A_i 为事件“有 i 天不下雨”，已知 $P(A_i) = iP(A_0)$，其中 $i = 1, 2, 3, 4, 5$，求下列各事件的概率：

(1) 5 天均下雨；(2) 至少 1 天不下雨；(3) 至多 3 天不下雨.

5. 设 $AB = \varnothing$，$P(A) = 0.6$，$P(A \cup B) = 0.8$，求事件 B 的逆事件的概率.

6. 设 $P(A) = 0.4$，$P(B) = 0.3$，$P(A \cup B) = 0.6$，求 $P(A - B)$.

7. 设 A，B 都出现的概率与 A，B 都不出现的概率相等，且 $P(A)=p$，求 $P(B)$.

8. 设 A，B 是两事件，且 $P(A)=0.6$，$P(B)=0.7$. 问：

(1) 在什么条件下 $P(AB)$ 取得最大值，最大值是多少？

(2) 在什么条件下 $P(AB)$ 取得最小值，最小值是多少？

1.3 古典概型

1.3.1 知识要点

1. 古典概型的概念

具有以下两个特征的试验称为古典概型，

(1) 样本空间的元素（即基本事件）只有有限个；

(2) 每个基本事件出现的可能性是相等的.

2. 古典概型的计算公式

对于任意随机事件 A，如果 A 中包含 k 个基本事件，则

$$P(A)=\frac{k}{n}=\frac{A\text{中所含的基本事件数}}{\text{基本事件总数}}$$

3. 古典概型计算的几个注意点

(1) 算清楚 A 中所包含的基本事件数和试验的基本事件总数是关键，而正确计数的关键是能熟练运用排列组合的相关知识解决问题；

(2) 古典概型的几种类型大致包括：摸球问题（即随机抽样问题）、分配问题（占位、排队等）及随机取数问题，在解题时要注意归纳；

(3) 排列组合基本知识：

加法原理　设完成过程 A 有 n 种不同方式，若第 i 种方式包含 m_i 种不同方法，那么完成过程 A 一共有 $m_1+m_2+\cdots+m_n$ 种不同方法.

乘法原理　设完成 A 需要有 n 个步骤，第 i 个步骤又包含 m_i 种不同的方法，则完成过程 A 共有 $m_1\times m_2\times\cdots\times m_n$ 种不同的方法.

排列　在有放回的选取中，从 n 个元素中取出 r 个元素进行排列，这种排列称为有重复排列，其总数共有 n^r 种. 在不放回选取中，从 n 个元素中取出 r 个元素进行排列，其总数为

$$\mathrm{A}_n^r=n(n-1)(n-2)\cdots(n-r+1)$$

这种排列称为选排列. 当 $r=n$ 时称为全排列. n 个元素的全排列数为 $\mathrm{P}_n=n!$.

组合　从 n 个元素中取出 r 个元素而不考虑其顺序，称为组合，其总数为

$$\mathrm{C}_n^r=\binom{n}{r}=\frac{\mathrm{A}_n^r}{r!}=\frac{n(n-1)\cdots(n-r+1)}{r!}=\frac{n!}{r!(n-r)!}$$

若 $r_1+r_2+\cdots+r_k=n$，把 n 个不同的元素分成 k 个部分，第一部分 r_1 个，第二部分 r_2 个，…，第 k 部分 r_k 个，则不同的分法共有

$$\mathrm{C}_n^{r_1}\mathrm{C}_{n-r_1}^{r_2}\cdots\mathrm{C}_{n-r_1-r_2-\cdots-r_{k-1}}^{r_k}=\frac{n!}{r_1!r_2!\cdots r_k!}$$

4. 几何概型

设 Ω 是一个几何体（它可以是一维、二维、三维或者任意 n 维的）且具有有限的度量（一维情形是区间长度，二维情形是面积，三维情形是体积等）. 向 Ω 中投掷一质点 M，如果 M 在 Ω 中均匀分布，则称该随机试验是几何型的.

5. 几何概型计算公式

如果随机试验 E 是几何型的，样本空间 Ω 的度量记作 $\mu(\Omega)$，仍以 A 表示事件“掷点 M 落入 Ω 的子区域 A 中”，子区域 A 的度量记作 $\mu(A)$，则此随机事件 A 的概率为

$$P(A)=\frac{\mu(A)}{\mu(\Omega)}$$

1.3.2　典型例题

例 1.3.1　抛掷两颗相同的骰子，求点数之和为 8 的概率.

解　用数对 (i, j) 表示第一个骰子出现的点数 i，第二个骰子出现的点数 j，则试验的样本空间为：$\Omega=\{(i, j)\mid i, j=1, 2, \cdots, 6\}$，则记 $A=$“两个骰子点数之和为 8”，有

$$A=\{(i, j)\mid i+j=8,\ i, j=2, 3, 4, 5, 6\}$$

容易知道：$n(\Omega)=36$，$n(A)=5$，由此可知 $P(A)=\dfrac{5}{36}$.

例 1.3.2　某地区电话号码由 0，1，2，3，4，5，6，7，8，9 中的 8 个数字组成，则能组成 8 个数字都不相同的电话号码的概率是__________；能组成 8 位数电话号码的概率

是__________.

解 这是古典概型问题，由于电话号码中数字可以重复，因此这是一个重复排列问题. 利用重复排列的计数公式，样本点总数为 $n(\Omega)=10^8$，记 $A=$ “能组成 8 个数字都不相同的电话号码”; $B=$ “能组成 8 位数电话号码”. 则 $n(A)=A_{10}^8$，所以 $P(A)=\frac{A_{10}^8}{10^8}$. 对于 B，第一位不能是 0，则 $n(B)=9\times10^7$，于是 $P(B)=\frac{9\times10^7}{10^8}=0.9$.

例 1.3.3 有 r 个球，随机地放在 n 个盒子中 $(r\leqslant n)$，记 $A_1=$ “某指定的 r 个盒子各有一球”，$A_2=$ “恰有 r 个盒子，其中各有一球”，$A_3=$ “某指定的一个盒子中，恰有 k 个球”. 则 $P(A_1)=$ ______; $P(A_2)=$ ______; $P(A_3)=$ ________.

解 基本事件空间 Ω 为 r 个球放入 n 个盒子里的所有放法，共有 n^r 种. 由题意，$n(A_1)=r!$ 种，$n(A_2)=C_n^r\cdot r!$ 种，$n(A_3)=C_r^k\cdot(n-1)^{r-k}$ 种，则

$$P(A_1)=\frac{r!}{n^r};\ P(A_2)=\frac{C_n^r\cdot r!}{n^r};\ P(A_3)=\frac{C_r^k\cdot(n-1)^{r-k}}{n^r}$$

例 1.3.4 一个袋子中装有 10 个大小相同的球，其中 3 个黑球，7 个白球，求：

(1) 从袋子中任取一球，这个球是黑球的概率；(2) 从袋子中任取两球，刚好一个黑球一个白球的概率以及两个球全是黑球的概率.

解 (1) 10 个球任取一个，共有 $C_{10}^1=10$ 种取法，10 个球中有 3 个黑球，取到黑球的取法有 $C_3^1=3$ 种. 记事件 $A=$ “取到的球为黑球”，则 $P(A)=\frac{C_3^1}{C_{10}^1}=\frac{3}{10}$;

(2) 10 球中任取两球的取法有 C_{10}^2 种，其中刚好一个白球一个黑球的取法有 $C_3^1\cdot C_7^1$ 种，两个球均是黑球的取法有 C_3^2 种，记事件 $B=$ “刚好取到一个白球一个黑球”，$C=$ “两个球均为黑球”，则 $P(B)=\frac{C_3^1C_7^1}{C_{10}^2}=\frac{7}{15}$，$P(C)=\frac{C_3^2}{C_{10}^2}=\frac{1}{15}$.

例 1.3.5 一个袋子中装有 $a+b$ 个球，其中 a 个黑球，b 个白球，随机地每次从中取出一球（不放回），求下列各事件的概率：

(1) 第 i 次取到的是黑球；(2) 第 i 次才取到黑球.

解 因为所考虑的事件涉及取球的次序，所以基本事件也应考虑次序，$(a+b)$ 次取球的总取法为 $(a+b)!$，记 $A=$ “第 i 次取到的是黑球”，$B=$ “第 i 次才取到黑球”.

(1) 第 i 次取到黑球可以是 a 个黑球中的任意一个，选定其中一个以后，其他各次取球必在 $a+b-1$ 个球中任意选取，共有 $(a+b-1)!$ 种取法，从而 A 中包含的取法有 $a[(a+b-1)!]$ 种，故

$$P(A)=\frac{a[(a+b-1)!]}{(a+b)!}=\frac{a}{a+b}$$

(2) 第 i 次才取到黑球是 a 个黑球中的任意一个，第 1 到 $i-1$ 次是在 b 个白球中任选 $i-1$ 个（共有 A_b^{i-1} 种取法），其他各次在剩下的 $a+b-i$ 个球中任意选取（共有 $(a+b-i)!$ 种），则 B 中所含的总取法为 $a\cdot A_b^{i-1}\cdot[(a+b-i)!]$，故

$$P(B)=\frac{a\cdot \mathrm{A}_b^{i-1}\cdot[(a+b-i)!]}{(a+b)!}=\frac{a\cdot \mathrm{A}_b^{i-1}}{\mathrm{A}_{a+b}^{i}}$$

例1.3.6　将3个球随机地放入4个杯子中，问：杯子中球的个数最多为1，2，3的概率各是多少？

解　设A，B，C分别表示杯子中的最多球数分别为1，2，3的事件. 每个球均有4种可能，则放球过程的所有可能结果为$n=4^3$.

(1) A所含的基本事件数为：$\mathrm{C}_4^3\cdot 3!$，则$P(A)=\dfrac{\mathrm{C}_4^3\cdot 3!}{4^3}=\dfrac{3}{8}$；

(2) C所含的基本事件数为：$\mathrm{C}_4^1=4$，则$P(C)=\dfrac{4}{4^3}=\dfrac{1}{16}$；

(3) 由于3个球放在4个杯子中的各种可能放法为事件$A\cup B\cup C$，显然$A\cup B\cup C=\Omega$，且A，B，C互不相容，故

$$P(B)=1-P(A)-P(C)=\frac{9}{16}$$

例1.3.7　某单位招聘了15名员工，其中3名是硕士研究生，将他们随机地平均分到3个处室中去，问：

(1) 每个处室恰好分到一名研究生的概率是多少？(2) 3名研究生分在到同一处室的概率是多少？

解　将15名员工随机地平均分到3个处室的分法有：$\mathrm{C}_{15}^5\mathrm{C}_{10}^5\mathrm{C}_5^5$. 记事件$A$=“每个处室恰好分到一名研究生”，$B$=“3名研究生分在到同一处室”.

(1) 3名研究生分配到3个处室有3！种分法，其余12人平均分到3个处室有$\mathrm{C}_{12}^4\mathrm{C}_8^4\mathrm{C}_4^4$种分法，则$A$包含的事件总数为：$3!\times\mathrm{C}_{12}^4\mathrm{C}_8^4\mathrm{C}_4^4$. 故$P(A)=\dfrac{3!\times\mathrm{C}_{12}^4\mathrm{C}_8^4\mathrm{C}_4^4}{\mathrm{C}_{15}^5\mathrm{C}_{10}^5\mathrm{C}_5^5}=\dfrac{25}{91}$；

(2) 3名研究生分配在同一处室的分法有：$\mathrm{C}_3^1=3$种，其余12人，2个处室5人，1个处室2人，分法有：$\mathrm{C}_{12}^5\mathrm{C}_7^5\mathrm{C}_2^2$，则$B$的基本事件总数为：$3\times\mathrm{C}_{12}^5\mathrm{C}_7^5\mathrm{C}_2^2$. 故$P(B)=\dfrac{3\times\mathrm{C}_{12}^5\mathrm{C}_7^5\mathrm{C}_2^2}{\mathrm{C}_{15}^5\mathrm{C}_{10}^5\mathrm{C}_5^5}=\dfrac{6}{91}$.

例1.3.8　从1到9的9个整数中有放回地随机取3次，每次取一数，求取出的3个数之积能被10整除的概率.

分析　因为只有个位数为0的数才能被10整除，所以取出的3个数只要有5、有偶数，它们的积必定能被10整除.

解　设A_1=“取出的3个数有偶数”，A_2=“取出的3个数中有5”，则所求概率为

$$\begin{aligned}P(A_1A_2)&=1-P(\overline{A_1A_2})=1-P(\overline{A_1}\cup\overline{A_2})\\&=1-[P(\overline{A_1})+P(\overline{A_2})-P(\overline{A_1}\;\overline{A_2})]\\&=1-\left[\left(\frac{5}{9}\right)^3+\left(\frac{8}{9}\right)^3-\left(\frac{4}{9}\right)^3\right]=0.214\end{aligned}$$

例 1.3.9 某人午觉醒来，发觉表停了，他打开收音机，想听电台报时，设电台每正点报时一次，求他等待时间短于 10 分钟的概率.

解 这是一个一维几何概率问题. 以分钟为单位，记上一次报时时刻为 0，下一次报时时刻为 60，于是这个人打开收音机的时间必在 (0，60) 中，记 A = "等待时间短于 10 分钟"，则有

$$\Omega=(0,60),\ A=(50,60)\subset\Omega$$

于是

$$P(A)=\frac{10}{60}=\frac{1}{6}$$

常规训练

1. 是非题.

(1) 古典概型中样本空间的元素（即基本事件）可以是可列个. (　　)

(2) 在一次试验中基本事件发生的概率不是等可能的，则无法计算事件的概率. (　　)

2. (1) 盒中有 5 张卡片，上面分别标有数字 1，2，3，4，5. 从中任取一张，则卡片上标有奇数的概率为 (　　).

A. 0.6　　B. 0.5

C. 0.4　　D. 0.3

(2) 在区间 [0，1] 上随机地取两数 x，y，则 "$x+y\leqslant\frac{1}{4}$" 的概率为 (　　).

A. $\frac{1}{32}$　　B. $\frac{1}{16}$

C. $\frac{1}{8}$　　D. $\frac{1}{4}$

3. 甲袋中有 5 个白球，15 个黑球，5 个红球. 乙袋中有 10 个白球，10 个黑球，5 个红球. 从两袋中各取一球，是两种颜色相同的概率为____________________.

4. 在区间 (0，1) 中随机地取两个数，求两数之差的绝对值小于 $\frac{1}{2}$ 的概率为________.

5. 袋中装有 5 个白球，3 个黑球，从中一次任取两个. 求：

(1) 取到的两个球颜色不同的概率；(2) 取到的两个球中有黑球的概率.

6. 10 把钥匙中有 3 把能打开门，今任取两把，求能打开门的概率.

7. 两封信随机地投入 4 个邮筒，求前两个邮筒内没有信的概率及第一个邮筒内只有一封信的概率.

8. 在 1 500 个产品中有 400 个次品、1 100 个正品，任取 200 个. 求：
(1) 恰有 90 个次品的概率；(2) 至少有 2 个次品的概率.

9. 从 5 双不同的鞋子中任取 4 只，问：这 4 只鞋子中至少有两只配成一双的概率是多少?

10. 某专业研究生复试时，有 3 张考签，3 个考生应试，一个人抽一张后立即放回，再另一个人抽，如此 3 人各抽一次，求抽签结束后，至少有一张考签没有被抽到的概率.

1.4 条件概率

1.4.1 知识要点

1. 条件概率的概念

设 A, B 是同一随机试验的两个事件，且 $P(B)>0$，称

$$P(A \mid B)=\frac{P(AB)}{P(B)}$$

为事件 B 发生的条件下事件 A 发生的条件概率.

不难验证，条件概率符合概率的下列三条公理.

（1）非负性：对于任一事件 A，有 $P(A \mid B) \geqslant 0$；

（2）规范性：对于必然事件 Ω，有 $P(\Omega \mid B)=1$；

（3）可列可加性：设 A_1, A_2, … 是一列两两互不相容的事件，则有

$$P\left(\bigcup_{i=1}^{\infty} A_i \mid B\right)=\sum_{i=1}^{\infty} P(A_i \mid B)$$

由此知，条件概率也是概率，它满足概率的一切性质.

2. 求条件概率的一般方法

（1）事件 B 发生后，在缩小的样本空间中计算事件 A 发生的概率 $P(A|B)$；（2）在样本空间中分别计算 $P(AB)$ 与 $P(B)$，再用公式计算 $P(A \mid B)$.

3. 乘法公式

对于两个事件 A, B 有

$$P(AB)=P(B)P(A \mid B)\ (P(B)>0)$$

$$P(AB)=P(A)P(B \mid A)\ (P(A)>0)$$

乘法定理可推广到任意有限多个事件的情形：设 A_1, A_2, …, A_n 为任意 n 个事件，且 $P(A_1A_2\cdots A_{n-1})>0$，则有

$$P(A_1A_2\cdots A_{n-1}A_n)=P(A_1)P(A_2 \mid A_1)P(A_3 \mid A_1A_2)\cdots P(A_n \mid A_1A_2\cdots A_{n-1})$$

4. 全概率公式

设 A_1, A_2, …, A_n 是样本空间 Ω 的一个完备事件组，且 $P(A_i)>0\ (i=1, 2, \cdots, n)$. 则对于任意事件 B，有 $P(B)=\sum_{i=1}^{n} P(A_i)P(B \mid A_i)$

5. 贝叶斯公式

设 A_1, A_2, …, A_n 是样本空间 Ω 的一个完备事件组，且 $P(A_i)>0\ (i=1, 2, \cdots, n)$. 对于任意事件 B, $P(B)>0$，则有

$$P(A_i \mid B)=\frac{P(A_i)P(B \mid A_i)}{\sum_{i=1}^{n} P(A_i)P(B \mid A_i)}(i=1,\ 2,\ \cdots,\ n)$$

注： 全概率公式与贝叶斯公式应用上有点复杂，其关键是找一组两两互不相容的事件组：A_1，A_2，$\cdots$，A_n，使要研究的事件 $B \subset \bigcup_{i=1}^{n} A_i$，从而 $B \subset \bigcup_{i=1}^{n} BA_i$，进而使问题转化为求一组两两互不相容事件 BA_1，BA_2，$\cdots$，BA_n 的概率. 在运算中必须注意 A_1，A_2，$\cdots$，A_n 是导致事件 B 发生的一组原因，它们两两互不相容，且 $\bigcup_{i=1}^{n} A_i=\Omega$. 同时 $\sum_{i=1}^{n} P(A_i)=1$.

1.4.2　典型例题

例1.4.1　一袋中装有10个球，其中3个是黑的，7个是白的，先后两次从袋中各取一球（不放回），(1) 已知第一次取出的是黑球，求第二次取出的仍是黑球的概率；(2) 已知第二次取出的是黑球，求第一次取出的也是黑球的概率.

解　记 $A_i=$“第 i 次取到的是黑球”（$i=1,\ 2$）.

(1) 在已知 A_1 发生，即第一次取到的是黑球的条件下，第二次取球就在剩下的2个黑球、7个白球中任取一个，即 $P(A_2 \mid A_1)=\frac{2}{9}$.

(2) 在已知 A_2 发生，即第二次取到的是黑球的条件下，求第一次取到黑球的概率，但第一次取球发生在第二次取球之前，故问题的结构不像 (1) 那么直观. 这里用定义计算 $P(A_1 \mid A_2)$ 更方便些. 由古典概型：$P(A_1A_2)=\frac{\mathrm{A}_3^2}{\mathrm{A}_{10}^2}=\frac{1}{15}$，$P(A_2)=\frac{3}{10}$，则

$$P(A_1 \mid A_2)=\frac{P(A_1A_2)}{P(A_2)}=\frac{2}{9}$$

注： 此题若要求计算 $P(A_1A_2)$，也可由乘法公式 $P(A_1A_2)=P(A_1)P(A_2 \mid A_1)=\frac{3}{10}\times\frac{2}{9}=\frac{1}{15}$ 得出.

例1.4.2　已知 $P(A)=0.3$，$P(B)=0.4$，$P(A \mid B)=0.5$，试求：

(1) $P(B \mid A)$；(2) $P(B \mid A \cup B)$；(3) $P(\overline{A} \cup \overline{B} \mid A \cup B)$.

解　(1) 由乘法公式，$P(AB)=P(B)P(A \mid B)=0.4\times0.5=0.2$，因此

$$P(B \mid A)=\frac{P(AB)}{P(A)}=\frac{0.2}{0.3}=\frac{2}{3}$$

(2) 又因为 $B \subset A \cup B$，所以 $B(A \cup B)=B$，从而

$$P(B \mid A \cup B)=\frac{P[B(A \cup B)]}{P(A \cup B)}=\frac{P(B)}{P(A)+P(B)-P(AB)}=\frac{0.4}{0.3+0.4-0.2}=\frac{4}{5}$$

(3) $P(\overline{A} \cup \overline{B} \mid A \cup B)=P(\overline{AB} \mid A \cup B)=1-P(AB \mid A \cup B)$

$$=1-\frac{P(AB)}{P(A \cup B)}=1-\frac{0.2}{0.5}=\frac{3}{5}$$

例 1.4.3 人们为了解一只股票未来一定时期内价格的变化，往往会去分析影响股票价格的基本因素，比如利率的变化. 现假设人们经分析估计利率下调的概率为60%，利率不变的概率为40%. 根据经验，人们估计，在利率下调的情况下，该只股票价格上涨的概率为80%，而在利率不变的情况下，其价格上涨的概率为40%，求该只股票将上涨的概率.

解 记 A = "利率下调"，则 $\bar{A}$ = "利率不变". B = "股票价格上涨". 依题设知：

$$P(A)=60\%,\ P(\bar{A})=40\%,\ P(B|A)=80\%,\ P(B|\bar{A})=40\%$$

于是

$$\begin{aligned}P(B)&=P(AB)+P(\bar{A}B)=P(A)P(B|A)+P(\bar{A})P(B|\bar{A})\\&=60\%\times 80\%+40\%\times 40\%=64\%\end{aligned}$$

例 1.4.4 某商店收进甲厂生产的产品 30 箱，乙厂生产的同种产品 20 箱，甲厂每箱装 100 个，废品率为 0.06，乙厂每箱装 120 个，废品率为 0.05，求：

(1) 任取一箱，从中任取一个为废品的概率；

(2) 若将所有产品开箱混放，求任取一个为废品的概率.

解 记 A = "甲厂的产品"，B = "乙厂的产品"，C = "产品为废品". 则

(1) $P(A)=\dfrac{30}{50}=\dfrac{3}{5}$，$P(B)=\dfrac{20}{50}=\dfrac{2}{5}$，$P(C|A)=0.06$，$P(C|B)=0.05$.

由全概率公式，得

$$P(C)=P(A)P(C|A)+P(B)P(C|B)=0.056$$

(2) $P(A)=\dfrac{30\times 100}{30\times 100+20\times 120}=\dfrac{5}{9}$，$P(B)=\dfrac{20\times 120}{30\times 100+20\times 120}=\dfrac{4}{9}$.

由全概率公式，得

$$P(C)=P(A)P(C|A)+P(B)P(C|B)\approx 0.055\,6$$

例 1.4.5 某工厂有四条流水线生产同一种产品，四条流水线的产量分别占总产量的15%，20%，30%，35%，四条流水线的不合格品率依次为 0.05，0.04，0.03，0.02. 该厂规定，出了不合格品要追究有关流水线的经济责任. 现从出厂产品中任取一件，发现为不合格品，但该件产品是哪条流水线生产的标志已经脱落，问：厂方如何处理这件不合格品比较合理？或者说各条流水线应承担多少责任？

分析 这是执果求因问题，利用贝叶斯公式计算在出现不合格的条件下各条流水线出现的概率，以此为依据确定各流水线所应承担的责任份额.

解 记 A = "任取一件产品，为不合格品"，B_i = "抽到第 i 条流水线的产品"，($i=1,2,3,4$).

由全概率公式得：

$$\begin{aligned}P(A)&=\sum_{i=1}^{4}P(B_i)P(A|B_i)=0.15\times 0.05+0.20\times 0.04+0.30\times 0.03+0.35\times 0.02\\&=0.031\,5\end{aligned}$$

由贝叶斯公式得

$$P(B_1|A)=\frac{P(AB_1)}{P(A)}=\frac{P(B_1)P(A|B_1)}{P(A)}=\frac{0.15\times0.05}{0.0315}\approx0.2381$$

$$P(B_2|A)=\frac{P(AB_2)}{P(A)}=\frac{P(B_2)P(A|B_2)}{P(A)}=\frac{0.20\times0.04}{0.0315}\approx0.2540$$

$$P(B_3|A)=\frac{P(AB_3)}{P(A)}=\frac{P(B_3)P(A|B_3)}{P(A)}=\frac{0.30\times0.03}{0.0315}\approx0.2857$$

$$P(B_4|A)=\frac{P(AB_4)}{P(A)}=\frac{P(B_4)P(A|B_4)}{P(A)}=\frac{0.35\times0.02}{0.0315}\approx0.2222$$

由此可知第一、二、三、四条流水线应分别承担23.81%，25.40%，28.57%，22.22%的生产责任.

常规训练

1. 是非题.

（1）条件概率也是概率，它满足概率的一切性质.（　　）

（2）对任意两个事件 A，B，有 $P(AB)=P(A)\cdot P(B|A)$.（　　）

2. （1）已知 $P(A)=P(B)=\frac{1}{3}$，$P(A|B)=\frac{1}{6}$，则 $P(\overline{A}\,\overline{B})=$（　　）.

A. $\frac{11}{18}$　　B. $\frac{1}{3}$　　C. $\frac{7}{18}$　　D. $\frac{1}{4}$

（2）袋中有 5 个球，其中 3 个红球，2 个白球，现无放回地从中随机地抽取两次，每次取一球，则第二次取到红球的概率为（　　）.

A. $\frac{3}{5}$　　B. $\frac{1}{2}$　　C. $\frac{3}{4}$　　D. $\frac{3}{10}$

3. 盒中有 5 张卡片，上面分别标有数字 1，2，3，4，5. 第一次从盒中任取一张且不放回，第二次再从盒中任取一张，则第二次取到的卡片上标有奇数的概率为________；两次都取到标有奇数的卡片的概率为________.

4. 一批产品 100 件，有 80 件正品，20 件次品，其中甲厂生产的为 60 件，有 50 件正品，10 件次品，余下的 40 件由乙厂生产. 现从该批产品中任取一件. 记 $A=$“正品”，$B=$“甲厂生产的产品”，求 $P(A)$，$P(B)$，$P(AB)$，$P(B|A)$，$P(A|B)$.

5. 已知 $P(A)=\frac{1}{4}$，$P(B|A)=\frac{1}{3}$，$P(A|B)=\frac{1}{2}$，求 $P(A\cup B)$.

6. 设 A、B 为随机事件，$P(A)=0.7$，$P(B)=0.5$，$P(A-B)=0.3$，求：$P(AB)$，$P(B-A)$，$P(\overline{B}|\overline{A})$.

7. 用 3 个机床加工同一种零件，零件由各机床加工的概率分别为 0.5、0.3、0.2，各机床加工的零件为合格品的概率分别为 0.94、0.9、0.95，求全部产品的合格率.

8. 甲乙两个盒子里各装有 10 个螺钉，每个盒子的螺钉中各有一只是次品，其余均为正品，现从甲盒中任取两只螺钉放入乙盒中，再从乙盒中取出两只，问：从乙盒中取出的恰好是一只正品，一只次品的概率是多少？

9. 玻璃杯成箱出售，每箱 20 只，假设各箱含 0，1，2 只残次品的概率分别为 0.8，0.1，0.1，一顾客欲买下一箱玻璃杯，在购买时，售货员随意取出一箱，而顾客开箱随意查看其中的 4 只，若无残次品，则买下该箱玻璃杯，否则退回，试求：

（1）顾客买下该箱玻璃杯的概率；

（2）在顾客买下的一箱中，确实没有残次品的概率.

1.5　独立性

1.5.1　知识要点

1. 事件独立性的概念

（1）对于任意两个事件 A，B，若 $P(AB)=P(A)P(B)$ 成立，则称事件 A，B 是相互独立的，简称为独立的.

由定义立即可得，必然事件 Ω，不可能事件 $\varnothing$ 与任何事件相互独立.

（2）对于三个事件 A，B，C，若

$$P(AB)=P(A)P(B)$$
$$P(AC)=P(A)P(C)$$
$$P(BC)=P(B)P(C)$$

及

$$P(ABC)=P(A)P(B)P(C)$$

同时成立，则称事件 A，B，C 相互独立.

（3）设 A_1，A_2，…，A_n 是 n 个事件，如果对于所有可能的组合 $1\leqslant i<j<k<\cdots<n$ 下述各式成立

$$P(A_iA_j)=P(A_i)P(A_j)$$
$$P(A_iA_jA_k)=P(A_i)P(A_j)P(A_k)$$
$$\cdots$$
$$P(A_1A_2\cdots A_n)=P(A_1)P(A_2)\cdots P(A_n)$$

则称 A_1，A_2，…，A_n 相互独立.

2. **独立性的几条应用性质**

（1）必然事件 Ω，不可能事件 $\varnothing$ 与任何事件相互独立.

（2）若随机事件 A，B 相互独立，则下列事件对 $\{A, \bar{B}\}$，$\{\bar{A}, B\}$，$\{\bar{A}, \bar{B}\}$ 分别也相互独立.

（3）若 $A_1, A_2, \cdots, A_n$ 相互独立，则其中任意的 k（$2 \leqslant k \leqslant n-1$）个事件也相互独立.

（4）若 $A_1, A_2, \cdots, A_n$ 相互独立，则将其中的任意 k（$1 \leqslant k \leqslant n$）个事件分别换成其相应的逆事件后得到的 n 个事件也相互独立.

（5）若 $A_1, A_2, \cdots, A_n$ 相互独立，由于

$$\overline{A_1 \cup A_2 \cup \cdots \cup A_n} = \bar{A}_1 \bar{A}_2 \cdots \bar{A}_n$$

因此

$$\begin{aligned} P(A_1 \cup A_2 \cup \cdots \cup A_n) &= 1 - P(\overline{A_1 \cup A_2 \cup \cdots \cup A_n}) = 1 - P(\bar{A}_1 \bar{A}_2 \cdots \bar{A}_n) \\ &= 1 - P(\bar{A}_1) P(\bar{A}_2) \cdots P(\bar{A}_n) \end{aligned}$$

3. **伯努利试验的概念**

如果一个试验所有可能的结果只有两个：A（成功）与 $\bar{A}$（失败），并且 $P(A)=p$，$P(\bar{A})=1-p=q$（其中 $0<p<1$），则称此类试验为伯努利试验 E. 将 E 在相同条件下独立重复进行 n 次，每次试验中结果 A 出现的概率保持不变，均为 p（$0<p<1$）. 这 n 次独立重复试验构成一个 n 重伯努利试验，记作 E^n. 在 n 重伯努利试验 E^n 中，设 A 在各次试验中发生的概率为 p（$0<p<1$），记 $q=1-p$，则在 n 次试验中事件 A 恰好发生 k 次的概率为

$$P_n(k) = \mathrm{C}_n^k p^k q^{n-k},\ k=0, 1, 2, \cdots, n$$

1.5.2 典型例题

例 1.5.1 从一副不含大小王的扑克牌中任取一张，记 A = "抽到 K"，B = "抽到的牌是黑色的"，问：事件 A、B 是否独立？

解一 利用定义判断. 由

$$P(A) = \frac{4}{52} = \frac{1}{13},\ P(B) = \frac{26}{52} = \frac{1}{2},\ P(AB) = \frac{2}{52} = \frac{1}{26}$$

则

$$P(AB) = P(A)P(B)$$

故事件 A、B 独立.

解二 利用条件概率判断. 由

$$P(A) = \frac{1}{13},\ P(A|B) = \frac{2}{26} = \frac{1}{13}$$

则

$$P(A) = P(A|B)$$

故事件 A、B 独立.

例1.5.2 已知甲、乙两袋中分别装有编号为1，2，3，4的四个球．今从甲、乙两袋中各取出一球，设 A =“从甲袋中取出的是偶数号球”，B =“从乙袋中取出的是奇数号球”，C =“从两袋中取出的都是偶数号球或都是奇数号球”，试证 A、B、C 两两独立但不相互独立.

证 由题意知，$P(A)=P(B)=P(C)=\frac{1}{2}$，以 i，j 分别表示从甲、乙两袋中取出球的号数，则样本空间为 $\Omega=\{(i,j)\mid i=1,2,3,4;\ j=1,2,3,4\}$．样本空间包含了16个样本点，事件 AB 包含4个样本点：(2，1)，(2，3)，(4，1)，(4，3)，同样事件 AC，BC 都各包含4个样本点，所以

$$P(AB)=P(AC)=P(BC)=\frac{4}{16}=\frac{1}{4}$$

于是有

$$P(AB)=P(A)P(B),\ P(AC)=P(A)P(C),\ P(BC)=P(B)P(C)$$

因此 A、B、C 两两独立.

又因为 $ABC=\varnothing$，所以 $P(ABC)=0$，而 $P(A)P(B)P(C)=\frac{1}{8}$，因 $P(ABC)\neq P(A)P(B)P(C)$，所以 A、B、C 不是相互独立的.

例1.5.3 加工某一零件共需经过四道工序，设第一、二、三、四道工序的次品率分别为2%，3%，5%，3%，假定各道工序是互不影响的，求加工出来的零件的次品率.

解 本题应先计算合格品率，这样可以使计算简便.

设 A_1，A_2，A_3，A_4 为四道工序所发生的次品事件，D =“加工出来的零件是次品”，则 $\overline{D}$ =“产品合格”，即 $\overline{D}=\overline{A_1}\ \overline{A_2}\ \overline{A_3}\ \overline{A_4}$，则

$$\begin{aligned}P(\overline{D})&=P(\overline{A_1})P(\overline{A_2})P(\overline{A_3})P(\overline{A_4})=(1-2\%)(1-3\%)(1-5\%)(1-3\%)\\&=87.597\,79\%\approx 87.60\%\end{aligned}$$

则次品率为

$$P(D)=1-P(\overline{D})=1-87.60\%=12.40\%$$

例1.5.4 一条自动生产线上的产品，次品率为4%，求：

(1) 从中任取10件，至少有两件次品的概率；

(2) 一次取一件，无放回地抽取，求当取到第二件次品时，之前已取到8件正品的概率.

解 (1) 由于一条自动生产线上的产品很多，故当抽取的件数相对较少时，可将无放回抽取看成有放回抽取，每抽1件产品看作一次试验，且每次试验只有“正品”或“次品”两种可能结果，所以可以看成10重伯努利试验．设 A =“任取一件是次品”，则有

$$p=P(A)=0.04,\ q=P(\overline{A})=0.96$$

设 B =“10件中至少有两件次品”，由伯努利公式有

$$P(B)=\sum_{k=2}^{10}P_{10}(k)=1-P_{10}(0)-P_{10}(1)$$
$$=1-0.96^{10}-C_{10}^{1}\times0.04\times0.96^{9}=0.058\ 2$$

(2) 由题意，至第二次抽到次品时，共抽取了 10 次，前 9 次中抽得了 8 件正品 1 件次品．设 $C=$“前 9 次中抽到 8 件正品 1 件次品”，$D=$“第 10 次抽到次品”，则由独立性和伯努利公式，所求的概率为 $P(CD)=P(C)P(D)=C_9^1\times0.04\times0.96^8\times0.04=0.010\ 4$.

例 1.5.5 一袋中装有 10 个球，其中 3 个黑球 7 个白球．每次从中随意取出一球，取后放回．

(1) 如果共取 10 次，求 10 次中能取到黑球的概率及 10 次中恰好取到 3 次黑球的概率；

(2) 如果未取到黑球就一直取下去，直到取到黑球为止，求恰好要取 3 次的概率及至少要取 3 次的概率.

解 记 $A_i=$“第 i 次取到黑球”，则 $P(A_i)=\dfrac{3}{10}$，$i=1,2,\cdots$，

(1) 记 $B=$“10 次中能取到黑球”，$B_k=$“10 次中恰好取到 k 次黑球”$(k=0,1,\cdots,10)$，则

$$P(B)=1-\left(\frac{7}{10}\right)^{10},\ P(B_3)=C_{10}^{3}\left(\frac{3}{10}\right)^{3}\left(\frac{7}{10}\right)^{7}$$

(2) 记 $C=$“恰好取到 3 次”，$D=$“至少要取 3 次”，则

$$P(C)=\left(\frac{7}{10}\right)^{2}\left(\frac{3}{10}\right),\ P(D)=P(\overline{A_1A_2})=P(\overline{A_1})P(\overline{A_2})=\left(\frac{7}{10}\right)^{2}$$

常规训练

1. 是非题.

(1) 若 A，B 两事件互不相容，则这两事件一定是相互独立的. ( )

(2) 若事件 A，B 相互独立，则事件 $\overline{A}$，$\overline{B}$ 也相互独立. ( )

2. (1) 设事件 A，B 相互独立，且 $P(A)=0.5$，$P(B)=0.4$，则 $P(B|A\cup B)$ 为 ( ).

A. $\dfrac{4}{7}$　　B. $\dfrac{5}{7}$

C. $\dfrac{5}{8}$　　D. $\dfrac{1}{2}$

(2) 设 A，B，C 三事件两两独立，则 A，B，C 相互独立的充要条件是 ( ).

A. A 与 BC 独立　　B. AB 与 $A\cup C$ 独立

C. AB 与 AC 独立　　D. $A\cup B$ 与 $A\cup C$ 独立

3. (1) 甲，乙，丙三人各向靶独立射击一次，命中率分别为 0.3，0.4，0.5. 则至少有一人击中的概率为________.

(2) 设事件 A，B 互不相容，A 与 C，B 与 C 均相互独立，且 $P(A)=0.5$，$P(B)=0.3$，

$P(C) = 0.4$，则 $P(A \cup B \mid \overline{C}) =$ ________________.

4. 每次试验成功率为 $p(0 < p < 1)$，进行重复试验，求直到第 10 次试验才取得 4 次成功的概率.

5. 甲、乙两人射击，甲击中的概率为 0.8，乙击中的概率为 0.7，两人同时射击，并假定中靶与否是独立的，求：

（1）两人都中靶的概率；（2）甲中乙不中的概率；（3）甲不中乙中的概率.

6. 制造一种零件可采用两种工艺，第一种工艺有三道工序，每道工序的废品率分别为 0.1，0.2，0.3，第二道工艺有两道工序，每道工序的废品率都是 0.3. 如果用第一种工艺，在合格零件中，一级品率为 0.9；而用第二种工艺，合格品中的一级品率只有 0.8，试问：哪一种工艺能保证得到一级品的概率更大？

7. 某工人一天出废品的概率为0.2，求在4天中：

（1）都不出废品的概率；（2）至少有一天出废品的概率；（3）仅有一天出废品的概率；（4）最多有一天出废品的概率；（5）第一天出废品，其余各天不出废品的概率.

8. 设事件 A、B 相互独立，且 $P(A\overline{B}) = P(\overline{A}B) = \frac{1}{4}$，求 $P(A)$，$P(B)$.

1.6 考研指导与训练

1. 考试内容

硕士研究生入学考试数学一、数学二、数学三的考试大纲关于概率统计部分的内容要求是完全一致的. 其考试内容为：随机事件和样本空间，随机事件的关系与运算，完备事件组，概率的概念，概率的基本性质，古典概率，几何概率，条件概率，概率的基本公式，事件的独立性，重复独立试验.

2. 考试要求

本章的重点内容主要是事件的关系和运算、古典概型、几何概型和五个公式（加法公式、减法公式、乘法公式、全概率公式和贝叶斯公式）. 近几年来主要是以客观题的形式考查. 题目难度为中等偏下. 具体要求为：

（1）了解样本空间的概念，理解事件的概念，掌握事件的关系和运算及其基本性质.

（2）理解事件概率的概念，理解条件概率的概念和独立性的概念，掌握概率的基本性质和基本运算公式，即乘法公式、全概率公式和贝叶斯公式.

（3）掌握以下计算事件概率的两种基本方法：一是概率的直接计算（包括古典概率和几何概率）；二是利用概率的基本性质，基本公式和事件的独立性，由较简单事件的概率推算较复杂事件的概率.

（4）理解两个或多个随机试验独立性的概念，理解独立重复试验，特别是伯努利试验的基本特点以及重复伯努利试验中有关事件概率的计算.

3. 常见题型

例 1.6.1　设 A、B 是两个概率不为零的不相容事件，则下列结论肯定正确的是（　　）.

A. $\overline{A}$ 与 $\overline{B}$ 不相容　　B. $\overline{A}$ 与 $\overline{B}$ 相容

C. $P(AB)=P(A)P(B)$　　D. $P(A-B)=P(A)$

解　应选 D. 由于 A、B 是两个不相容事件，因此 $AB=\varnothing$，由此可得

$$P(A-B)=P(A-AB)=P(A)-P(AB)=P(A)-P(\varnothing)=P(A)$$

例 1.6.2　若 A、B 为任意两个随机事件，则（　　）.

A. $P(AB)\leqslant P(A)P(B)$　　B. $P(AB)\geqslant P(A)P(B)$

C. $P(AB)\leqslant \dfrac{P(A)+P(B)}{2}$　　D. $P(AB)\geqslant \dfrac{P(A)+P(B)}{2}$

解　应选 C. 因为 $AB\subset A$，$AB\subset B$，由概率的单调性知，$P(AB)\leqslant P(A)$，$P(AB)\leqslant P(B)$，从而 $P(AB)\leqslant \dfrac{P(A)+P(B)}{2}$.

例 1.6.3　已知随机事件 A、B 满足条件 $P(AB)=P(\overline{A}\,\overline{B})$，且 $P(A)=p$，则 $P(B)=$ ______.

解　填 $1-p$. 利用事件间的关系和概率计算公式有：

$$P(\overline{A}\,\overline{B})=P(\overline{A\cup B})=1-P(A\cup B)=1-P(A)-P(B)+P(AB)$$

由条件：$0=1-P(A)-P(B)$，从而 $P(B)=1-P(A)=1-p$.

例 1.6.4　对于事件 A、B、C，已知 $P(A)=P(B)=P(C)=\dfrac{1}{4}$，$P(AB)=0$，$P(AC)=P(BC)=\dfrac{1}{16}$，则事件 A、B、C 全不发生的概率为 ______.

解　填 $\dfrac{3}{8}$. 因为 A、B、C 全不发生可表示为 $\overline{A}\,\overline{B}\,\overline{C}=\overline{A\cup B\cup C}$，又 $ABC\subset AB$，故由 $P(AB)=0$ 可得 $P(ABC)=0$，所以

$$\begin{aligned}P(\overline{A}\,\overline{B}\,\overline{C})&=P(\overline{A\cup B\cup C})=1-P(A\cup B\cup C)\\&=1-[P(A)+P(B)+P(C)-P(AB)-P(AC)-P(BC)+P(ABC)]\\&=1-\frac{1}{4}-\frac{1}{4}-\frac{1}{4}+0+\frac{1}{16}+\frac{1}{16}-0=\frac{3}{8}\end{aligned}$$

例 1.6.5　将一枚硬币独立地掷两次，引进事件：$A_1=$"掷第一次出现正面"，$A_2=$"掷第二次出现正面"，$A_3=$"正反面各出现一次"，$A_4=$"正面出现两次"，则事件（　　）.

A. A_1，A_2，A_3 相互独立　　B. A_2，A_3，A_4 相互独立

C. A_1，A_2，A_3 两两独立　　D. A_2，A_3，A_4 两两独立

解 应选 C. 将一枚硬币独立地掷两次，其样本空间为 $\Omega=\{HH, HT, TH, TT\}$，其中 H 表示掷出正面，T 表示掷出反面. 则

$$P(A_1)=P(A_2)=P(A_3)=\frac{1}{2},\ P(A_4)=\frac{1}{4}$$

$$P(A_1A_2)=P(A_1A_3)=P(A_2A_3)=\frac{1}{4},\ P(A_1A_2A_3)=0$$

由此可知

$$P(A_1A_2)=P(A_1)P(A_2),\ P(A_1A_3)=P(A_1)P(A_3),\ P(A_2A_3)=P(A_2)P(A_3)$$

所以，A_1，A_2，A_3 两两独立，由 $P(A_1A_2A_3)=0\neq\frac{1}{8}=P(A_1)P(A_2)P(A_3)$，知 A_1，A_2，A_3 不相互独立，关于 A_2，A_3，A_4 可作类似推断.

例 1.6.6 某人向同一目标独立重复射击，每次击中目标的概率为 $p(0<p<1)$. 则此人第 4 次射击恰好是第 2 次命中目标的概率为（　　）.

A. $3p(1-p)^2$　　　　B. $6p(1-p)^2$

C. $3p^2(1-p)^2$　　　　D. $6p^2(1-p)^2$

解 应选 C. 因为第 4 次射击恰好第 2 次击中目标说明应击中目标，概率为 p，而在前 3 次射击中仅击中 1 次，由二项概率公式知，前 3 次射击恰好击中 1 次的概率为 $C_3^1p(1-p)^2$，则由独立性，前 3 次恰好击中 1 次且第 4 次击中目标的概率为 $3p(1-p)^2\cdot p=3p^2(1-p)^2$.

例 1.6.7 在区间 (0, 1) 中随机地取两个数，则两数之差的绝对值小于 $\frac{1}{2}$ 的概率为________________.

解 填 $\frac{3}{4}$. 这是几何概率问题，设取到的两数分别为 x，$y(0<x, y<1)$，试验的样本空间为 $\Omega=\{(x, y)\mid 0<x, y<1\}$，它是平面上的单位正方形，记 $A=$ “两数之差小于 $\frac{1}{2}$”，则 $A=\left\{(x, y)\middle| 0<x, y<1, |x-y|<\frac{1}{2}\right\}$，由几何概率的计算公式，有

$$P(A)=\frac{u(A)}{u(\Omega)}=\frac{1-\frac{1}{4}}{1}=\frac{3}{4}$$

例 1.6.8 从 0，1，2，…，9 这 10 个数字中任意选出 3 个不同的数字，试求下列事件的概率：$A_1=$ “3 个数字中不含 0 和 5”，$A_2=$ “3 个数字中不含 0 或 5”，$A_3=$ “3 个数字中含 0 但不含 5”.

解 这是古典概率问题，从 10 个数字中任取 3 个，样本空间 Ω 所包含的样本点总数为 C_{10}^3.

(1) 如果取得的 3 个数字不含 0 和 5，那么这 3 个数字必须在其余 8 个数字中选取，所以事件 A_1 所包含的样本点总数为 C_8^3，从而 $P(A)=\frac{C_8^3}{C_{10}^3}=\frac{7}{15}$.

（2）记 B = “取得的 3 个数字中不含 0”，C = “取得的 3 个数字中不含 5”，则 $A_2 = B \cup C$. 从而 $P(A_2) = P(B \cup C) = P(B) + P(C) - P(BC) = \dfrac{C_9^3}{C_{10}^3} + \dfrac{C_9^3}{C_{10}^3} - \dfrac{C_8^3}{C_{10}^3} = \dfrac{14}{15}$

（3）如果取得的 3 个数字中含 0，则需在取到 0 后再在其余 9 个数字中取两个数字，这样就有可能取到 5，所以再将取到 5 的情形去掉，故 A_3 所包含的样本点数为 $C_1^1C_9^2 - C_2^2C_8^1$，则

$$P(A_3) = \frac{C_1^1C_9^2 - C_2^2C_8^1}{C_{10}^3} = \frac{7}{30}$$

例 1.6.9　设有来自三个地区的各 10 名，15 名和 25 名考生的报名表，其中女生的报名表分别为 3 份，7 份和 5 份，随机地取一个地区的报名表，从中先后抽出 2 份.

（1）求先抽到一份是女生表的概率 p；

（2）已知后抽到的一份是男生表，求先抽到的一份是女生表的概率 q.

解　应用全概率公式求解. 设 B_i = “报名表是第 i 地区的考生”（$i = 1, 2, 3$），A_j = “第 j 次取到的表是男生表”（$j = 1, 2$），则有

$$P(B_1) = P(B_2) = P(B_3) = \frac{1}{3},\ P(A_1 | B_1) = \frac{7}{10},\ P(A_1 | B_2) = \frac{8}{15},\ P(A_1 | B_3) = \frac{4}{5}$$

（1）$P(\overline{A_1} | B_1) = \dfrac{3}{10}$，$P(\overline{A_1} | B_2) = \dfrac{7}{15}$，$P(\overline{A_1} | B_3) = \dfrac{1}{5}$，由全概率公式可得

$$p = P(\overline{A_1}) = \sum_{i=1}^{3} P(B_i)P(\overline{A_1} | B_i) = \frac{1}{3} \times \frac{3}{10} + \frac{1}{3} \times \frac{7}{15} + \frac{1}{3} \times \frac{1}{5} = \frac{29}{90}$$

（2）由条件概率及全概率公式得

$$q = P(\overline{A_1} | A_2) = \frac{P(\overline{A_1}A_2)}{P(A_2)} = \frac{\sum_{i=1}^{3} P(B_i)P(\overline{A_1}A_2 | B_i)}{\sum_{i=1}^{3} P(B_i)P(A_2 | B_i)}$$

$$= \frac{P(B_1)P(\overline{A_1}A_2 | B_1) + P(B_2)P(\overline{A_1}A_2 | B_2) + P(B_3)P(\overline{A_1}A_2 | B_3)}{P(B_1)P(A_2 | B_1) + P(B_2)P(A_2 | B_2) + P(B_3)P(A_2 | B_3)}$$

其中

$$P(\overline{A_1}A_2 | B_1) = \frac{3}{10} \times \frac{7}{9} = \frac{7}{30},\ P(\overline{A_1}A_2 | B_2) = \frac{7}{15} \times \frac{8}{14} = \frac{4}{15},\ P(\overline{A_1}A_2 | B_3) = \frac{5}{25} \times \frac{20}{24} = \frac{1}{6}$$

$$P(A_2 | B_1) = P(A_1A_2 | B_1) + P(\overline{A_1}A_2 | B_1) = \frac{7}{10} \times \frac{6}{9} + \frac{3}{10} \times \frac{7}{9} = \frac{7}{10}$$

$$P(A_2 | B_2) = P(A_1A_2 | B_2) + P(\overline{A_1}A_2 | B_2) = \frac{8}{15} \times \frac{7}{14} + \frac{7}{15} \times \frac{8}{14} = \frac{8}{15}$$

$$P(A_2 | B_3) = P(A_1A_2 | B_3) + P(\overline{A_1}A_2 | B_3) = \frac{20}{25} \times \frac{19}{24} + \frac{5}{25} \times \frac{20}{24} = \frac{4}{5}$$

代入数据得：$q = \dfrac{20}{61}$.

1. 对于任意两事件 A、B，有 $P(A-B)=($　　$)$.

A. $P(A)-P(B)$

B. $P(A)-P(B)+P(AB)$

C. $P(A)-P(AB)$

D. $P(A)+P(B)-P(AB)$

2. 设事件 A、B 互不相容，则（　　）.

A. $P(\overline{AB})=0$

B. $P(AB)=P(A)P(B)$

C. $P(A)=1-P(B)$

D. $P(\bar{A}\cup\bar{B})=1$

3. 对于任意二事件 A 和 B，一定有（　　）.

A. 若 $AB\neq\varnothing$，则 A、B 一定独立

B. 若 $AB\neq\varnothing$，则 A、B 有可能独立

C. 若 $AB=\varnothing$，则 A、B 一定独立

D. 若 $AB=\varnothing$，则 A、B 一定不独立

4. 已知 $0<P(B)<1$，且 $P[(A_1+A_2)|B]=P(A_1|B)+P(A_2|B)$，则下列选项成立的是（　　）.

A. $P[(A_1+A_2)|\bar{B}]=P(A_1|\bar{B})+P(A_2|\bar{B})$

B. $P(A_1B+A_2B)=P(A_1B)+P(A_2B)$

C. $P(A_1+A_2)=P(A_1|B)+P(A_2|B)$

D. $P(B)=P(A_1)P(B|A_1)+P(A_2)P(B|A_2)$

5. 设 A、B 是两个随机事件，且 $0<P(A)<1$，$P(B)>0$，$P(B|A)=P(B|\bar{A})$，则必有（　　）.

A. $P(A|B)=P(\bar{A}|B)$

B. $P(A|B)\neq P(\bar{A}|B)$

C. $P(AB)=P(A)P(B)$

D. $P(AB)\neq P(A)P(B)$

6. 设事件 A、B 相互独立，$P(B)=0.5$，$P(A-B)=0.3$，则 $P(B-A)=($　　$)$.

A. 0.1

B. 0.2

C. 0.3

D. 0.4

7. 设 A、B 为两个随机事件，且 $0<P(A)<1$，$0<P(B)<1$，如果 $P(A|B)=1$，则有（　　）.

A. $P(\bar{B}|\bar{A})=1$

B. $P(A|\bar{B})=0$

C. $P(A\cup B)=1$

D. $P(B|A)=1$

8. 设随机事件 A、B 及 $A\cup B$ 的概率分别为 0.4，0.3 和 0.6，若 $\bar{B}$ 表示 B 的对立事件，那么积事件 $A\bar{B}$ 的概率 $P(A\bar{B})=$ ________.

9. 设 A、B、C 是随机事件，A、C 互不相容，$P(AB)=\frac{1}{2}$，$P(C)=\frac{1}{3}$，则 $P(AB|\bar{C})=$

________.

10. 将 C，C，E，E，I，N，S 这 7 个字母随机地排成英文单词 SCIENCE 的概率为________________.

11. 考虑一元二次方程 $x^2+Bx+C=0$，其中 B，C 分别为将一枚骰子接连掷两次先后出现的点数，求该方程有实根的概率 p 和有重根的概率 q.

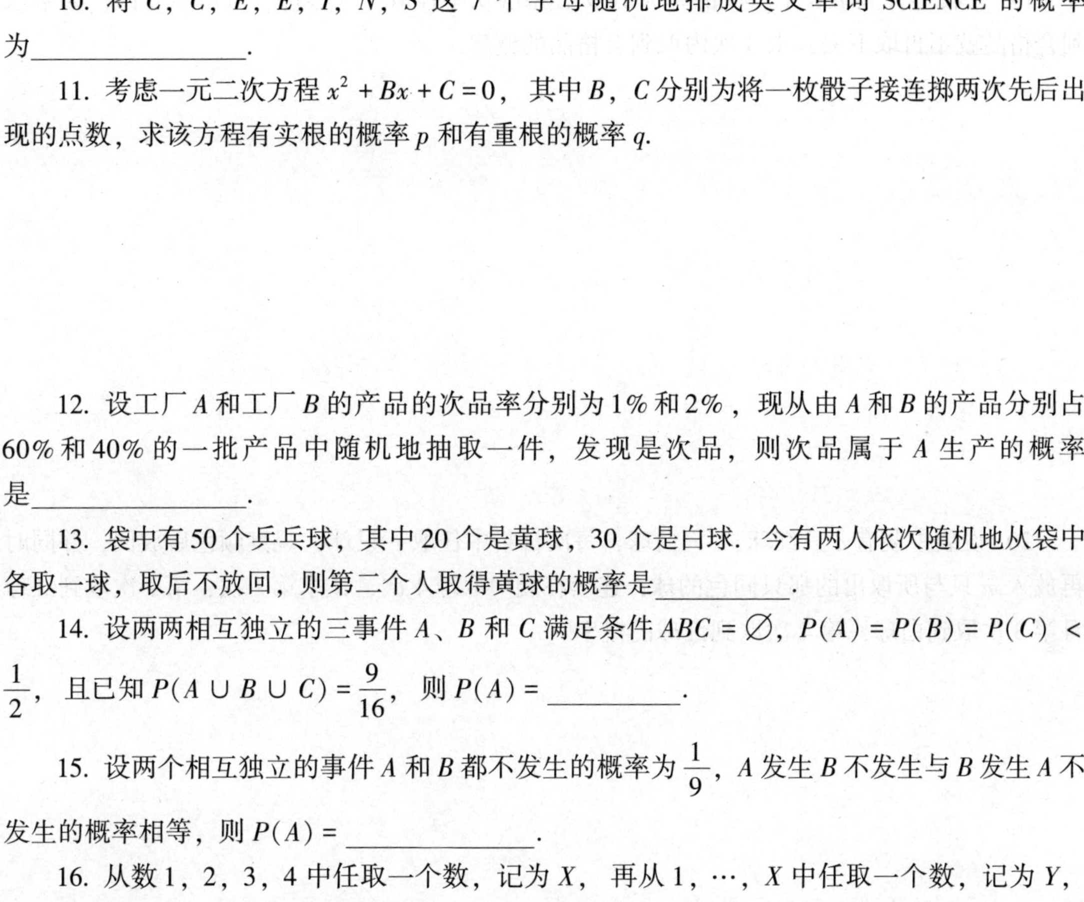

12. 设工厂 A 和工厂 B 的产品的次品率分别为 1% 和 2%，现从由 A 和 B 的产品分别占 60% 和 40% 的一批产品中随机地抽取一件，发现是次品，则次品属于 A 生产的概率是________________.

13. 袋中有 50 个乒乓球，其中 20 个是黄球，30 个是白球. 今有两人依次随机地从袋中各取一球，取后不放回，则第二个人取得黄球的概率是__________.

14. 设两两相互独立的三事件 A、B 和 C 满足条件 $ABC=\varnothing$，$P(A)=P(B)=P(C)<\dfrac{1}{2}$，且已知 $P(A\cup B\cup C)=\dfrac{9}{16}$，则 $P(A)=$__________.

15. 设两个相互独立的事件 A 和 B 都不发生的概率为 $\dfrac{1}{9}$，A 发生 B 不发生与 B 发生 A 不发生的概率相等，则 $P(A)=$______________.

16. 从数 1，2，3，4 中任取一个数，记为 X，再从 1，…，X 中任取一个数，记为 Y，则 $P\{Y=2\}=$____________________.

17. 甲、乙两人先后从 52 张牌中各抽取 13 张，求甲或者乙拿到 4 张 A 的概率.

（1）甲抽后不放回，乙再抽；（2）甲抽后将牌放回，乙再抽.

18. 随机地向半圆 $0<y<\sqrt{2ax-x^2}$（a 为正常数）内仍一个点，点落在半圆内任何区域内的概率与区域面积成正比，求原点与该点的连线与 x 轴的夹角小于 $\dfrac{\pi}{4}$ 的概率.

19. 一批零件共100个，次品率为10%，每次从中任取一个零件，取后不放回，如果取到合格品就不再取下去，求3次内取到合格品的概率.

20. 设袋中装有a只红球，b只白球，每次自袋中任取一只球，观察颜色后放回，并同时再放入m只与所取出的那只同色的球，连续在袋中取球4次，试求第1次，第2次取到红球且第3次取到白球，第4次取到红球的概率.

第 2 章

随机变量及其分布

基本要求

(1) 理解随机变量的概念；

(2) 理解离散型随机变量，会求其概率分布律，并掌握两点分布、二项分布、泊松分布及几何分布等几个重要的离散型概率分布和应用；

(3) 理解随机变量分布函数的概念及性质，会求随机变量的分布函数；

(4) 理解连续型随机变量及其概率密度函数的概念，并掌握均匀分布、指数分布和正态分布等几个重要的连续型随机变量的分布函数及概率密度函数的概念和应用；

(5) 会求简单随机变量函数的概率分布.

重点与难点

本章重点

(1) 随机变量分布函数的概念及其性质；

(2) 离散型随机变量及其概率分布和连续型随机变量的概率密度函数及分布函数；

(3) 与正态分布有关的概率计算；

(4) 熟练掌握几种常见的概率分布的性质及应用（两点分布、二项分布、泊松分布和均匀分布、指数分布、正态分布）.

本章难点

(1) 随机变量的分布函数、概率分布及其相互关系；

(2) 随机变量函数的分布及相关计算.

2.1 随机变量

2.1.1 知识要点

1. 随机变量的概念

设随机试验的样本空间为 $\Omega=\{\omega\}$. $X=X(\omega)$ 是定义在样本空间 Ω 上的实值单值函数. 称 $X=X(\omega)$ 为随机变量.

2. 对随机变量的理解

（1）随机变量是对样本空间中的某一完备事件组的数量化描述，事件与数量构成了函数关系，因此，随机变量是一个函数.

（2）随机变量作为函数与普通的函数是有区别的，因为随机变量的取值是不确定的，试验结果的出现具有一定的概率，同时样本空间中的元素不一定是实数.

（3）用随机变量的方法来描述随机试验，有可能利用高等数学的方法对随机试验的结果进行广泛深入的研究和讨论.

2.1.2 典型例题

例 2.1.1 在将一枚硬币抛掷 3 次，观察正面 H、反面 T 出现情况的试验中，其样本空间为

$$\Omega=\{(HHH),(HHT),(HTH),(THH),(HTT),(THT),(TTH),(TTT)\}$$

试定义硬币出现正面的次数为随机变量 X，并计算 $P\{X=2\}$，$P\{X\leqslant 1\}$.

解 设硬币抛掷 3 次，出现正面的次数为 X，X 的取值为 0，1，2，3，则

$$P\{X=2\}=\frac{3}{8}\text{（表示正面出现 2 次的概率）}$$

$$P\{X\leqslant 1\}=\frac{4}{8}\text{（表示正面出现次数小于等于 1 次的概率）}$$

1. 试述随机变量的特征.

2. 试述随机变量的分类.

3. 盒中装有大小相同的球 10 个，编号为 0，1，2，3，4，5，6，7，8，9，从中任取一个，试定义一个随机变量，并计算号码“小于 5”“等于 5”“大于 5”的概率.

2.2　离散型随机变量及其分布律

2.2.1　知识要点

1. 离散型随机变量的概念

对于随机变量 X，如果它全部可能取到的不同值是有限的或可列无限多个，则称 X 为离散型随机变量.

2. X 的分布律或概率分布的概念及性质

设离散型随机变量 X 的所有可能的取值为 $x_k(k=1, 2, \cdots)$，X 取各个可能值的概率，即事件 $\{X=x_k\}$ 的概率为 $P\{X=x_k\}=p_k$，$k=1, 2, \cdots$. 这就是离散型随机变量 X 的分布律或概率分布. 它满足以下两条性质：

(1) $p_k \geqslant 0$，$k=1, 2, \cdots$；(2) $\sum\limits_{k=1}^{\infty} p_k = 1$.

分布律也可用表的形式给出：

X	x_1	x_2	$\cdots$	x_k	$\cdots$
p_k	p_1	p_2	$\cdots$	p_k	$\cdots$

3. **几个重要的概率分布**

(1) 若一个随机变量只可能取两个值，它的分布律为 $P\{X=x_1\}=p$，$P\{X=x_2\}=q$，其中 $0<p<1$，$q=1-p$，则称 X 服从参数为 p 的两点分布；特别地，若随机变量 X 只可能取 0 或 1 两个值，则称 X 服从参数为 p 的 0 - 1 分布，记为 $X\sim b(1,p)$. 当随机试验是只有两个结果的试验时，那么总是可将它视为 0 - 1 分布.

(2) 若 X 的分布律为：$P\{X=k\}=\mathrm{C}_n^k p^k q^{n-k}$，$k=0,1,2,\cdots,n$. 其中 $0<p<1$，$q=1-p$，则称随机变量 X 服从参数为 n 和 p 的二项分布，记为 $X\sim b(n,p)$. 若以 X 表示 n 重伯努利试验中事件 A 发生的次数，则 X 正好服从二项分布，所以二项分布也称伯努利分布.

(3) 若随机变量 X 所有可能取值为 0，1，2，…，而取各个值的概率为

$$P\{X=k\}=\frac{\lambda^k}{k!}\mathrm{e}^{-\lambda},\ k=0,1,2,\cdots$$

其中 $\lambda>0$ 为常数. 则称 X 服从参数为 λ 的泊松分布，记为 $X\sim\pi(\lambda)$.

(4) 二项分布与泊松分布的关系：对于二项分布 $b(n,p)$，当 n 充分大时，对任意固定的非负整数 k，有近似公式：$b(k;n,p)\approx\frac{\lambda^k}{k!}\mathrm{e}^{-\lambda}$，$\lambda=np$.

(5) 若随机变量 X 的分布律为 $P\{X=k\}=\frac{\mathrm{C}_{N_1}^k\mathrm{C}_{N_2}^{n-k}}{\mathrm{C}_N^n}$，$k=0,1,2,\cdots,m$，其中 $N=N_1+N_2$，则称 X 服从超几何分布.

(6) 当 N 很大，且 N_1，N_2 均较大时，可令 $p=\frac{N_1}{N}$，则可用二项分布来近似超几何分布：

$$\frac{\mathrm{C}_{N_1}^k\mathrm{C}_{N_2}^{n-k}}{\mathrm{C}_N^n}\approx\mathrm{C}_n^k\left(\frac{N_1}{N}\right)^k\left(\frac{N_2}{N}\right)^{n-k}=\mathrm{C}_n^k p^k(1-p)^{n-k}$$

2.2.2 典型例题

例 2.2.1 某篮球运动员投中篮圈的概率是 0.9，求他两次独立投篮投中次数 X 的概率分布.

解 X 可取值为 0，1，2.

$$P\{X=0\}=(0.1)\times(0.1)=0.01,\ P\{X=1\}=(0.9)\times(0.1)+(0.1)\times(0.9)=0.18$$

$$P\{X=2\}=(0.9)\times(0.9)=0.81 \text{ 且 } P\{X=0\}+P\{X=1\}+P\{X=2\}=1$$

于是, X 的概率分布可表示为

X	0	1	2
p_i	0.01	0.18	0.81

例 2.2.2 某类灯泡使用时数在 1 000 小时以上的概率是 0.2，求 3 个灯泡在使用 1 000 小时以后最多只有一个坏了的概率.

解 设 X 为 3 个灯泡在使用 1 000 小时已坏的灯泡数，则 $X\sim b(3,0.8)$，则由题意：

所求的概率为

$$P\{X \leqslant 1\} = P\{X = 0\} + P\{X = 1\} = C_3^0(0.8)^0(0.2)^3 + C_3^1(0.8)^1(0.2)^2 = 0.104$$

例 2.2.3　某地区一个月内发生交通事故的次数 X 服从参数为 λ 的泊松分布，根据统计资料知，一个月内发生 8 次交通事故的概率是发生 10 次事故概率的 2.5 倍.

(1) 求一个月内发生 8 次、10 次交通事故的概率；(2) 求一个月内至少发生 1 次交通事故的概率；(3) 求一个月内最多发生 2 次交通事故的概率.

解　由已知 $X \sim \pi(\lambda)$，即

$$P\{X = k\} = \frac{\lambda^k}{k!}e^{-\lambda}(k = 0, 1, 2, \cdots)$$

由已知 $P\{X = 8\} = 2.5 \cdot P\{X = 10\}$，即

$$\frac{\lambda^8}{8!}e^{-\lambda} = 2.5 \cdot \frac{\lambda^{10}}{10!}e^{-\lambda}$$

由此解得 $\lambda = 6$.

(1) $P\{X = 8\} = \dfrac{6^8}{8!}e^{-6} \approx 0.1033$，$P\{X = 10\} = \dfrac{6^{10}}{10!}e^{-6} \approx 0.0413$.

(2) $P\{X \geqslant 1\} = 1 - P\{X = 0\} = 1 - \dfrac{6^0}{0!}e^{-6} = 1 - e^{-6} \approx 1 - 0.00248 \approx 0.9975$.

(3) $P\{X \leqslant 2\} = P\{X = 0\} + P\{X = 1\} + P\{X = 2\} = \dfrac{6^0}{0!}e^{-6} + \dfrac{6^1}{1!}e^{-6} + \dfrac{6^2}{2!}e^{-6} \approx 0.0620$.

例 2.2.4　某公司生产一种产品 300 件，根据历史生产记录知废品率为 0.01，问：现在这 300 件产品经检验废品数大于 5 的概率是多少？

解　把每件产品的检验看作一次伯努利试验. 用 X 表示检验出的废品数，则 $X \sim b(300, 0.01)$，我们要计算 $P\{X > 5\}$，然而由于 n 较大，用伯努利公式计算不方便，故我们可用泊松分布来计算，对 $n = 300$，$p = 0.01$，有 $\lambda = np = 3$，于是，得

$$P\{X > 5\} = \sum_{k=6}^{300} b(k; 300, 0.01) = 1 - \sum_{k=0}^{5} b(k; 300, 0.01)$$

$$= 1 - \sum_{k=0}^{5} \frac{3^k}{k!}e^{-3} \approx 1 - 0.9161 = 0.0839$$

例 2.2.5　已知离散型随机变量的分布律为

X	-1	0	1	2
Y	0.3	0.3	0.2	0.2

试求 (1) $P\{X < 1 \mid X = 0\}$；(2) $P\{X < 1 \mid X \neq 0\}$.

解　由 X 的概率分布律，有

$$P\{X = 0\} = 0.3，P\{X \neq 0\} = 1 - P\{X = 0\} = 1 - 0.3 = 0.7$$

$$P\{X < 1, X = 0\} = P\{X = 0\} = 0.3$$

$$P\{X < 1, X \neq 0\} = P\{X = -1\} = 0.3$$

由条件概率的计算公式，所求的概率为

(1) $P\{X<1\mid X=0\}=\dfrac{P\{X<1,\ X=0)\}}{P\{X=0\}}=\dfrac{0.3}{0.3}=1$;

(2) $P\{X<1\mid X\neq 0\}=\dfrac{P\{X<1,\ X\neq 0\}}{P\{X\neq 0\}}=\dfrac{0.3}{0.7}=\dfrac{3}{7}$.

例 2.2.6 设有 80 台同类型设备，各台设备工作是相互独立的，发生故障的概率都是 0.01，且一台设备的故障能由一个人处理. 考虑两种配备维修工人的方法，其一是由 4 人维护，每人负责 20 台；其二是由 3 人共同维护 80 台，试比较这两种方法在设备发生故障时不能及时维修的概率的大小.

解 按第一种方法，记 X = “一个人维护的 20 台中同一时刻发生故障的台数”，记 A_i = “第 i 个人不能及时维修”（$i=1,2,3,4$）. 则知 80 台中发生故障不能及时维修的概率为

$$P(A_1\cup A_2\cup A_3\cup A_4)\geqslant P(A_1)=P\{X\geqslant 2\}$$

而 $X\sim b(20,\ 0.01)$，故有

$$P\{X\geqslant 2\}=1-\sum_{k=0}^{1}C_{20}^{k}(0.01)^{k}(0.99)^{20-k}=0.0169$$

即
$$P(A_1\cup A_2\cup A_3\cup A_4)\geqslant 0.0169$$

按第二种方案，记 Y = “80 台中同一时刻发生故障的设备台数”，则 $Y\sim b(80,\ 0.01)$，故 80 台中发生故障不能及时维修的概率为

$$P\{Y\geqslant 4\}=1-\sum_{k=0}^{3}C_{80}^{k}(0.01)^{k}(0.99)^{80-k}=0.0087$$

结果表明，在后一种方案中，尽管任务重了（每人平均维护约 27 台），但工作效率不仅没有降低，反而提高了.

常规训练

1. 是非题.

(1) 在离散型随机变量中，它全部可能取到的不同值只能是有限多个. ( )

(2) 若 X 服从参数为 p 的几何分布，则 $P\{X>m+n\mid X>m\}=P\{X>n\}$ ($m,\ n=1,2,\cdots$)，表示几何分布具有无记忆性. ( )

2. 设离散型随机变量 X 的概率分布律为：$P\{X=k\}=\dfrac{A}{3^k k!}$，$k=0,1,2,\cdots$，则 A 为 ( ).

A. $e^{-\frac{1}{3}}$　　B. $e^{\frac{1}{3}}$　　C. e^{3}　　D. e^{-3}

3. (1) 一盒中装有 5 个白球，3 个红球，2 个黑球. 现从中随机地任取 3 球，以 X 记为取出的 3 球中的黑球的个数，则 X 的概率分布律为________.

(2) 在独立重复试验中，每次试验成功的概率均为 p，设第 r 次成功恰好出现在第 X 次试验，则 X 的分布律为________.

4. 设随机变量 X 的分布律为

$$P\{X=k\}=\frac{k}{15},\ k=1,2,3,4,5$$

试求：(1) $P\left\{\frac{1}{2} < X < \frac{5}{2}\right\}$；(2) $P\{1 \leqslant X \leqslant 3\}$；(3) $P\{X > 3\}$.

5. 已知随机变量 X 只能取得 $-1, 0, 1, 2$ 四个值，相应概率依次为 $\frac{1}{2c}$，$\frac{3}{4c}$，$\frac{5}{8c}$，$\frac{7}{16c}$，试确定常数 c，并计算 $P\{X < 1 \mid X \neq 0\}$.

6. 一袋中装有 5 只球，编号为 1，2，3，4，5. 在袋中同时取 3 只，以 X 表示取出的 3 只球中的最大号码，写出随机变量 X 的分布律.

7. 一批产品共 10 件，其中有 7 件是正品，3 件是次品，每次从这批产品中任取一件，取出的产品仍放回，求直到取到正品为止所需次数 X 的概率分布.

8. 设随机变量 $X \sim b(2, p)$，$Y \sim b(3, p)$，若 $P\{X \geqslant 1\} = \frac{5}{9}$，求 $P\{Y \geqslant 1\}$.

9. 设随机变量 X 服从参数为 λ 的泊松分布，且 $P\{X = 1\} = P\{X = 2\}$，求 λ.

10. 纺织厂女工照顾 800 个纺锭，每一纺锭在某一段时间 t 内断头的概率为 0.005，求在 t 这一段时间内断头次数不大于 2 的概率.

11. 设在时间 t（分钟）内，通过某交叉路口的汽车数服从参数与 t 成正比的泊松分布，已知在 1 分钟内没有汽车通过的概率为 0.2，求在 2 分钟内最多一辆汽车通过的概率.

2.3 随机变量的分布函数

2.3.1 知识要点

1. 随机变量分布函数的概念

设 X 是一个随机变量，x 是任意实数，函数：

$$F(x)=P\{X\leqslant x\}$$

称为 X 的分布函数.

2. 分布函数的性质及概率运算关系：

(1) $F(x)$ 具有单调非减性，即对任意实数 x_1，$x_2(x_1<x_2)$，有 $F(x_1)\leqslant F(x_2)$；

(2) 对任意实数 x，总有 $0\leqslant F(x)\leqslant 1$，即 $F(x)$ 是有界的，且

$$F(-\infty)=\lim_{x\to-\infty}F(x)=0,\ F(+\infty)=\lim_{x\to+\infty}F(x)=1$$

(3) $F(x)$ 是右连续的，即 $F(x+0)=F(x)$；

(4) 随机变量的分布函数完整地描述了随机变量的统计规律性，它是一个实变量函数，且

$$P\{x_1<x\leqslant x_2\}=P\{X\leqslant x_2\}-P\{X\leqslant x_1\}=F(x_2)-F(x_1)$$

(5) 对于离散型随机变量 X 的分布函数有：$F(x)=P\{X\leqslant x\}=\sum\limits_{x_k\leqslant x}P\{X=x_k\}$.

2.3.2 典型例题

例 2.3.1 等可能地在数轴上的有界区域 $[a,b]$ 上投点，记 X 为落点的位置（数轴上的坐标），求随机变量 X 的分布函数.

解 当 $x<a$ 时，$\{X\leqslant x\}$ 是不可能事件，于是，$F(x)=P\{X\leqslant x\}=0$；当 $a\leqslant x<b$ 时，由于 $\{X\leqslant x\}=\{a\leqslant X\leqslant x\}$，且 $[a,x]\subset[a,b]$，则由几何概率知：$F(x)=P\{X\leqslant x\}=\dfrac{x-a}{b-a}$；当 $x\geqslant b$ 时，由于 $\{X\leqslant x\}=\{a\leqslant x\leqslant b\}$，于是，$F(x)=P\{X\leqslant x\}=\dfrac{b-a}{b-a}=1$. 综上可得 X 的分布函数为

$$F(x)=\begin{cases}0, & x<a,\\ \dfrac{x-a}{b-a}, & a\leqslant x<b,\\ 1, & x\geqslant b\end{cases}$$

例 2.3.2 下列函数是否为某随机变量的分布函数？

(1) $F(x)\begin{cases}0, & x<-2,\\ \dfrac{1}{2}, & -2\leqslant x<0,\\ 1, & x\geqslant 0;\end{cases}$ (2) $F(x)=\begin{cases}0, & x<0,\\ \sin x, & 0\leqslant x<\pi,\\ 1, & x\geqslant\pi;\end{cases}$

(3) $F(x)=\begin{cases}0, & x<0, \\ x+\dfrac{1}{2}, & 0 \leqslant x<\dfrac{1}{2}, \\ 1, & x \geqslant \dfrac{1}{2}.\end{cases}$

解 (1) 由题设, $F(x)$ 在 $(-\infty,+\infty)$ 内单调不减，右连续，并有

$$F(-\infty)=\lim_{x\to-\infty}F(x)=0,\ F(+\infty)=\lim_{x\to+\infty}F(x)=1$$

则 $F(x)$ 是某一随机变量 X 的分布函数;

(2) 因为 $F(x)$ 在 $\left(\dfrac{\pi}{2}, \pi\right)$ 内单调下降，所以 $F(x)$ 不可能是分布函数;

(3) 因为 $F(x)$ 在 $(-\infty,+\infty)$ 内单调不减，右连续，且有

$$F(-\infty)=\lim_{x\to-\infty}F(x)=0,\ F(+\infty)=\lim_{x\to+\infty}F(x)=1$$

则 $F(x)$ 是某一随机变量 X 的分布函数.

例 2.3.3 已知 $F(x)=A+B\arctan x$ 是随机变量 X 的分布函数，求 (1) A, B 值; (2) X 落在区间 $(-1, 1)$ 内的概率.

解 (1) 由分布函数的性质:

$0=\lim\limits_{x\to-\infty}F(x)=\lim\limits_{x\to-\infty}(A+B\arctan x)=A-B\cdot\dfrac{\pi}{2}$, $1=\lim\limits_{x\to+\infty}F(x)=\lim\limits_{x\to+\infty}(A+B\arctan x)=A+B\cdot\dfrac{\pi}{2}$.

由此解得 $A=\dfrac{1}{2}$, $B=\dfrac{1}{\pi}$.

(2) 由 (1) 知, $F(x)=\dfrac{1}{2}+\dfrac{1}{\pi}\arctan x$，根据分布函数定义，有

$$P\{-1<X<1\}=F(1-0)-F(-1)=\frac{1}{2}+\frac{1}{4}-\left(\frac{1}{2}-\frac{1}{4}\right)=\frac{1}{2}$$

例 2.3.4 一批产品有 10 件正品，3 件次品，如果随机地从中每次抽取一件产品后，总以一件正品放进去，直到取到正品为止，求抽取次数 X 的分布函数.

解 如果第 1 次抽到的是正品，那么抽到的次数 $X=1$，它的概率为 $P\{X=1\}=\dfrac{10}{13}$. 如果第一次抽到的是次品，则以一个正品放回，就需要做第 2 次抽取. 如果第 2 次抽到的是正品，那么抽取次数 $X=2$，由条件概率可得: $P\{X=2\}=\dfrac{3}{13}\times\dfrac{11}{13}=\dfrac{33}{169}$; 依次类推，随机变量 X 的取值为 1, 2, 3, 4，且容易算得

$$P\{X=3\}=\frac{3}{13}\times\frac{2}{13}\times\frac{12}{13}=\frac{72}{2\ 197},\ P\{X=4\}=\frac{3}{13}\times\frac{2}{13}\times\frac{1}{13}\times\frac{13}{13}=\frac{6}{2\ 197}$$

所以抽取次数 X 的分布律如下表所示

X	1	2	3	4
p	$\frac{10}{13}$	$\frac{33}{169}$	$\frac{72}{2\,197}$	$\frac{6}{2\,197}$

由分布函数的定义可得

$$F(x)=\begin{cases}0, & x<1,\\ \dfrac{10}{13}, & 1\leqslant x<2,\\ \dfrac{163}{169}, & 2\leqslant x<3,\\ \dfrac{2\,191}{2\,197}, & 3\leqslant x<4,\\ 1, & x\geqslant 4\end{cases}$$

例 2.3.5 设随机变量 X 的分布函数为

$$F(x)=P\{X\leqslant x\}=\begin{cases}0, & x<-1,\\ 0.4, & -1\leqslant x<1,\\ 0.8, & 1\leqslant x<3,\\ 1, & x\geqslant 3\end{cases}$$

试求随机变量 X 的概率分布律.

分析 因为随机变量 X 的分布函数为阶梯函数，故它是一个离散型的随机变量，它可能的取值就是 $F(x)$ 的间断点，而取相应点的概率则为函数 $F(x)$ 在该点处的跳跃度.

解 X 的可能取值为 -1，1，3，且各点处的概率分别为

$$P\{X=-1\}=F(-1)-F(-1-0)=0.4$$

$$P\{X=1\}=F(1)-F(1-0)=0.8-0.4=0.4$$

$$P\{X=3\}=F(3)-F(3-0)=1-0.8=0.2$$

由此得 X 的概率分布如下表所示

X	-1	1	3
p	0.4	0.4	0.2

常规训练

1. 是非题.

(1) 若 X 的分布函数为 $F(x)$，则 $P\{x_1\leqslant X\leqslant x_2\}=F(x_2)-F(x_1)$. ( )

(2) 对于任何分布函数 $F(x)$，是有界的，且是不减函数. ( )

2. 设 $F_1(x)$ 与 $F_2(x)$ 分别为随机变量的分布函数，为使 $F(x)=aF_1(x)-bF_2(x)$ 是某一随机变量的分布函数，在下列给定的各组数中应取（ ）.

A. $a=\frac{2}{3}$，$b=\frac{2}{3}$　　　　B. $a=\frac{1}{2}$，$b=-\frac{3}{2}$

C. $a=-\dfrac{1}{2}$，$b=\dfrac{3}{2}$　　　　D. $a=\dfrac{3}{5}$，$b=-\dfrac{2}{5}$

3. (1) 设随机变量 X 的分布函数为

$$F(x)=P\{X\leqslant x\}=\begin{cases}0, & x<-1,\\ 0.2, & -1\leqslant x<0,\\ 0.5, & 0\leqslant x<2,\\ 0.8, & 2\leqslant x<4,\\ 0.9, & 4\leqslant x<5,\\ 1, & x\geqslant 5\end{cases}$$

则随机变量 X 的概率分布律为＿＿＿＿＿＿＿＿＿＿＿＿＿＿＿＿.

(2) 一盒中装有 5 个白球，2 个黑球，3 个红球，现从中随机地任取 3 球，以 X 记取出的 3 个球中的黑球数，则 X 的分布函数为＿＿＿＿＿＿＿＿＿＿＿＿＿＿.

4. 设 $F(x)=\begin{cases}0, & x<0,\\ \dfrac{x}{2}, & 0\leqslant x<1,\\ 1, & x\geqslant 1.\end{cases}$ $F(x)$ 是否为某一随机变量的分布函数？说明理由.

5. 已知离散型随机变量 X 的概率分布为

$$P\{X=1\}=0.3，P\{X=3\}=0.5，P\{X=5\}=0.2$$

试写出 X 的分布函数 $F(x)$，并画出图形.

6. 设离散型随机变量 X 的分布函数为

$$F(x)=\begin{cases}0, & x<-1,\\ 0.4, & -1\leqslant x<1,\\ 0.8, & 1\leqslant x<3,\\ 1, & x\geqslant 3\end{cases}$$

试求：(1) X 的概率分布；(2) $P\{X<2 \mid X\neq 1\}$.

7. 设 X 的分布函数为

$$F(x)=\begin{cases}0, & x<0,\\ \dfrac{1}{2}x, & 0\leqslant x<1,\\ x-\dfrac{1}{2}, & 1\leqslant x<\dfrac{3}{2},\\ 1, & x\geqslant \dfrac{3}{2}\end{cases}$$

求：$P\{0.4<X\leqslant 1.3\}$，$P\{X>0.5\}$，$P\{1.7<X\leqslant 2\}$.

8. 设 X 为一离散型随机变量，其分布律为

X	-1	0	1
p_i	0.5	$1-2q$	q^2

试求：(1) q 值；(2) X 的分布函数.

9. 设随机变量 X 的分布函数为：$F(x)=\begin{cases}0, & x<0,\\ A\sin x, & 0\leqslant x\leqslant \dfrac{\pi}{2},\\ 1, & x>\dfrac{\pi}{2}.\end{cases}$

试求：(1) A 的值；(2) $P\left\{|X|<\dfrac{\pi}{6}\right\}$.

2.4 连续型随机变量及其概率密度

2.4.1 知识要点

1. 连续型随机变量及概率密度函数的概念

设随机变量 X 的分布函数为 $F(x)$，若存在非负函数 $f(x)$，使得对于任意实数 x，有 $F(x)=\int_{-\infty}^{x} f(t)\,\mathrm{d}t$，则称 X 为连续型随机变量，$f(x)$ 称为 X 的概率密度函数.

2. 概率密度函数的性质

(1) $f(x) \geqslant 0$；

(2) $\int_{-\infty}^{+\infty} f(x)\,\mathrm{d}x = 1$；

(3) 对于任意实数 x_1，$x_2(x_1 < x_2)$，总有 $P\{x_1 < X \leqslant x_2\} = F(x_2) - F(x_1) = \int_{x_1}^{x_2} f(x)\,\mathrm{d}x$；

(4) 若 $f(x)$ 在点 x 处连续，则有 $F'(x)=f(x)$；

(5) 对任意实数 x，总有 $P\{X = x\} = 0$.

3. 几个重要的连续型随机变量的概率分布

(1) **均匀分布**：若连续型随机变量 X 具有概率密度 $f(x)=\begin{cases}\dfrac{1}{b-a}, & a<x<b,\\ 0, & \text{其他},\end{cases}$ 则称 X 在区间 (a, b) 内服从均匀分布，记作 $X \sim U(a, b)$. 其分布函数为

$$F(x)=\begin{cases}0, & x<a,\\ \dfrac{x-a}{b-a}, & a \leqslant x<b,\\ 1, & x \geqslant b\end{cases}$$

(2) **指数分布**：若连续型随机变量 X 的概率密度为：$f(x)=\begin{cases}\lambda \mathrm{e}^{-\lambda x}, & x>0,\\ 0, & x \leqslant 0,\end{cases}$ $(\lambda>0)$，则称 X 服从参数为 λ 的指数分布，记作 $X \sim E(\lambda)$. 其分布函数为

$$F(x)=\begin{cases}1-\mathrm{e}^{-\lambda x}, & x>0,\\ 0, & x \leqslant 0\end{cases}$$

指数分布是最常见的寿命分布.

(3) **正态分布**：若连续型随机变量 X 具有概率密度：$f(x)=\dfrac{1}{\sqrt{2\pi}\sigma}\mathrm{e}^{-\frac{(x-\mu)^2}{2\sigma^2}}$，$-\infty<x<+\infty$，其中 μ，$\sigma(\sigma>0)$ 为常数，则称 X 服从参数为 μ，σ 的正态分布，记作 $X \sim N(\mu, \sigma^2)$. 正态分布的分布函数为 $F(x)=\dfrac{1}{\sqrt{2\pi}\sigma}\int_{-\infty}^{x}\mathrm{e}^{-\frac{(t-\mu)^2}{2\sigma^2}}\mathrm{d}t$，$-\infty<x<+\infty$. 特别地，称参数 $\mu=0$，$\sigma=$

1 的正态分布 $N(0, 1)$ 为标准正态分布. 其概率密度函数和分布函数分别用 $\varphi(x)$ 和 $\Phi(x)$ 表示，即 $\varphi(x)=\frac{1}{\sqrt{2\pi}}e^{-\frac{x^2}{2}}, -\infty<x<+\infty$ 和 $\Phi(x)=\frac{1}{\sqrt{2\pi}}\int_{-\infty}^{x}e^{-\frac{t^2}{2}}dt, -\infty<x<+\infty$.

注：正态分布是概率论中最重要的分布之一，大量随机现象都服从和近似服从正态分布，并已建立了完整的运算体系（$\Phi(x)$ 的每一个概率值都可查表得到)，希望大家重视这方面的运用.

(4) **正态分布 $N(\mu, \sigma^2)$ 的重要性质**：若随机变量 $X\sim N(\mu, \sigma^2)$，则 $Z=\frac{X-\mu}{\sigma}\sim N(0, 1)$，即可推出非常重要的运算关系：$F(x)=\Phi\left(\frac{x-\mu}{\sigma}\right)$.

2.4.2 典型例题

例 2.4.1 设随机变量 X 具有概率密度：$f(x)=\begin{cases}kx, & 0\leqslant x<3,\\ 2-0.5x, & 3\leqslant x\leqslant 4,\\ 0, & \text{其他}.\end{cases}$

(1) 试确定常数 k；(2) 求 X 的分布函数；(3) 求 $P\{1<X\leqslant 3.5\}$.

解 (1) 由 $\int_{-\infty}^{+\infty}f(x)dx=1$，得 $\int_0^3 kxdx+\int_3^4(2-0.5x)dx=1$，解得 $k=\frac{1}{6}$，于是 X 的概率密度为

$$f(x)=\begin{cases}\frac{1}{6}x, & 0\leqslant x<3,\\ 2-0.5x, & 3\leqslant x\leqslant 4,\\ 0, & \text{其他}\end{cases}$$

(2) X 的分布函数为

$$F(x)=\begin{cases}0, & x<0,\\ \int_0^x\frac{t}{6}dt, & 0\leqslant x<3,\\ \int_0^3\frac{t}{6}dt+\int_3^x(2-0.5t)dt, & 3\leqslant x<4,\\ 1, & x\geqslant 4\end{cases}$$

$$=\begin{cases}0, & x<0,\\ \frac{x^2}{12}, & 0\leqslant x<3,\\ -0.25x^2+2x-3, & 3\leqslant x<4,\\ 1, & x\geqslant 4\end{cases}$$

(3) $P\{1<X\leqslant 3.5\}=\int_1^{3.5}f(x)dx=\int_1^3\frac{x}{6}dx+\int_3^{3.5}(2-0.5x)dx=\frac{41}{48}$

或

$$P\{1 < X \leqslant 3.5\} = F(3.5) - F(1) = \frac{41}{48}$$

例2.4.2 设随机变量 X 的分布函数为：$F(x) = \begin{cases} 0, & x \leqslant 0, \\ x^2, & 0 < x \leqslant 1, \\ 1, & x > 1. \end{cases}$

求：(1) 概率 $P\{0.3 < X < 0.7\}$；(2) X 的概率密度.

解 (1) $P\{0.3 < X < 0.7\} = F(0.7) - F(0.3) = 0.7^2 - 0.3^2 = 0.4$；

(2) X 概率密度为：$f(x) = F'(x) = \begin{cases} 0, & x \leqslant 0, \\ 2x, & 0 < x < 1, \\ 0, & x \geqslant 1 \end{cases}$

$$= \begin{cases} 2x, & 0 < x < 1, \\ 0, & \text{其他}. \end{cases}$$

例2.4.3 某元件的寿命 X 服从指数分布，已知其参数 $\lambda = \frac{1}{1\,000}$，求3个这样的元件使用1 000小时，至少已经有一个损坏的概率.

解 由题设可知，X 的分布函数为：$F(x) = \begin{cases} 1 - \mathrm{e}^{-\frac{x}{1\,000}}, & x \geqslant 0, \\ 0, & x < 0, \end{cases}$ 由此可得

$$P\{X > 1\,000\} = 1 - P\{X \leqslant 1\,000\} = 1 - F(1\,000) = \mathrm{e}^{-1}$$

各元件的寿命是否超过1 000小时是独立的，用 Y 表示三个元件中使用1 000小时损坏的元件数，则 $Y \sim b(3, 1 - \mathrm{e}^{-1})$，则所求概率为

$$P\{Y \geqslant 1\} = 1 - P\{Y = 0\} = 1 - C_3^0(1 - \mathrm{e}^{-1})^0(\mathrm{e}^{-1})^3 = 1 - \mathrm{e}^{-3}$$

例2.4.4 设 $X \sim N(1, 4)$，求：(1) $F(5)$；(2) $P\{0 \leqslant X \leqslant 1.6\}$；(3) $P\{|X-1| \leqslant 2\}$.

解 这里 $\mu = 1$，$\sigma = 2$，故

(1) $F(5) = P\{X \leqslant 5\} = \Phi\left(\frac{5-1}{2}\right) = \Phi(2) = 0.977\,2$；（查表）

(2) $P\{0 < X \leqslant 1.6\} = F(1.6) - F(0) = \Phi\left(\frac{1.6-1}{2}\right) - \Phi\left(\frac{0-1}{2}\right)$

$= \Phi(0.3) - \Phi(-0.5) = 0.617\,9 - [1 - \Phi(0.5)]$

$= 0.617\,9 - (1 - 0.691\,5) = 0.309\,4$

(3) $P\{|X-1| \leqslant 2\} = P\{-1 \leqslant X \leqslant 3\} = F(3) - F(-1) = \Phi\left(\frac{3-1}{2}\right) - \Phi\left(\frac{-1-1}{2}\right)$

$= \Phi(1) - \Phi(-1) = \Phi(1) - [1 - \Phi(1)] = 2\Phi(1) - 1$

$= 2 \times 0.841\,3 - 1 = 0.682\,6$

例2.4.5 设某项竞赛成绩 $X \sim N(65, 100)$，若按参赛人数的10%发奖，问：获奖分数线应定为多少?

解 设获奖分数线为 x_0，求使 $P\{X \geqslant x_0\} = 0.1$ 成立的 x_0. 则

$P\{X \geqslant x_0\} = 1 - P\{X < x_0\} = 1 - F(x_0) = 1 - \Phi\left(\frac{x_0 - 65}{10}\right) = 0.1$，即 $\Phi\left(\frac{x_0 - 65}{10}\right) = 0.9$，

查表得：$\frac{x_0 - 65}{10} = 1.28$，即 $x_0 = 77.80$，故分数线可定为78分.

例2.4.6 在电源电压不超过200伏，在200 ~ 240伏和超过240伏三种情形下，某种电子元件损坏的概率分别为0.1，0.001和0.2. 假设电源电压 X 服从正态分布 $N(220, 25^2)$，试求：

（1）该电子元件损坏的概率 α；（2）该电子元件损坏时，电源电压在200 ~ 240伏的概率 β.

解 由条件知，$X \sim N(220, 25^2)$，因此

$$P\{X < 200\} = F(200) = \Phi\left(\frac{200 - 220}{25}\right) = \Phi(-0.8) = 1 - \Phi(0.8) = 0.212$$

$$P\{200 \leqslant X \leqslant 240\} = F(240) - F(200) = \Phi\left(\frac{240 - 220}{25}\right) - \Phi\left(\frac{200 - 220}{25}\right) = 2\Phi(0.8) - 1 = 0.576$$

$$P\{X > 240\} = 1 - P\{X \leqslant 240\} = 1 - F(240) = 1 - \Phi\left(\frac{240 - 220}{25}\right) = 1 - \Phi(0.8) = 0.212$$

（1）记 A = “电子元件损坏”，则

$$P\{A \mid X < 200\} = 0.1,\ P\{A \mid 200 \leqslant X \leqslant 240\} = 0.001,\ P\{A \mid X > 240\} = 0.2$$

于是由全概率公式有

$$\begin{aligned}\alpha = P(A) &= P\{X < 200\} P\{A \mid X < 200\} + \\ &\quad P\{200 \leqslant X \leqslant 240\} P\{A \mid 200 \leqslant X \leqslant 240\} + P\{X > 240\} P\{A \mid X > 240\} \\ &= 0.064\,2\end{aligned}$$

（2）由贝叶斯公式，有

$$\beta = P\{200 \leqslant X \leqslant 240 \mid A\} = \frac{P\{200 \leqslant X \leqslant 240\} P\{A \mid 200 \leqslant X \leqslant 240\}}{P(A)} = \frac{0.576 \times 0.001}{0.064\,2} = 0.009$$

常规训练

1. 是非题.

（1）若 X 是连续型随机变量，则 $P\{x_1 < X \leqslant x_2\} = P\{x_1 \leqslant X \leqslant x_2\}$.（　　）

（2）设随机变量 $X \sim N(\mu, \sigma^2)$，则随着 σ 的增大，概率 $P\{|X - \mu| < \sigma\}$ 单调增大.（　　）

2.（1）设随机变量 $X \sim b(2, p)$，$Y \sim b(3, p)$，若 $P\{X \geqslant 1\} = \frac{5}{9}$，则 $P\{Y \geqslant 1\} =$（　　）.

A. $\frac{19}{27}$　　B. $\frac{20}{27}$　　C. $\frac{1}{3}$　　D. $\frac{2}{3}$

（2）设 $X \sim N(3, 2^2)$，且 $P\{X > k\} = P\{X \leqslant k\}$，则 k 的值为（　　）.

A. 2　　B. 3　　C. 4　　D. 9

(3) 设随机变量 X 的概率密度函数为 $f(x)=\dfrac{1}{2\sqrt{\pi}}\mathrm{e}^{-\frac{(x+3)^2}{4}}$，$(-\infty<x<+\infty)$，则下列随机变量中服从标准正态分布的是（　　）.

A. $Y=\dfrac{X+3}{2}$　　B. $Y=\dfrac{X+3}{\sqrt{2}}$

C. $Y=\dfrac{X-3}{2}$　　D. $Y=\dfrac{X-3}{\sqrt{2}}$

3. (1) 设随机变量 $X\sim U[1,6]$，则方程 $x^2+Xx+1=0$ 有实根的概率是________.

(2) 设随机变量 $X\sim N(2,\sigma^2)$，且 $P\{2<X<4\}=0.3$，则 $P\{X<0\}=$________.

(3) 设随机变量 X 的概率密度函数为 $f(x)=\begin{cases}cx(1-x), & 0\leqslant x\leqslant 1,\\ 0, & \text{其他},\end{cases}$ 则常数 $c=$____.

4. 已知 $X\sim f(x)=\begin{cases}2x, & 0<x<1,\\ 0, & \text{其他},\end{cases}$ 求 $P\{X\leqslant 0.5\}$，$P\{X=0.5\}$，$F(x)$.

5. 设连续型随机变量 X 的分布函数为：$F(x)=\begin{cases}A+B\mathrm{e}^{-2x}, & x>0,\\ 0, & x\leqslant 0.\end{cases}$

求：(1) A，B 的值；(2) $P\{-1<X<1\}$；(3) 概率密度函数 $f(x)$.

6. 某型号电子管，其寿命（以小时计）为一随机变量，概率密度函数为

$$f(x)=\begin{cases}\dfrac{100}{x^2}, & x \geqslant 100,\\ 0, & \text{其他}\end{cases}$$

某一电子设备内配有 3 个这样的电子管，求电子管使用 150 小时都不需要更换的概率.

7. 设 $X \sim N(3, 2^2)$. （1）确定 c，使得 $P\{X > c\} = P\{X \leqslant c\}$；（2）设 d 满足 $P\{X > d\} \geqslant 0.9$，问：d 至多为多少？

8. 设测量误差 $X \sim N(0, 10^2)$，先进行 100 次独立测量，求误差的绝对值超过 19.6 的次数不小于 3 的概率.

9. 设随机变量 $X \sim N(\mu, 4^2)$，$Y \sim N(\mu, 5^2)$；记 $p_1 = P\{X \leqslant \mu - 4\}$，$p_2 = P\{Y \geqslant \mu + 5\}$.

试证：对任意实数 μ，均有 $p_1 = p_2$.

2.5　随机变量函数的分布

2.5.1　知识要点

1. 离散型随机变量函数的分布的概念与问题

已知离散型随机变量 X 的分布律为

$$P\{X=x_k\}=p_k,\ k=1,\ 2,\ \cdots$$

而 $y=g(x)$ 是已知的单值连续函数，需要解决的就是求随机变量 $Y=g(X)$ 的分布律的问题.

2. 求离散型随机变量函数分布的对应列举法

记 Y 所有取值集合为 $\{y_i,\ i=1,\ 2,\ \cdots\}$，由于 $y=g(x)$ 是单值函数，故对每一个 x_k，只有一个 y_i 与之对应，即 $y_i=g(x_k)$. 对每个 y_i，将所有满足 $y_i=g(x_k)$ 中 x_k 对应的概率 p_k 求和，记为 q_i，则 Y 分布律为：$P\{Y=y_i\}=q_i,\ i=1,\ 2,\ \cdots$.

3. 连续型随机变量函数的分布的概念与问题

已知连续型随机变量 X，概率密度为 $f(x)$，$y=f(x)$ 是单值连续函数. 求连续型随机变量 $Y=g(X)$ 的分布律及概率密度函数，就是本节主要需要解决的问题.

4. 求连续型随机变量函数的分布的一般方法

记 $Y=g(X)$ 的分布函数为 $F_Y(y)$，则

$$F_Y(y)=P\{Y\leqslant y\}=P\{g(X)\leqslant y\}=\int\limits_{g(x)\leqslant y}f(x)\,\mathrm{d}x$$

再对 $F_Y(y)$ 求关于 y 的导数，就得到 $Y=g(X)$ 的概率密度函数 $f_Y(y)$. 以下有两个常用公式：

（1）若 $y=g(x)$ 是严格单调函数，则

$$f_Y(y)=\begin{cases}f_X[h(y)]\,|h'(y)|, & a<y<b,\\ 0, & \text{其他}\end{cases}$$

其中 $x=h(y)$ 是 $y=g(x)$ 的反函数，a，b 分别是 y 相应于 x 的对应范围取值；

（2）若 $y=g(x)$ 在两个区间上严格单调可导，其反函数分别为 $h_1(y)$，$h_2(y)$，则

$$f_Y(y)=\begin{cases}f_X[h_1(y)]\,|h'_1(y)|+f_X[h_2(y)]\,|h'_2(y)|, & a<y<b,\\ 0, & \text{其他}\end{cases}$$

其中 a，b 分别是 y 相应于 x 的对应范围取值. 若严格单调可导区间两个以上，则依次类推.

2.5.2　典型例题

例 2.5.1　设 X 的分布律为

X	-1	0	1	2	2.5
p_i	0.2	0.1	0.1	0.3	0.3

试求：(1) $2X$ 的分布律；(2) X^2 的分布律.

解 先根据 X 的分布律，列出下表

p_i	0.2	0.1	0.1	0.3	0.3
x_i	-1	0	1	2	2.5
$2x_i$	-2	0	2	4	5
x_i^2	1	0	1	4	6.25

(1) 由于 $2x_i(i=1, 2, 3, 4, 5)$ 的值全不等，因此 $2X$ 的分布律为

X	-2	0	2	4	5
p_i	0.2	0.1	0.1	0.3	0.3

(2) 由于 $x_i^2(i=1, 2, 3, 4, 5)$ 中值 1 出现了两次，

$$P\{X^2=1\}=P\{X=-1\}+P\{X=1\}=0.2+0.1=0.3$$

因此 X^2 的分布律为

X^2	0	1	4	6.25
p_i	0.1	0.3	0.3	0.3

例 2.5.2 设 X 服从区间 $[0, 1]$ 上的均匀分布，求 $Y=\dfrac{X}{X+1}$ 的概率密度函数.

解 显然，当 $x\in[0, 1]$ 时，$y=\dfrac{x}{x+1}\in\left[0, \dfrac{1}{2}\right]$，所以当 $y<0$ 时，有

$$F_Y(y)=P\{Y\leqslant y\}=P\left\{\frac{X}{X+1}\leqslant y\right\}=0$$

从而 $f_Y(y)=0$. 当 $0\leqslant y<\dfrac{1}{2}$ 时，有

$$F_Y(y)=P\{Y\leqslant y\}=P\left\{\frac{X}{X+1}\leqslant y\right\}=P\left\{X\leqslant\frac{y}{1-y}\right\}$$

$$=\int_{-\infty}^{\frac{y}{1-y}}f_X(x)\,\mathrm{d}x=\int_{-\infty}^{0}0\,\mathrm{d}x+\int_{0}^{\frac{y}{1-y}}1\,\mathrm{d}x=\frac{y}{1-y}$$

求导得 $f_Y(y)=\dfrac{1}{(1-y)^2}$. 当 $y\geqslant\dfrac{1}{2}$ 时，有 $F_Y(y)=P\{Y\leqslant y\}=P(\Omega)=1$. 从而 $f_Y(y)=0$. 则

$$f_Y(y)=\begin{cases}\dfrac{1}{(1-y)^2}, & y\in\left[0, \dfrac{1}{2}\right), \\ 0, & y\notin\left[0, \dfrac{1}{2}\right)\end{cases}$$

例 2.5.3 设 $X\sim N(0, 1)$，求 $Y=X^2$ 的概率密度函数.

解　记 Y 的分布函数为 $F_Y(y)$，则 $F_Y(y)=P\{Y\leqslant y\}=P\{X^2\leqslant y\}$.

（1）显然当 $y<0$ 时，$F_Y(y)=P\{X^2\leqslant y\}=0$；

（2）当 $y\geqslant 0$ 时，$F_Y(y)=P\{X^2\leqslant y\}=P\{-\sqrt{y}\leqslant X\leqslant\sqrt{y}\}=2\Phi(\sqrt{y})-1$，从而 $Y=X^2$ 的分布函数为：$F_Y(y)=\begin{cases}2\Phi(\sqrt{y})-1, & y\geqslant 0,\\ 0, & y<0.\end{cases}$ 于是其概率密度函数为

$$f_Y(y)=F'(y)=\begin{cases}\dfrac{1}{\sqrt{y}}\varphi(\sqrt{y}), & y\geqslant 0,\\ 0, & y<0\end{cases}$$

$$=\begin{cases}\dfrac{1}{\sqrt{2\pi y}}e^{-\frac{y}{2}}, & y\geqslant 0,\\ 0, & y<0\end{cases}$$

常规训练

1. 是非题.

（1）只要某一函数 $F(x)$ 满足概率分布函数的三种性质，就一定存在其概率分布函数为 $F(x)$ 的随机变量 X.　（　）

（2）对于连续型随机变量 X，则 $Y=g(X)$ 也一定是连续型随机变量.　（　）

2.（1）若 X 的概率分布为 $P\{X=x_k\}=p_k$，$(k=1, 2, \cdots)$，且 $Y=g(X)$. 则 Y 的分布函数 $F_Y(y)=P\{Y\leqslant y\}=$____________________.

（2）连续型随机变量 X 的密度函数为 $f_X(x)$，$x\in(-\infty, +\infty)$，$y=g(x)$，$y\in(\alpha, \beta)$. 在 X 的可能取值区间上严格单调且可导，$x=h(y)$ 为其反函数，则 $Y=g(X)$ 的概率密度为________________.

（3）设随机变量 $X\sim U[0, 2]$，$Y=X^2$，则随机变量 Y 的概率密度为______________.

3. 已知 X 的概率分布为

X	-2	-1	0	1	2	3
p_i	$2a$	0.1	$3a$	a	a	$2a$

试求：（1）a；（2）$Y=X^2-1$ 的概率分布.

4. 设 X 的分布律为：$P\{X=k\}=\frac{1}{2^k}$，$k=1, 2, \cdots$，求 $Y=\sin\left(\frac{\pi}{2}X\right)$ 的分布律.

5. 设随机变量 X 服从 $[a, b]$ 上的均匀分布，令 $Y=cX+d(c\neq 0)$，试求随机变量 Y 的概率密度.

6. 设连续型随机变量 X 的概率密度为 $f(x)$，分布函数为 $F(x)$，求随机变量 $Y=|X|$ 的概率密度函数.

7. 设 $X\sim N(0, 1)$，求 $Y=2X^2+1$ 的概率密度函数.

2.6　考研指导与训练

1. 考试内容

随机变量的概念，随机变量分布函数的概念及其性质，离散型随机变量的概率分布，连续型随机变量的概率密度，常见的随机变量的分布，随机变量函数的分布.

2. 考试要求

本章是二维随机变量的基础，每年必考，或单独直接考查，或与二维随机变量相结合考查. 出现频率较高的内容：随机变量分布律的计算和应用，在考查离散型随机变量分布律时常与第一章中概率的计算方法相结合考查，常见分布如二项分布、泊松分布、均匀分布、指数分布和正态分布是考查的重点内容，这些内容的考查方式以客观题为主. 一维随机变量函数的分布也是本章的考查重点，考查形式以计算题为主，难度要求中等. 具体要求为：(1) 理解概率分布的概念，掌握离散型随机变量的概率分布律，连续型随机变量的概率密度及随机变量的分布函数. 掌握概率分布的特点、性质，会根据概率分布计算有关事件的概率. (2) 熟练掌握下列概率分布：0 - 1 分布，二项分布，泊松分布，几何分布，超几何分布等离散型概率分布及它们相互之间的关系；均匀分布，指数分布和正态分布等连续型概率分布. (3) 掌握随机变量函数的分布的计算方法，熟记随机变量函数分布的两个定理，重点掌握分布函数法.

3. 常见题型

例 2.6.1　从数 1，2，3，4 中任取一数，记为 X，再从 $1, 2, \cdots, X$ 中任取一数，记为 Y，则 $P\{Y=2\}=$ ________.

解　本题主要考查考生对全概率公式的掌握情况. 填 $\frac{13}{48}$.

因为随着 X 的取值的不同，再从 $1, 2, \cdots, X$ 中任取一数也不同，所以应用全概率公式求相应的概率. 容易算得 $P\{X=i\}=\frac{1}{4}(i=1, 2, 3, 4)$，及

$$P\{Y=2 \mid X=1\}=0,\ P\{Y=2 \mid X=2\}=\frac{1}{2},\ P\{Y=2 \mid X=3\}=\frac{1}{3},\ P\{Y=2 \mid X=4\}=\frac{1}{4}$$

由全概率公式可得

$$\begin{aligned} P\{Y=2\} &= P\{X=1\} P\{Y=2 \mid X=1\}+P\{X=2\} P\{Y=2 \mid X=2\}+ \\ &\quad P\{X=3\} P\{Y=2 \mid X=3\}+P\{X=4\} P\{Y=2 \mid X=4\} \\ &= \frac{1}{4}\left(0+\frac{1}{2}+\frac{1}{3}+\frac{1}{4}\right)=\frac{13}{48} \end{aligned}$$

例 2.6.2　设随机变量 X 服从参数为 $(2, p)$ 的二项分布，随机变量 Y 服从参数为 $(3, p)$

的二项分布，若$P\{X\geqslant 1\}=\frac{5}{9}$，则$P\{Y\geqslant 1\}=$______________.

解 本题考查二项分布及逆事件计算的知识点．填$\frac{19}{27}$.

此题的关键是求出p的值，根据二项分布的概率计算公式，有

$$P\{X\geqslant 1\}=1-P\{X<1\}=1-P\{X=0\}=1-C_2^0p^0(1-p)^2=1-(1-p)^2$$

由此可得：$1-(1-p)^2=\frac{5}{9}$，解之得$p=\frac{1}{3}$，因此

$$P\{Y\geqslant 1\}=1-P\{Y<1\}=1-P\{Y=0\}=1-C_3^3\left(\frac{1}{3}\right)^0\left(\frac{2}{3}\right)^3=1-\frac{8}{27}=\frac{19}{27}$$

例 2.6.3 设袋中有红、白、黑球各 1 个，从中有放回地取球，每次取 1 个，直到 3 种颜色的球都取到停止，则取球次数恰好为 4 的概率为______________.

解 本题考查离散型随机变量分布列的计算方法，填$\frac{2}{9}$.

记停止时取球的次数为X. X的可能取值为 3，4，5，…，k，…，而

$$P\{X=k\}=3\sum_{i=1}^{k-2}C_{k-1}^{i}\left(\frac{1}{3}\right)^k=\left(\frac{1}{3}\right)^{k-1}(2^{k-1}-2)$$

则$P\{X=4\}=\left(\frac{1}{3}\right)^{4-1}(2^{4-1}-2)=\frac{2}{9}$.

例 2.6.4 假设一厂家生产的每台仪器以概率 0.7 可以直接出厂，以概率 0.3 需进一步调试，经调试后以概率 0.8 可以出厂，以概率 0.2 定为不合格品不能出厂．现该厂生产了$n(n\geqslant 2)$台该种仪器（假定各台仪器的生产过程相互独立）．求：（1）全部能出厂的概率α；（2）其中恰好有两台不能出厂的概率β；（3）其中至少有两台不能出厂的概率θ.

解 本题主要考查重复独立试验及二项分布的知识点，关键是求任一件仪器能出厂的概率.

记$A=$“仪器能够出厂”，$B=$“仪器需要调试”，则

$$P(B)=0.3,\ P(\overline{B})=0.7,\ P(A|\overline{B})=1,\ P(A|B)=0.8$$

由全概率公式可得

$$P(A)=P(\overline{B})P(A|\overline{B})+P(B)P(A|B)=0.7\times 1+0.3\times 0.8=0.94$$

以X表示能出厂的仪器数，则$X\sim b(n,0.94)$，所以有

(1) $\alpha=P\{X=n\}=C_n^n 0.94^n(1-0.94)^0=0.94^n$；

(2) $\beta=P\{X=n-2\}=C_n^{n-2}0.94^{n-2}(1-0.94)^2=C_n^2\times 0.06^2\times 0.94^{n-2}$；

(3) $\theta=P\{X\leqslant n-2\}=1-P\{X>n-2\}=1-P\{X=n-1\}-P\{X=n\}$

$$=1-C_n^{n-1}\times 0.94^{n-1}\times 0.06-C_n^n\times 0.94^n\times 0.06^0$$

$$=1-n\times 0.94^{n-1}\times 0.06-0.94^n.$$

例 2.6.5　设随机变量服从正态分布 $N(\mu, \sigma^2)$，则随 σ 增大，概率 $P\{|X-\mu|<\sigma\}$（　　）.

A. 单调增大　　B. 单调减少　　C. 保持不变　　D. 增减不定

解　本题考查正态分布的概率计算．选 C. 由于

$$P\{|X-\mu|<\sigma\} = P\left\{\left|\frac{X-\mu}{\sigma}\right|<1\right\} = P\left\{-1<\frac{X-\mu}{\sigma}<1\right\} = \Phi(1)-\Phi(-1) = 2\Phi(1)-1$$

显然，该概率与 σ 无关.

例 2.6.6　设 $F_1(x)$ 与 $F_2(x)$ 分别为随机变量 X_1 与 X_2 的分布函数，为使 $F(x)=aF_1(x)-bF_2(x)$ 是某一随机变量的分布函数，在下列给定的各组数据中应取（　　）.

A. $a=\frac{3}{5},\ b=-\frac{2}{5}$　　B. $a=\frac{2}{3},\ b=\frac{2}{3}$

C. $a=-\frac{1}{2},\ b=\frac{3}{2}$　　D. $a=\frac{1}{2},\ b=-\frac{3}{2}$

解　本题考查分布函数的性质．选 A. 由分布函数的性质知

$$\lim_{x\to+\infty}F(x) = a\lim_{x\to+\infty}F_1(x) - b\lim_{x\to+\infty}F_2(x) = a\times1-b\times1 = a-b = 1$$

例 2.6.7　设随机变量 X 的分布函数为

$$F(x)=\begin{cases}0, & x<0,\\ 0.5, & 0\leqslant x<1,\\ 1-\mathrm{e}^{-x}, & x\geqslant 1\end{cases}$$

则 $P\{X=1\}=$________.

A. 0　　B. 0.5　　C. $0.5-\mathrm{e}^{-1}$　　D. $1-\mathrm{e}^{-1}$

解　本题考查分布函数的性质．选 C. 因为

$$P\{X=1\} = F(1)-F(1-0) = 1-\mathrm{e}^{-1}-0.5 = 0.5-\mathrm{e}^{-1}$$

例 2.6.8　设 $f_1(x)$ 为标准正态分布的概率密度函数，$f_2(x)$ 为区间 $[-1, 3]$ 上均匀分布的概率密度函数，若

$$f(x)=\begin{cases}af_1(x), & x\leqslant 0,\\ bf_2(x), & x>0\end{cases}\quad (a>0,\ b>0)$$

为概率密度函数，则 a，b 应满足（　　）.

A. $2a+3b=4$　　B. $3a+2b=4$

C. $a+b=1$　　D. $a+b=2$

解　本题考查概率密度函数性质．选 A. 由于

$$1=\int_{-\infty}^{+\infty}f(x)\,\mathrm{d}x = a\int_{-\infty}^{0}f_1(x)\,\mathrm{d}x + b\int_{0}^{+\infty}f_2(x)\,\mathrm{d}x = \frac{1}{2}a + b\int_0^3\frac{1}{4}\mathrm{d}x = \frac{1}{2}a+\frac{3}{4}b$$

例 2.6.9　设随机变量 X 的概率密度函数为

$$f(x)=\begin{cases}2x, & 0 < x < 1,\\ 0, & 其他\end{cases}$$

以 Y 表示对 X 的 3 次独立重复观察中事件 $\left\{X \leqslant \frac{1}{2}\right\}$ 出现的次数，则 $P\{Y=2\}=$ ________.

解 本题考查利用概率密度函数计算概率及二项分布知识点．填 $\frac{9}{64}$.

由题意：$Y \sim b(3, p)$，其中 $p=P\left\{X \leqslant \frac{1}{2}\right\}=\int_{-\infty}^{\frac{1}{2}} 2x\mathrm{d}x=\frac{1}{4}$，所以有

$$P\{Y=2\}=\mathrm{C}_3^2\left(\frac{1}{4}\right)^2 \cdot \frac{3}{4}=\frac{9}{64}$$

例 2.6.10 设随机变量 X 服从正态分布 $N(\mu, \sigma^2)(\sigma>0)$，且二次方程 $y^2+4y+X=0$ 无实根的概率为 $\frac{1}{2}$，则 $\mu=$ ________.

解 本题考查正态分布的性质及概率计算．填 4.

因为二次方程无实根等价于判别式 $\Delta=16-4X<0$，即 $X>4$．据题意有 $P\{X>4\}=\frac{1}{2}$，从而有 $P\{X<4\}=1-P\{X>4\}=\frac{1}{2}$，$\frac{1}{2}$ 即为 X 的平均值点，根据正态分布的性质知 $\mu=4$.

例 2.6.11 设随机变量 Y 服从参数为 1 的指数分布，$a>0$ 为常数，则 $P\{Y \leqslant a+1 \mid Y>a\}=$ ________.

解 本题考查指数分布的概率计算及条件概率计算．填 $1-\mathrm{e}^{-1}$.

由题意知，Y 的分布函数为

$$F(y)=\begin{cases}0, & y \leqslant 0,\\ 1-\mathrm{e}^{-y}, & y>0\end{cases}$$

由条件概率计算公式，有

$$\begin{aligned}P\{Y \leqslant a+1 \mid Y>a\}&=\frac{P\{Y \leqslant a+1, Y>a\}}{P\{Y>a\}}=\frac{P\{a<Y \leqslant a+1\}}{P\{Y>a\}}\\&=\frac{F(a+1)-F(a)}{1-F(a)}=\frac{1-\mathrm{e}^{-(a+1)}-(1-\mathrm{e}^{-a})}{1-(1-\mathrm{e}^{-a})}\\&=\frac{\mathrm{e}^{-a}(1-\mathrm{e}^{-1})}{\mathrm{e}^{-a}}=1-\mathrm{e}^{-1}\end{aligned}$$

例 2.6.12 设随机变量 X 服从 $(0, 2)$ 内的均匀分布，则随机变量 $Y=X^2$ 在 $(0, 4)$ 内的概率分布密度 $f_Y(y)=$ ________.

解 本题主要考查随机变量函数分布的求法．随机变量 X 的密度函数为

$$f_X(x)=\begin{cases}\frac{1}{2}, & x \in (0, 2),\\ 0, & x \notin (0, 2)\end{cases}$$

函数 $y=x^2$ 在区间 (0, 4) 内单调增加，其反函数为

$$x=h(y)=\sqrt{y},\ h'(y)=\frac{1}{2\sqrt{y}}$$

直接由定理可得

$$f_Y(y)=f_X[h(y)]\,|h'(y)|=\begin{cases}\dfrac{1}{2}\cdot\dfrac{1}{2\sqrt{y}}, & y\in(0,4),\\ 0, & y\notin(0,4)\end{cases}$$

$$=\begin{cases}\dfrac{1}{4\sqrt{y}}, & y\in(0,4),\\ 0, & y\notin(0,4)\end{cases}$$

例 2.6.13　设随机变量 X 的概率密度为 $f_X(x)=\begin{cases}e^{-x}, & x\geqslant 0,\\ 0, & x<0,\end{cases}$ 求随机变量 $Y=e^X$ 的概率密度函数 $f_Y(y)$.

解　本题考查随机变量函数的分布密度的计算方法. 使用分布函数法求解. 对于任意的 x，有 $y=e^x>0$. 由定义知

$$F_Y(y)=P\{Y\leqslant y\}=P\{e^X\leqslant y\}=P\{X\leqslant \ln y\}$$

当 $y\leqslant 1$ 时，有 $F_Y(y)=0$，所以有 $f_Y(y)=0$. 当 $y>1$ 时，有

$$F_Y(y)=P\{X\leqslant \ln y\}=\int_{-\infty}^{\ln y}f_X(x)\,dx=\int_0^{\ln y}e^{-x}\,dx=1-\frac{1}{y}$$

对上式求导得：$f_Y(y)=\dfrac{1}{y^2}$，由此可得

$$f_Y(y)=\begin{cases}\dfrac{1}{y^2}, & y>1,\\ 0, & y\leqslant 1\end{cases}$$

1. 设 $F_1(x)$，$F_2(x)$ 是两个分布函数，$f_1(x)$，$f_2(x)$ 是其相应的概率密度函数，是连续函数，则必为概率密度的是（　　）.

A. $f_1(x)f_2(x)$　　B. $2f_2(x)F_1(x)$

C. $f_1(x)F_2(x)$　　D. $f_1(x)F_2(x)+F_1(x)f_2(x)$

2. 设 X_1，X_2，X_3 是随机变量，且 $X_1\sim N(0,1)$，$X_2\sim N(0,2^3)$，$X_3\sim N(5,3^2)$，记

$$p_i=P\{-2\leqslant X_i\leqslant 2\}\ (i=1,2,3)$$

则（　　）.

A. $p_1>p_2>p_3$　　B. $p_2>p_1>p_3$

C. $p_3>p_1>p_2$　　D. $p_1>p_3>p_2$

3. 设随机变量 $X\sim N(\mu,\sigma^2)(\sigma>0)$，记 $p=P\{X\leqslant\mu+\sigma^2\}$，则（　　）.

A. p 随着 μ 的增加而增加　　B. p 随着 σ 的增加而增加

C. p 随着 μ 的增加而减少　　D. p 随着 σ 的增加而减少

4. 设随机变量 X 的概率密度函数为

$$f(x)=\begin{cases}\dfrac{1}{3}, & x\in[0,1],\\ \dfrac{2}{9}, & x\in[3,6],\\ 0, & \text{其他}\end{cases}$$

若 k 使得 $P\{X\geqslant k\}=\dfrac{2}{3}$，则 k 的取值范围是________________.

5. 设连续型随机变量 X 的概率密度为

$$f(x)=\begin{cases}x, & 0<x\leqslant 1,\\ 2-x, & 1<x\leqslant 2,\\ 0, & \text{其他}\end{cases}$$

求其分布函数 $F(x)$.

6. 已知 $X \sim f(x)=\begin{cases} c\lambda e^{-\lambda x}, & x>a, \\ 0, & x \leqslant a. \end{cases}$ $(\lambda>0)$ 求常数 c 及 $P\{a-1<X \leqslant a+1\}$.

7. 已知 $X \sim f(x)=\begin{cases} 12x^2-12x+3, & 0<x<1, \\ 0, & \text{其他}. \end{cases}$ 计算 $P\{X \leqslant 0.2 \mid 0.1<X \leqslant 0.5\}$.

8. 若 $F_1(x)$，$F_2(x)$ 为分布函数，

(1) 判断 $F_1(x)+F_2(x)$ 是不是分布函数，说明理由；

(2) 若 a_1，a_2 是正常数，且 $a_1+a_2=1$. 证明：$a_1F_1(x)+a_2F_2(x)$ 是分布函数.

9. 设 K 在 $(0, 5)$ 内服从均匀分布，求 x 的方程：$4x^2+4Kx+K+2=0$ 有实根的概率.

10. 100 件产品中，90 个一等品，10 个二等品，随机取 2 个安装在一台设备上，若一台设备中有 i 个（$i=0, 1, 2$）二等品，则此设备的使用寿命服从参数为 $\lambda=i+1$ 的指数分布.

（1）试求设备寿命超过 1 的概率；

（2）已知设备寿命超过 1，求安装在设备上的两个零件都是一等品的概率.

11. 设随机变量 X 的概率密度为 $f_X(x)=\begin{cases}0, & x<0,\\ 2x^3\mathrm{e}^{-x^2}, & x\geqslant 0,\end{cases}$ 求 $Y=2X+3$ 的概率密度函数.

12. 设随机变量 X 的概率密度函数为

$$f_X(x)=\begin{cases}1-|x|, & -1<x<1,\\ 0, & \text{其他}\end{cases}$$

求随机变量 $Y=X^2+1$ 的分布函数与密度函数.

第3章

多维随机变量及其分布

基本要求

(1) 了解多维随机变量的概念，理解二维随机变量联合分布函数的基本概念和性质；理解二维离散型随机变量的联合分布律及其性质，理解二维连续型随机变量的联合概率密度及其性质，并会用它们计算有关事件的概率.

(2) 掌握二维随机变量边缘分布的定义及其求法，掌握二维随机变量的联合分布与边缘分布的关系，掌握条件分布的定义及其求法，会用条件分布密度计算概率.

(3) 理解随机变量的独立性，会判断两个随机变量是否相互独立，掌握利用随机变量独立性进行概率计算的有关方法.

(4) 掌握二维均匀分布，了解二维正态分布的概率密度及正态分布的边缘分布仍是正态分布的结论.

(5) 掌握根据两个随机变量的联合概率分布求它们较简单函数的概率分布的基本方法，会根据两个或多个独立随机变量的概率分布求其较简单函数的概率分布，会求相互独立随机变量极值的分布.

重点与难点

本章重点

(1) 二维随机变量的联合分布函数及其性质.

(2) 二维离散型随机变量的概率分布律及有关的计算. 二维连续型随机变量概率密度函数的定义及其性质. 二维均匀分布及二维正态分布的有关性质.

(3) 边缘分布及其求法，边缘分布与联合分布之间的关系. 条件分布及有关概率计算问题.

(4) 随机变量的独立性及其判别方法，利用独立性进行概率的有关计算.

本章难点

(1) 二维随机变量的边缘分布及其计算方法. 条件密度及条件概率的计算.

(2) 随机变量独立性的判断及利用随机变量的独立性进行概率的有关计算.

(3) 随机变量函数的分布.

3.1 二维随机变量

3.1.1 知识要点

1. 二维随机变量的概念

设 E 是一个随机试验, 它的样本空间是 $\Omega=\{\omega\}$, 设 $X=X(\omega)$ 和 $Y=Y(\omega)$ 是定义在 Ω 上的随机变量, 由它们构成一个向量 (X, Y), 称其为二维随机向量或二维随机变量.

2. 二维随机变量 (X, Y) 的联合分布函数

设 (X, Y) 是二维随机变量, 对于任意实数 x, y, 二元函数

$$F(x, y)=P\{X \leqslant x, Y \leqslant y\} \tag{3.1}$$

称为二维随机变量 (X, Y) 的联合分布函数, 或称为 (X, Y) 的分布函数.

联合分布函数 $F(x, y)$ 具有以下基本性质:

(1) $F(x, y)$ 分别关于 x 或 y 单调不减, 即对于任意固定的 y, 当 $x_1<x_2$ 时, $F(x_1, y) \leqslant F(x_2, y)$; 对于任意固定的 x, 当 $y_1<y_2$ 时, $F(x, y_1) \leqslant F(x, y_2)$.

(2) $0 \leqslant F(x, y) \leqslant 1$, $-\infty<x<+\infty$, $-\infty<y<+\infty$, 且对任意固定的 x, $y \in \mathbf{R}$ 有

$$F(-\infty, y)=\lim_{x \to -\infty} F(x, y)=0, \quad F(x, -\infty)=\lim_{y \to -\infty} F(x, y)=0$$

$$F(-\infty, -\infty)=\lim_{\substack{x \to -\infty \\ y \to -\infty}} F(x, y)=0, \quad F(+\infty, +\infty)=\lim_{\substack{x \to +\infty \\ y \to +\infty}} F(x, y)=1$$

(3) $F(x, y)$ 对每个自变量都右连续, 即有

$$F(x+0, y)=F(x, y); \quad F(x, y+0)=F(x, y)$$

(4) 对任意的 x_1, $x_2(x_1<x_2)$ 及 y_1, $y_2(y_1<y_2)$, 有

$$F(x_2, y_2)-F(x_2, y_1)+F(x_1, y_1)-F(x_1, y_2) \geqslant 0$$

事实上, 上式所表示的正是随机点 (X, Y) 落在矩形域 $\{x_1<x \leqslant x_2, y_1<y \leqslant y_2\}$ 内的概率, 为

$$P\{x_1<x \leqslant x_2, y_1<y \leqslant y_2\}=F(x_2, y_2)-F(x_2, y_1)+F(x_1, y_1)-F(x_1, y_2)$$

3. 二维离散型随机变量及其概率分布

如果二维随机变量 (X, Y) 的可能取值仅有有限多组或可列无穷多组, 则称 (X, Y) 为二维离散型随机变量.

设 $(x_i, y_j)(i=1, 2, \cdots; j=1, 2, \cdots)$ 是二维随机变量 (X, Y) 的所有可能的取值, 而 p_{ij} 是 (X, Y) 取 (x_i, y_j) 时的概率, 即

$$P\{X = x_i, Y = y_j\} = p_{ij}, \ i = 1, 2, \cdots; j = 1, 2, \cdots$$

则称上式为二维随机变量 (X, Y) 的联合分布律，它具有以下性质：

(1) $0 \leqslant p_{ij} \leqslant 1$, $i = 1, 2, \cdots; j = 1, 2, \cdots$.

(2) $\sum\limits_{i=1}^{\infty} \sum\limits_{j=1}^{\infty} p_{ij} = 1$.

二维离散型随机变量的联合分布如下表所示，称为 (X, Y) 的联合分布律：

X	Y				
	y_1	y_2	$\cdots$	y_j	$\cdots$
x_1	p_{11}	p_{12}	$\cdots$	p_{1j}	$\cdots$
x_2	p_{21}	p_{22}	$\cdots$	p_{2j}	$\cdots$
$\vdots$	$\vdots$	$\vdots$		$\vdots$	
x_i	p_{i1}	p_{i2}	$\cdots$	p_{ij}	$\cdots$
$\vdots$	$\vdots$	$\vdots$		$\vdots$	

二维离散型随机变量 (X, Y) 的联合分布函数具有如下形式：

$$F(x, y) = \sum_{x_i \leqslant x} \sum_{y_j \leqslant y} p_{ij}$$

4. 二维连续型随机变量及其概率密度函数

设二维随机变量 (X, Y) 的分布函数 $F(x, y)$，如果存在非负可积函数 $f(x, y)$，使对于任意实数 x, y，有

$$F(x, y) = \int_{-\infty}^{y} \int_{-\infty}^{x} f(u, v) \mathrm{d}u \mathrm{d}v$$

则称 (X, Y) 为二维连续型的随机变量，函数 $f(x, y)$ 称为二维随机变量 (X, Y) 的概率密度函数，或称为随机变量 X 和 Y 的联合概率密度函数或联合分布密度函数，它具有以下性质：

(1) $f(x, y) \geqslant 0$, $-\infty < x < +\infty$, $-\infty < y < +\infty$；

(2) $\int_{-\infty}^{+\infty} \int_{-\infty}^{+\infty} f(x, y) \mathrm{d}x \mathrm{d}y = 1$；

(3) 在 $f(x, y)$ 的连续点，有：$\dfrac{\partial^2 F(x, y)}{\partial x \partial y} = f(x, y)$；

(4) 对 xOy 平面上的任意区域 G，随机点 (X, Y) 落在 G 内的概率为

$$P\{(X, Y) \in G\} = \iint_G f(x, y) \mathrm{d}x \mathrm{d}y$$

5. 重要的二维分布

(1) 平面区域 D 上的均匀分布.

若随机变量 (X, Y) 的概率密度函数为：

$$f(x,\ y)=\begin{cases}\dfrac{1}{A},\ (x,\ y)\in D,\\0,\ (x,\ y)\notin D\end{cases}$$

则称随机变量 $(X,\ Y)$ 服从区域 D 上的二维均匀分布，其中 A 是区域 D 的面积.

（2）二维正态分布.

若随机变量 $(x,\ y)$ 的概率密度函数为

$$f(x,\ y)=\frac{1}{2\pi\sigma_1\sigma_2\sqrt{1-\rho^2}}\exp\left\{\frac{-1}{2(1-\rho^2)}\left[\frac{(x-\mu_1)^2}{\sigma_1^2}-2\rho\frac{(x-\mu_1)(y-\mu_2)}{\sigma_1\sigma_2}+\frac{(y-\mu_2)^2}{\sigma_2^2}\right]\right.$$

$$-\infty<x<+\infty,\ -\infty<y<+\infty$$

其中 $\mu_1,\ \mu_2,\ \sigma_1>0,\ \sigma_2>0,\ |\rho|<1$ 为常数.

6. 关于 X 和 Y 的边缘概率密度的概念

设 $(X,\ Y)$ 为二维随机变量，称其分量 X，Y 各自的概率分布为 $(X,\ Y)$ 关于 X，Y 的边缘分布，随机变量 X，Y 各自的分布函数 $F_X(x)$，$F_Y(y)$ 称为 $(X,\ Y)$ 关于 X，Y 的边缘分布函数，边缘分布函数可由 $(X,\ Y)$ 的联合分布函数确定. 若 $(X,\ Y)$ 的联合分布函数为 $F(x,\ y)$，则有

$$F_X(x)=P\{X\leqslant x\}=P\{X\leqslant x,\ Y<+\infty\}=\lim_{y\to+\infty}F(x,\ y)=F(x,\ +\infty)$$

$$F_Y(y)=P\{Y\leqslant y\}=P\{X<+\infty,\ Y\leqslant y\}=\lim_{x\to+\infty}F(x,\ y)=F(+\infty,\ y)$$

（1）二维离散型随机变量的边缘分布：设二维离散型随机变量 $(X,\ Y)$ 的联合分布

$$P\{X=x_i,\ Y=y_j\}=p_{ij},\ i=1,\ 2,\ \cdots;\ j=1,\ 2,\ \cdots$$

则 X，Y 的边缘分布列为

$$P\{X=x_i\}=p_{i\cdot}=\sum_{j=1}^{\infty}p_{ij},\ i=1,\ 2,\ \cdots;\ P\{Y=y_j\}=p_{\cdot j}=\sum_{i=1}^{\infty}p_{ij},\ j=1,\ 2,\ \cdots$$

（2）二维连续型随机变量的边缘分布：设二维连续型随机变量 $(X,\ Y)$ 的联合分布密度函数为 $f(x,\ y)$，则 X，Y 的边缘概率密度函数为

$$f_X(x)=\int_{-\infty}^{+\infty}f(x,\ y)\mathrm{d}y,\quad f_Y(y)=\int_{-\infty}^{+\infty}f(x,\ y)\mathrm{d}x$$

3.1.2 典型例题

例 3.1.1 已知关于 X 和 Y 的联合分布函数为 $F(x,\ y)$，试用 $F(x,\ y)$ 表示下列各概率：

(1) $P\{1<X\leqslant 2,\ 3<Y\leqslant 4\}$；(2) $P\{X=2,\ Y<1\}$；(3) $P\{X\geqslant 2,\ Y\geqslant 1\}$.

分析 用联合分布函数 $F(x,\ y)$ 来表示概率主要是通过 $F(x,\ y)$ 的性质（4）把概率 $P\{x_1<X\leqslant x_2,\ y_1<Y\leqslant y_2\}$ 转化为 $F(x,\ y)$ 的表达式，然后再用 $F(x,\ y)$ 的性质（4）来简化.

解 (1) $P\{1<X\leqslant 2,\ 3<Y\leqslant 4\}=F(2,\ 4)-F(2,\ 3)-F(1,\ 4)+F(1,\ 3)$.

(2) $P\{X=2,\ Y<1\}=\lim\limits_{\varepsilon\to 0}\{2<X\leqslant 2+\varepsilon,\ -\infty<Y<1\}$

$$
\begin{aligned}
&= \lim_{\varepsilon\to 0}[F(2+\varepsilon, 1) - F(2+\varepsilon, -\infty) - F(2, 1) + F(2, -\infty)] \\
&= \lim_{\varepsilon\to 0}[F(2+\varepsilon, 1) - F(2, 1)] \\
&= \lim_{\varepsilon\to 0}F(2+\varepsilon, 1) - F(2, 1) = F(2+0, 1) - F(2, 1).
\end{aligned}
$$

(3) $P\{X \geqslant 2, Y \geqslant 1\} = P\{2 \leqslant X < +\infty, 1 \leqslant Y < +\infty\}$

$$
\begin{aligned}
&= F(+\infty, +\infty) - F(+\infty, 1) - F(2, +\infty) + F(2, 1) \\
&= 1 - F(+\infty, 1) - F(2, +\infty) + F(2, 1).
\end{aligned}
$$

例 3.1.2　证明：函数

$$
F(x, y) = \begin{cases} 1, & x + y \geqslant 0, \\ 0, & x + y < 0 \end{cases}
$$

不可能是一个二维随机变量的分布函数.

分析　证明一个二元函数是否可以作为一个二维随机变量的分布函数，只要验证其是否具备分布函数的各条性质即可.

证　容易验证 $F(x, y)$ 满足：

(1) $F(x, y)$ 是变量 x，y 的单调不减函数，即对于任意固定的 y，当 $x_2 > x_1$ 时，有 $F(x_2, y) \geqslant F(x_1, y)$，对任意固定的 x，当 $y_2 > y_1$ 时，$F(x, y_2) \geqslant F(x, y_1)$；

(2) $0 \leqslant F(x_2, y) \leqslant 1$，且对任意固定的 x 有 $F(x, -\infty) = 0$，对任意固定的 y 有 $F(-\infty, -\infty) = 0$，且 $F(+\infty, +\infty) = 1$.

(3) $F(x, y)$ 关于 x 和 y 均是右连续的.

但是，如果取 $x_1 = y_1 = -1$，$x_2 = y_2 = 1$，则有

$$
F(1, 1) - F(1, -1) - F(-1, 1) + F(-1, -1) = 1 - 1 - 1 + 0 = -1
$$

即函数 $F(x, y)$ 不满足对于任意函数的 (x_1, y_1)，(x_2, y_2)，$x_1 < x_2$，$y_1 < y_2$ 有下述不等式成立：$F(x_2, y_2) - F(x_2, y_1) - F(x_1, y_2) + F(x_1, y_1) \geqslant 0$.

由此知，函数 $F(x, y)$ 不可能是一个二维随机变量的分布函数.

例 3.1.3　设袋中有 5 只黑球和 3 只红球，任取 2 次，一次抽取 1 只，设

$$
X = \begin{cases} 0, & \text{第一次取黑球}, \\ 1, & \text{第一次取红球}, \end{cases} \quad Y = \begin{cases} 0, & \text{第二次取黑球}, \\ 1, & \text{第二次取红球} \end{cases}
$$

试按：(1) 有放回的抽取；(2) 不放回的抽取两种方式，求 (X, Y) 的分布律及边缘分布律.

解　(1) 有放回的抽取，则有

$$
P\{X=0, Y=0\} = \frac{5}{8} \times \frac{5}{8} = \frac{25}{64}, \quad P\{X=0, Y=1\} = \frac{5}{8} \times \frac{3}{8} = \frac{15}{64}
$$

$$
P\{X=1, Y=0\} = \frac{3}{8} \times \frac{5}{8} = \frac{15}{64}, \quad P\{X=1, Y=1\} = \frac{3}{8} \times \frac{3}{8} = \frac{9}{64}
$$

故 (X, Y) 的概率分布表与边缘分布律为

X	Y		$P\{X=i\}$
	0	1	
0	$\frac{25}{64}$	$\frac{15}{64}$	$\frac{40}{60}$
1	$\frac{15}{64}$	$\frac{9}{64}$	$\frac{24}{64}$
$P\{y=j\}$	$\frac{40}{60}$	$\frac{24}{64}$	1

(2) 不放回的抽取，则有

$$P\{X=0,\ Y=0\}=\frac{5}{8}\times\frac{4}{7}=\frac{20}{56},\ P\{X=0,\ Y=1\}=\frac{5}{8}\times\frac{3}{7}=\frac{15}{56}$$

$$P\{X=1,\ Y=0\}=\frac{3}{8}\times\frac{5}{7}=\frac{15}{56},\ P\{X=1,\ Y=1\}=\frac{3}{8}\times\frac{2}{7}=\frac{6}{56}$$

故 $(X,\ Y)$ 的概率分布表与边缘分布律为

X	Y		$P\{X=i\}$
	0	1	
0	$\frac{20}{56}$	$\frac{15}{56}$	$\frac{35}{56}$
1	$\frac{15}{56}$	$\frac{6}{56}$	$\frac{21}{56}$
$P\{y=j\}$	$\frac{35}{56}$	$\frac{21}{56}$	1

例 3.1.4 设 $(X,\ Y)$ 的概率密度函数为 $f(x,\ y)=\begin{cases}cx, & 0<x<1,\ 0<y<x,\\ 0, & 其他,\end{cases}$ 试求：(1) 常数 c；(2) X 与 Y 中至少有一个小于 $\frac{1}{3}$ 的概率；(3) $(X,\ Y)$ 的分布函数；(4) 关于 X, Y 的边缘概率密度函数.

分析 (1) 已知 $(X,\ Y)$ 的概率密度函数中含有常数 c，只需利用性质 $\int_{-\infty}^{+\infty}\int_{-\infty}^{+\infty}f(x,\ y)\mathrm{d}x\mathrm{d}y=1$ 求出 c 即可；

(2) 利用分布密度函数求概率的关键是把区域定准确，令 $A=\left\{X<\frac{1}{3}\right\}$，$B=\left\{Y<\frac{1}{3}\right\}$，则要求的概率可表示为 $P(A\cup B)$，然后再利用概率的加法公式进行具体的计算即可；

(3) 求得 $(X,\ Y)$ 的分布函数，利用分布函数的定义求解即可，但要注意对 x，y 的

讨论.

(4) 用边缘概率密度的定义求解即可.

解　(1) 如图3-1所示，则

$$1=\int_{-\infty}^{+\infty}\int_{-\infty}^{+\infty}f(x,\ y)\mathrm{d}x\mathrm{d}y=\int_0^1\mathrm{d}y\int_y^1 cx\mathrm{d}x=\int_0^1\frac{1}{2}c(1-y^2)\mathrm{d}y=\frac{1}{2}c\left(y-\frac{1}{3}y^3\right)\Big|_0^1=\frac{1}{3}c$$

所以 $c=3$.

(2) **方法一**　设 $A=\left\{X<\frac{1}{3}\right\}$，$B=\left\{Y<\frac{1}{3}\right\}$，区域如图3-2、图3-3所示，则

$$P(A)=P\left\{X<\frac{1}{3}\right\}=\iint\limits_{x<\frac{1}{3}}f(x,\ y)\mathrm{d}x\mathrm{d}y=\int_0^{\frac{1}{3}}\mathrm{d}y\int_y^{\frac{1}{3}}3x\mathrm{d}x=\int_0^{\frac{1}{3}}\left(\frac{1}{6}-\frac{3}{2}y^2\right)\mathrm{d}y=\frac{1}{27}$$

$$P(B)=P\left\{Y<\frac{1}{3}\right\}=\int_0^{\frac{1}{3}}\mathrm{d}y\int_y^1 3x\mathrm{d}x=\int_0^{\frac{1}{3}}\frac{3}{2}(1-y^2)\mathrm{d}y=\frac{13}{27}$$

$$P(AB)=P\left\{X<\frac{1}{3},\ Y<\frac{1}{3}\right\}=\int_0^{\frac{1}{3}}\mathrm{d}y\int_y^{\frac{1}{3}}3x\mathrm{d}x=\frac{1}{27}$$

所以 $P(A\cup B)=P(A)+P(B)-P(AB)=\frac{13}{27}$.

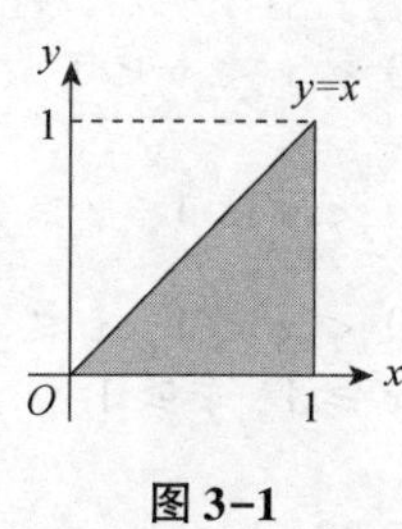

图3-1

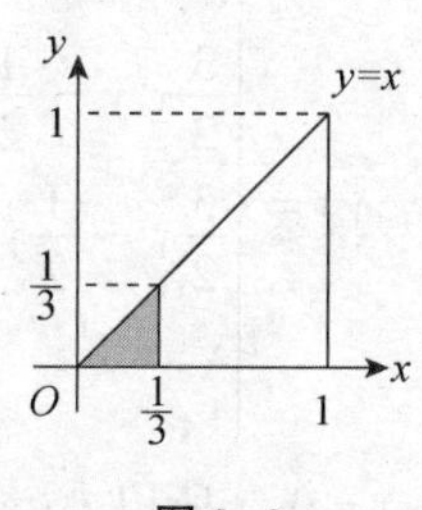

图3-2

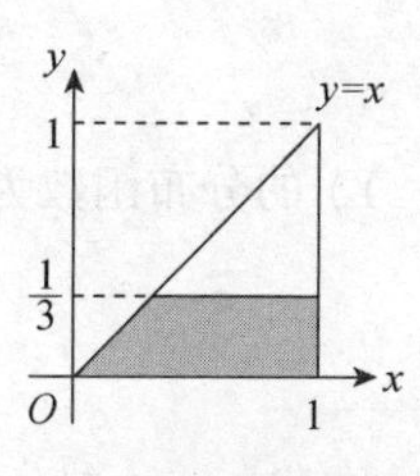

图3-3

方法二　如图3-4所示，则

$$P\left\{X\text{与}Y\text{至少有一个小于}\frac{1}{3}\right\}=P\left\{\left\{X<\frac{1}{3}\right\}\cup\left\{Y<\frac{1}{3}\right\}\right\}$$

$$=1-P\left\{X\geqslant\frac{1}{3},\ Y\geqslant\frac{1}{3}\right\}=1-\iint\limits_{\substack{x\geqslant\frac{1}{3}\\ y\geqslant\frac{1}{3}}}f(x,\ y)\mathrm{d}x\mathrm{d}y$$

$$=1-\int_{\frac{1}{3}}^1\mathrm{d}y\int_y^1 3x\mathrm{d}x=1-\int_{\frac{1}{3}}^1\left(\frac{3}{2}-\frac{3}{2}y^2\right)\mathrm{d}y=\frac{13}{27}$$

(3) 当 $x\leqslant 0$ 或 $y\leqslant 0$ 时，$F(x,\ y)=0$；当 $0<y<x<1$ 时，如图3-5所示.

$$F(x,\ y)=\int_{-\infty}^{y}\int_{-\infty}^{x}f(u,\ v)\mathrm{d}u\mathrm{d}v=\int_0^y\mathrm{d}v\int_v^x 3u\mathrm{d}u=\int_0^y\left(\frac{3}{2}x^2-\frac{3}{2}v^2\right)\mathrm{d}v=\frac{3}{2}x^2y-\frac{1}{2}y^3$$

当 $0<y<1$，$x\geqslant 1$ 时，如图3-6所示.

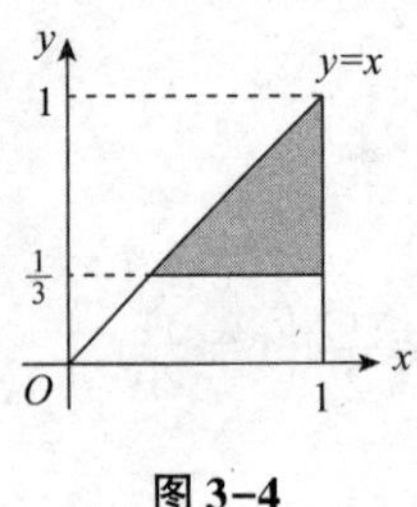

图 3-4

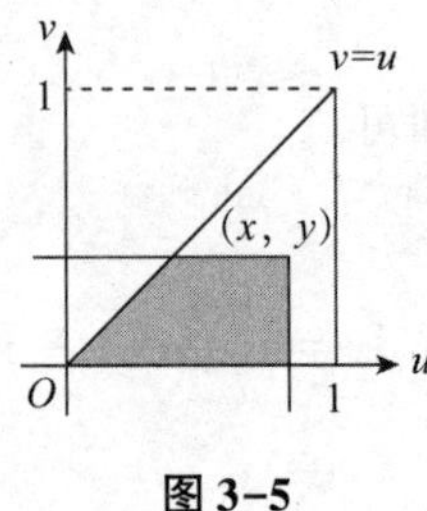

图 3-5

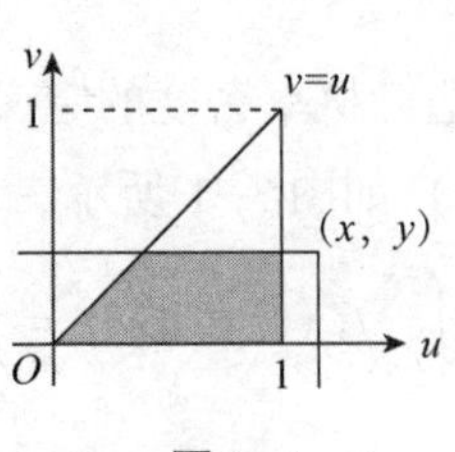

图 3-6

$$F(x, y)=\int_{-\infty}^{y}\int_{-\infty}^{x}f(u, v)\mathrm{d}u\mathrm{d}v=\int_{0}^{y}\mathrm{d}v\int_{v}^{1}3u\mathrm{d}u=\int_{0}^{y}\left(\frac{3}{2}-\frac{3}{2}v^{2}\right)\mathrm{d}v=\frac{3}{2}y-\frac{1}{2}y^{3}$$

当 $0<x<1$，$x\leqslant y$ 时，如图 3-7 所示.

$$F(x, y)=\int_{-\infty}^{y}\int_{-\infty}^{x}f(u, v)\mathrm{d}u\mathrm{d}v$$
$$=\int_{0}^{x}\mathrm{d}v\int_{v}^{x}3u\mathrm{d}u=\int_{0}^{x}\frac{3}{2}(x^{2}-v^{2})\mathrm{d}v=x^{3}$$

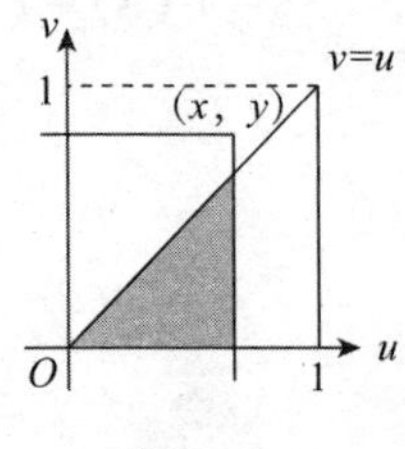

图 3-7

当 $x\geqslant 1$，$y\geqslant 1$ 时，$F(x, y)=1$.

所以，(X, Y) 的分布函数为
$$F(x, y)=\begin{cases}0, & x\leqslant 0\text{ 或 }y\leqslant 0,\\ \frac{3}{2}x^{2}y-\frac{1}{2}y^{3}, & 0<y<x<1,\\ \frac{3}{2}y-\frac{1}{2}y^{3}, & 0<y<1, x\geqslant 1,\\ x^{3}, & 0<x<1, x\leqslant y,\\ 1, & x\geqslant 1, y\geqslant 1.\end{cases}$$

(4) 当 $x\leqslant 0$ 或 $x\geqslant 1$ 时，$f(x, y)=0$，所以 $f_X(x)=0$.

当 $0<x<1$ 时，$f_X(x)=\int_{-\infty}^{+\infty}f(x, y)\mathrm{d}y=\int_{0}^{x}3x\mathrm{d}y=3x^{2}$.

所以，关于 X 的边缘概率密度函数为 $f_X(x)=\begin{cases}3x^{2}, & 0<x<1,\\ 0, & \text{其他}.\end{cases}$

当 $y\leqslant 0$ 或 $y\geqslant 1$ 时，$f(x, y)=0$，所以 $f_Y(y)=0$.

当 $0<y<1$ 时，$f_Y(y)=\int_{-\infty}^{+\infty}f(x, y)\mathrm{d}x=\int_{y}^{1}3x\mathrm{d}x=\frac{3}{2}(1-y^{2})$.

所以，关于 Y 的边缘概率密度函数为 $f_Y(y)=\begin{cases}\frac{3}{2}(1-y^{2}), & 0<y<1,\\ 0, & \text{其他}.\end{cases}$

例 3.1.5 设二维随机变量 (X, Y) 的联合概率密度函数为

$$f(x, y)=\begin{cases}A\mathrm{e}^{-(2x+3y)}, & x>0, y>0,\\ 0, & \text{其他}\end{cases}$$

(1) 求常数 A；(2) 求 (X, Y) 的联合分布函数 $F(x, y)$；(3) 计算概率 $P\{X<2, Y<1\}$；(4) 计算概率 $P\{2X+3Y\leqslant 6\}$；(5) 求关于 X 和 Y 的边缘概率密度函数.

分析 连续型随机变量的概率密度函数中含有的未知常数可利用概率密度函数的性质求

出．而概率的计算只需在相应的区域上对概率密度函数积分即可．

解　（1）根据归一性，有

$$1=\int_{-\infty}^{+\infty}\int_{-\infty}^{+\infty}f(x,\ y)\mathrm{d}x\mathrm{d}y=\int_{0}^{+\infty}\int_{0}^{+\infty}A\mathrm{e}^{-(2x+3y)}\mathrm{d}x\mathrm{d}y$$

$$=A\int_{0}^{+\infty}\mathrm{e}^{-2x}\mathrm{d}x\int_{0}^{+\infty}\mathrm{e}^{-3y}\mathrm{d}y=A\left[-\frac{1}{2}\mathrm{e}^{-2x}\right]_{0}^{+\infty}\left[-\frac{1}{3}\mathrm{e}^{-3y}\right]_{0}^{+\infty}=\frac{A}{6}$$

由此得 $A=6$．

（2）由分布函数的定义，有

$$F(x,\ y)=P\{X\leqslant x,\ Y\leqslant y\}=\int_{-\infty}^{y}\int_{-\infty}^{x}f(u,\ v)\mathrm{d}u\mathrm{d}v,\ -\infty<x,\ y<+\infty$$

当 $x\leqslant 0$ 或 $y\leqslant 0$ 时，因为 $f(x,\ y)=0$，所以 $F(x,\ y)=0$；当 $x>0$，$y>0$ 时（见图3-8），有

$$F(x,\ y)=\int_{-\infty}^{y}\int_{-\infty}^{x}f(u,\ v)\mathrm{d}u\mathrm{d}v=\int_{0}^{y}\int_{0}^{x}6\mathrm{e}^{-(2u+3v)}\mathrm{d}u\mathrm{d}v$$

$$=\int_{0}^{x}2\mathrm{e}^{-2u}\mathrm{d}u\int_{0}^{y}3\mathrm{e}^{-3v}\mathrm{d}v=[-\mathrm{e}^{-2u}]_{0}^{x}[-\mathrm{e}^{-3v}]_{0}^{y}=(1-\mathrm{e}^{-2x})(1-\mathrm{e}^{-3y})$$

由此可得

$$F(x,\ y)=\begin{cases}(1-\mathrm{e}^{-2x})(1-\mathrm{e}^{-3y}), & x>0,\ y>0,\\ 0, & \text{其他}\end{cases}$$

（3）$P\{X<2,\ Y<1\}=F(2,\ 1)=(1-\mathrm{e}^{-4})(1-\mathrm{e}^{-3})$．

（4）记 $D=\{(x,\ y)\mid 2x+3y\leqslant 6\}$（见图3-9），则有

$$P\{2X+3Y\leqslant 6\}=\iint_{D}f(x,\ y)\mathrm{d}x\mathrm{d}y=\iint_{D}6\mathrm{e}^{-(2x+3y)}\mathrm{d}x\mathrm{d}y=\int_{0}^{3}\mathrm{d}x\int_{0}^{\frac{1}{3}(6-2x)}6\mathrm{e}^{-(2x+3y)}\mathrm{d}y$$

$$=2\int_{0}^{3}(\mathrm{e}^{-2x}-\mathrm{e}^{-6})\mathrm{d}x=[-\mathrm{e}^{-2x}]_{0}^{3}-6\mathrm{e}^{-6}=1-7\mathrm{e}^{-6}$$

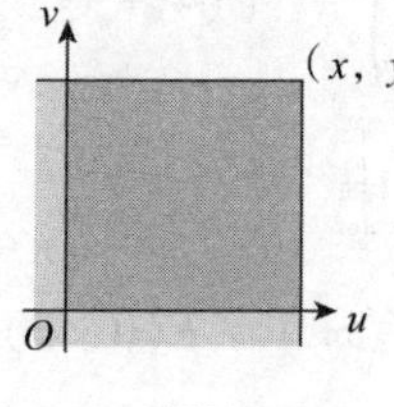

图3-8

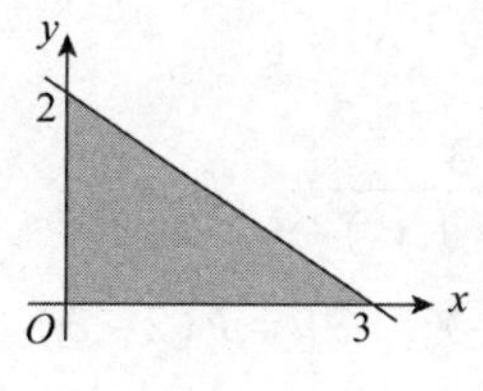

图3-9

（5）当 $x\leqslant 0$ 时，$f(x,\ y)=0$，所以 $f_X(x)=0$．

当 $x>0$ 时，$f_X(x)=\int_{-\infty}^{+\infty}f(x,\ y)\mathrm{d}y=\int_{0}^{+\infty}6\mathrm{e}^{-(2x+3y)}\mathrm{d}y=2\mathrm{e}^{-2x}$．

所以，关于 X 的边缘概率密度函数为 $f_X(x)=\begin{cases}2\mathrm{e}^{-2x}, & x>0,\\ 0, & \text{其他}.\end{cases}$

同理可得，关于 Y 的边缘概率密度函数为 $f_Y(y)=\begin{cases}3\mathrm{e}^{-3y}, & y>0,\\ 0, & \text{其他}.\end{cases}$

例3.1.6　设二维随机变量 $(X,\ Y)$ 的分布函数为

$$F(x, y)=\frac{1}{\pi^2}\left(\frac{\pi}{2}+\arctan\frac{x}{2}\right)\left(\frac{\pi}{2}+\arctan\frac{y}{3}\right), \ x, y \in \mathbf{R}$$

试求：(1) (X, Y) 的概率密度函数及 X, Y 的边缘概率密度函数；(2) $P\{0<X\leqslant 2, Y\leqslant 3\}$.

分析 (1) 已知 (X, Y) 的分布函数 $F(x, y)$，利用 $\frac{\partial^2 F(x, y)}{\partial x \partial y}=f(x, y)$ 就可求得 (X, Y) 的概率密度函数，利用 $f_X(x)=\int_{-\infty}^{+\infty}f(x, y)\mathrm{d}y$ 与 $f_Y(y)=\int_{-\infty}^{+\infty}f(x, y)\mathrm{d}x$ 求出 X, Y 的边缘概率密度函数.

(2) 利用 $P\{x_1<X\leqslant x_2, y_1<Y\leqslant y_2\}=F(x_2, y_2)-F(x_2, y_1)-F(x_1, y_2)+F(x_1, y_1)$ 求解即可.

解 (1) 对 $F(x, y)$ 求偏导即得 (X, Y) 的概率密度为

$$f(x, y)=\frac{1}{\pi^2}\cdot\frac{2}{2^2+x^2}\cdot\frac{3}{3^2+y^2}=\frac{6}{\pi^2(4+x^2)(9+y^2)}, \ x\in\mathbf{R}, y\in\mathbf{R}$$

故关于 X 的边缘概率密度为

$$\begin{aligned}f_X(x)&=\int_{-\infty}^{+\infty}f(x, y)\mathrm{d}y=\int_{-\infty}^{+\infty}\frac{6}{\pi^2(4+x^2)(9+y^2)}\mathrm{d}y=\frac{6}{\pi^2(4+x^2)}\int_{-\infty}^{+\infty}\frac{1}{9+y^2}\mathrm{d}y\\&=\frac{2}{\pi^2(4+x^2)}\arctan\frac{y}{3}\Big|_{-\infty}^{+\infty}=\frac{2}{\pi^2(4+x^2)}\left[\frac{\pi}{2}-\left(-\frac{\pi}{2}\right)\right]=\frac{2}{\pi(4+x^2)}\end{aligned}$$

另解 因为 $F_X(x)=F(x, +\infty)=\frac{1}{\pi^2}\left(\frac{\pi}{2}+\arctan\frac{x}{2}\right)\left(\frac{\pi}{2}+\frac{\pi}{2}\right)=\frac{1}{\pi}\left(\frac{\pi}{2}+\arctan\frac{x}{2}\right)$

所以

$$f_X(x)=F'_X(x)=\frac{1}{\pi}\cdot\frac{\frac{1}{2}}{1+\left(\frac{x}{2}\right)^2}=\frac{2}{\pi(4+x^2)}$$

同理 $f_Y(y)=\frac{3}{\pi(9+y^2)}$.

$$\begin{aligned}(2)\ P\{0<X\leqslant 2, Y\leqslant 3\}&=F(2, 3)-F(2, -\infty)-F(0, 3)+F(0, -\infty)\\&=\frac{1}{\pi^2}\left(\frac{\pi}{2}+\arctan\frac{2}{2}\right)\left(\frac{\pi}{2}+\arctan\frac{3}{3}\right)-0-\\&\quad\frac{1}{\pi^2}\left(\frac{\pi}{2}+\arctan\frac{0}{2}\right)\left(\frac{\pi}{2}+\arctan\frac{3}{3}\right)+0\\&=\frac{1}{\pi^2}\left(\frac{\pi}{2}+\frac{\pi}{4}\right)^2-\frac{1}{\pi^2}\cdot\frac{\pi}{2}\cdot\left(\frac{\pi}{2}+\frac{\pi}{4}\right)=\frac{9}{16}-\frac{3}{8}=\frac{3}{16}.\end{aligned}$$

例 3.1.7 设二维随机变量 (X, Y) 在以 $(0, 0)$, $(0, 4)$, $(3, 4)$, $(6, 0)$ 为顶点的梯形 G 内服从均匀分布，试求：(1) (X, Y) 的概率密度函数；(2) (X, Y) 落在区域 $H=\{(x, y)\mid 0<x<5, 0<y<x\}$ 内的概率.

分析 由均匀分布的定义，求出梯形 G 的面积即可；要求某个区域 H 内的概率利用公式 $P\{(x,y)\in H\}=\iint\limits_{(x,y)\in H} f(x,y)\,\mathrm{d}x\mathrm{d}y$ 求解即可.

解 (1) 由于梯形 G 的面积为 18，故 (X, Y) 的概率密度函数为

$$f(x,y)=\begin{cases}\dfrac{1}{18}, & (x,y)\in G,\\ 0, & \text{其他}\end{cases}$$

(2) 积分区域如图 3-10 所示，则

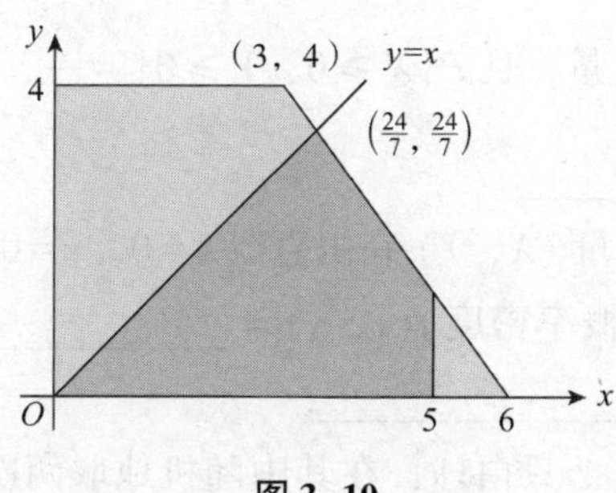

图 3-10

$$P\{(x,y)\in H\}=\iint\limits_{(x,y)\in H\cap G} f(x,y)\,\mathrm{d}x\mathrm{d}y=\int_0^{\frac{24}{7}}\mathrm{d}x\int_0^{x}\frac{1}{18}\mathrm{d}y+\int_{\frac{24}{7}}^{5}\mathrm{d}x\int_0^{-\frac{4}{3}(x-6)}\frac{1}{18}\mathrm{d}y=\frac{101}{189}$$

注：本小题用几何算法更方便.

1. 是非题.

(1) 二维均匀分布的边缘分布也是均匀分布. ( )

(2) 二维正态分布的边缘分布也是正态分布. ( )

2. 设随机变量 $X_i(i=1,2)$ 的分布律如下表所示：

X_i	-1	0	1
p_i	$\frac{1}{4}$	$\frac{1}{2}$	$\frac{1}{4}$

且 $P\{X_1X_2=0\}=1$，则 $P\{X_1=1, X_2=1\}=$ ( ).

A. 1　　B. $\frac{1}{2}$　　C. $\frac{1}{4}$　　D. 0

3. 设二维连续型随机变量 (X_1, Y_1) 与 (X_2, Y_2) 的联合概率密度函数分别为 $f_1(x,y)$ 与 $f_2(x,y)$，令 $f(x,y)=k_1f_1(x,y)+k_2f_2(x,y)$，要使函数 $f(x,y)$ 是某个二维随机变量的联合概率密度函数，当且仅当 k_1，k_2 满足条件 ( ).

A. $k_1+k_2=1$　　B. $k_1>0$ 且 $k_2>0$

C. $k_1\geqslant 0$，$k_2\geqslant 0$ 且 $k_1+k_2=1$　　D. $0\leqslant k_1\leqslant 1$，$0\leqslant k_2\leqslant 1$

4. 设 (X, Y) 的分布函数为 $F(x,y)$，试用 $F(x,y)$ 表示：

(1) $P\{a < x \leqslant b, Y \leqslant c\}$ = ______；(2) $P\{a < Y \leqslant b\}$ = ______；(3) $P\{x > a, Y \leqslant b\}$ = ______.

5. 设 X 和 Y 服从同一分布，且 X 的分布律为

X	0	1
p	$\frac{1}{2}$	$\frac{1}{2}$

若已知 $P\{XY = 0\} = 1$，则 $P\{X = Y\}$ = ______.

6. 设 X 和 Y 是两个随机变量，且 $P\{X \geqslant 0, Y \geqslant 0\} = \frac{3}{7}$，$P\{X \geqslant 0\} = P\{Y \geqslant 0\} = \frac{4}{7}$，则 $P\{\max\{X, Y\} \geqslant 0\}$ = ______.

7. 已知二维连续型随机变量 (X, Y) 在由直线 $x = 0$，$y = 0$，$x + y = 1$ 所围成的封闭区域 D 内服从均匀分布，则其联合概率密度 $f(x, y)$ = ______，边缘概率密度 $f_X(x)$ = ______，$f_Y(y)$ = ______.

8. 一袋中装有 10 只黑球、2 只白球，在其中随机地取两次，每次取一只，考虑两种试验：(1) 有放回抽样；(2) 无放回抽样，如果定义：

$$X = \begin{cases} 0, & \text{第 1 次取出的是黑球}, \\ 1, & \text{第 1 次取出的是白球}; \end{cases} \quad Y = \begin{cases} 0, & \text{第 2 次取出的是黑球}, \\ 1, & \text{第 2 次取出的是白球} \end{cases}$$

试分别就 (1) (2) 两种情况，写出 (X, Y) 的联合分布列.

9. 一口袋中有 4 个球，依次标有数字 1，2，3，2，从这个袋中任取一球后，不放回袋中，以 X，Y 分别记第 1，2 次取得球上标有的数字，试求 (X, Y) 的概率分布及边缘分布律.

10. 设连续型二次随机变量 (X, Y) 的概率密度为

$$f(x, y)=\begin{cases}c(1-x)y, & 0 \leqslant x \leqslant 1,\ 0 \leqslant y \leqslant x, \\ 0, & \text{其他}\end{cases}$$

试求：(1) 常数 c；(2) (X, Y) 的边缘概率密度；(3) 概率 $P\left\{\frac{1}{4}<X<\frac{1}{2}, Y<\frac{1}{2}\right\}$；(4) (X, Y) 的联合分布函数.

11. 设 (X, Y) 的概率密度函数为

$$f(x, y)=\begin{cases}c \mathrm{e}^{-(3x+4y)}, & x>0,\ y>0, \\ 0, & \text{其他}\end{cases}$$

试求：(1) 常数 c；(2) (X, Y) 的分布函数及 X, Y 的边缘分布；(3) 计算 $P\{0<X \leqslant 1, 0<Y \leqslant 2\}$.

12. 已知 (X, Y) 的分布函数为

$$F(x, y)=\begin{cases}c\left(1-\mathrm{e}^{-2x}\right)\left(1-\mathrm{e}^{-y}\right), & x>0,\ y>0, \\ 0, & \text{其他}\end{cases}$$

试求：(1) 常数 c；(2) (X, Y) 的概率密度函数；(3) $P\{X+Y<1\}$.

3.2 条件分布

3.2.1 知识要点

1. 条件分布函数

设 X 是一个随机变量，其分布函数为 $F_X(x)=P\{X\leqslant x\}$，$x\in\mathbf{R}$，若另外有一事件 A 已经发生，并且 A 的发生可能会对事件 $\{X\leqslant x\}$ 发生的概率产生影响，则对任一给定的实数 x，记 $F(x\mid A)=P\{X\leqslant x\mid A\}$，$x\in\mathbf{R}$，称 $F(x\mid A)$ 为在 A 发生的条件下，X 的条件分布函数.

2. 离散型随机变量的条件分布

设 (X, Y) 为二维离散型随机变量，其联合分布律和边缘分布律分别为

$P\{X=x_i, Y=y_j\}=p_{ij}$，$P\{X=x_i\}=p_{i\cdot}$，$P\{Y=y_j\}=p_{\cdot j}$，$i=1, 2\cdots$；$j=1, 2\cdots$

则当 j 固定，且 $P\{Y=y_j\}>0$ 时，称

$$p_{i\mid j}=P\{X=x_i\mid Y=y_j\}=\frac{P\{X=x_i, Y=y_j\}}{P\{Y=y_j\}}=\frac{p_{ij}}{p_{\cdot j}},\ i=1, 2, \cdots$$

为 $Y=y_j$ 条件下随机变量 X 的条件分布律. 同理，有

$$p_{j\mid i}=P\{Y=y_j\mid X=x_i\}=\frac{p_{ij}}{p_{i\cdot}},\ j=1, 2, \cdots$$

为 $X=x_i$ 条件下随机变量 Y 的条件分布律.

3. 二维连续型随机变量的条件分布

设 (X, Y) 为二维连续型随机变量，其联合分布密度函数和边缘分布密度函数分别为 $f(x, y)$，$f_X(x)$，$f_Y(y)$. 则当 $f_Y(y)>0$ 时，在 $f(x, y)$ 和 $f_Y(y)$ 的连续点处，(X, Y) 在条件 $Y=y$ 下，X 的条件概率密度函数为

$$f_{X\mid Y}(x\mid y)=\frac{f(x, y)}{f_Y(y)}$$

同理，当 $f_X(x)>0$ 时，(X, Y) 在条件 $X=x$ 下，Y 的条件密度函数为

$$f_{Y\mid X}(y\mid x)=\frac{f(x, y)}{f_X(x)}$$

由以上两式可得如下的概率密度乘法公式

$$f(x, y)=f_Y(y)f_{X\mid Y}(x\mid y),\ f(x, y)=f_X(x)f_{Y\mid X}(y\mid x)$$

二维正态分布的边缘分布仍为正态分布，且有 $X\sim N(\mu_1, \sigma_1^2)$，$Y\sim N(\mu_2, \sigma_2^2)$.

3.2.2 典型例题

例 3.2.1 设 X 服从参数 2，9 的正态分布，求在已知 $X>1$ 的条件下 X 的条件分布函

数，并求出 $F(3 \mid X > 1)$.

分析 利用条件分布函数的定义求解即可.

解 由条件分布函数的定义，有 $F(x \mid X > 1) = \dfrac{P\{X \leqslant x, X > 1\}}{P\{X > 1\}}$.

由于 $X \sim N(2, 9)$，则

$$P\{X > 1\} = 1 - P\{X \leqslant 1\} = 1 - \Phi\left(\frac{1-2}{3}\right) = 1 - \Phi\left(-\frac{1}{3}\right) = \Phi\left(\frac{1}{3}\right) = 0.6312$$

当 $x \leqslant 1$ 时，$P\{X \leqslant x, X > 1\} = P(\varnothing) = 0$；

当 $x > 1$ 时

$$P\{X \leqslant x, X > 1\} = P\{1 < X \leqslant x\} = F(x) - F(1) = \Phi\left(\frac{x-2}{3}\right) - \Phi\left(\frac{1-2}{3}\right)$$
$$= \Phi\left(\frac{x-2}{3}\right) - 1 + \Phi\left(\frac{1}{3}\right) = \Phi\left(\frac{x-2}{3}\right) - 0.3688$$

其中 $\Phi(x)$ 为标准正态分布的函数，即 $\Phi(x) = \int_{-\infty}^{x} \frac{1}{\sqrt{2\pi}} e^{-\frac{t^2}{2}} dt$.

所以，当 $x > 1$ 时，$P\{X \leqslant x, X > 1\} = \int_{-\infty}^{\frac{x-2}{3}} \frac{1}{\sqrt{2\pi}} e^{-\frac{t^2}{2}} dt - 0.3688$，从而

$$F(x \mid X > 1) = \begin{cases} 0, & x \leqslant 1, \\ \Phi\left(\frac{x-2}{3}\right) - 0.3688, & x > 1 \end{cases}$$

所以

$$F(3 \mid X > 1) = \Phi\left(\frac{3-2}{3}\right) - 0.3688 = \Phi\left(\frac{1}{3}\right) - 0.3688 = 0.6312 - 0.3688 = 0.2624$$

例 3.2.2 将某一医院公司 8 月份和 9 月份收到的青霉素针剂的订货单数分别记为 X 和 Y，据以往积累的资料知 X 和 Y 的联合分布律为

X	Y				
	51	52	53	54	55
51	0.06	0.05	0.05	0.01	0.01
52	0.07	0.05	0.01	0.01	0.01
53	0.05	0.10	0.10	0.05	0.05
54	0.05	0.02	0.01	0.01	0.03
55	0.05	0.06	0.05	0.01	0.03

试求：(1) 关于 X 和 Y 的边缘分布律；(2) 8 月份的订单数为 51 时，9 月份订单数的条件分布律.

分析 第 (1) 小题利用 $p_{i\cdot} = P\{X = x_i\} = \sum_{j=1}^{\infty} p_{ij}$，$i = 1, 2, \cdots$ 与 $p_{\cdot j} = P\{Y = y_j\} = \sum_{i=1}^{\infty} p_{ij}$，$j = 1, 2, \cdots$ 求出 X 和 Y 的边缘分布律即可；第 (2) 小题求的是 $P\{Y \mid X = 51\}$.

解　(1) 关于 X 的边缘分布律为

X	51	52	53	54	55
$p_{i\cdot}$	0.18	0.15	0.35	0.12	0.20

关于 Y 的边缘分布律为

Y	51	52	53	54	55
$p_{\cdot j}$	0.28	0.28	0.22	0.09	0.13

(2) 当 $X=51$ 时, Y 的条件分布律为

$$P\{Y=51 \mid X=51\}=\frac{P\{X=51,\ Y=51\}}{P\{X=51\}}=\frac{0.06}{0.18}=\frac{1}{3}$$

$$P\{Y=52 \mid X=51\}=\frac{P\{X=51,\ Y=52\}}{P\{X=51\}}=\frac{0.05}{0.18}=\frac{5}{18}$$

$$P\{Y=53 \mid X=51\}=\frac{P\{X=51,\ Y=53\}}{P\{X=51\}}=\frac{0.05}{0.18}=\frac{5}{18}$$

$$P\{Y=54 \mid X=51\}=\frac{P\{X=51,\ Y=54\}}{P\{X=51\}}=\frac{0.01}{0.18}=\frac{1}{18}$$

$$P\{Y=55 \mid X=51\}=\frac{P\{X=51,\ Y=55\}}{P\{X=51\}}=\frac{0.01}{0.18}=\frac{1}{18}$$

即所求的分布律为

$Y=k$	51	52	53	54	55
$P\{Y=k \mid X=51\}$	$\frac{1}{3}$	$\frac{5}{18}$	$\frac{5}{18}$	$\frac{1}{18}$	$\frac{1}{18}$

例 3.2.3　设随机变量 $(X,\ Y)$ 的联合概率密度函数为

$$f(x,\ y)=\begin{cases}1,\ 0<x<1,\ |y|<x,\\0,\ 其他\end{cases}$$

(1) 求条件密度 $f_{X|Y}(x \mid y)$, $f_{Y|X}(y \mid x)$.

(2) 计算概率 $P\left\{|Y|<\frac{1}{3} \mid X=\frac{1}{2}\right\}$, $P\left\{X<\frac{1}{3} \mid Y=-\frac{1}{2}\right\}$.

分析　利用条件概率密度函数公式求解即可.

解　(1) 显然, 当 $x\leqslant 0$ 或 $x\geqslant 1$ 时, $f(x,\ y)=0$, 故 $f_X(x)=0$; 当 $0<x<1$ 时, 积分区域如图 3-11 所示, 有

$$f_X(x)=\int_{-\infty}^{+\infty} f(x,\ y)\,\mathrm{d}y=\int_{-x}^{x} 1\cdot \mathrm{d}y=2x$$

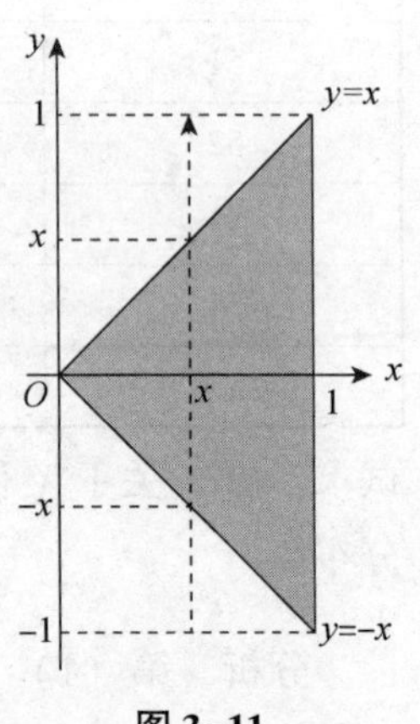

图 3-11

于是

$$f_X(x)=\begin{cases}2x,\ x\in(0,\ 1),\\0,\ 其他\end{cases}$$

又当 $|y| \geqslant 1$ 时，因为 $f(x, y) = 0$，故 $f_Y(y) = 0$；当 $0 \leqslant y < 1$ 时，有

$$f_Y(y) = \int_{-\infty}^{+\infty} f(x, y)\,\mathrm{d}x = \int_y^1 1 \cdot \mathrm{d}x = 1 - y$$

当 $-1 < y \leqslant 0$ 时，有

$$f_Y(y) = \int_{-\infty}^{+\infty} f(x, y)\,\mathrm{d}x = \int_{-y}^1 1 \cdot \mathrm{d}x = 1 + y$$

由此可得 Y 的边缘密度函数为

$$f_Y(y) = \begin{cases} 1 - |y|, & |y| < 1, \\ 0, & \text{其他} \end{cases}$$

当 $0 < x \leqslant 1$，$|y| < x$ 时，$f(x, y) \neq 0$，$f_X(x) \neq 0$，从而有

$$f_{Y|X}(y \mid x) = \frac{f(x, y)}{f_X(x)} = \begin{cases} \dfrac{1}{2x}, & |y| < x < 1, \\ 0, & |y| \geqslant x \end{cases}$$

同理，当 $-1 < y < 1$ 时，有

$$f_{X|Y}(x \mid y) = \frac{f(x, y)}{f_Y(y)} = \begin{cases} \dfrac{1}{1 - |y|}, & |y| < x < 1, \\ 0, & \text{其他} \end{cases}$$

（2）由条件概率密度可得

$$P\left\{ |Y| < \frac{1}{3} \,\middle|\, X = \frac{1}{2} \right\} = \int_{-\frac{1}{3}}^{\frac{1}{3}} f_{Y|X}\left(y \,\middle|\, \frac{1}{2}\right) \mathrm{d}y = \int_{-\frac{1}{3}}^{\frac{1}{3}} 1 \cdot \mathrm{d}y = \frac{2}{3}$$

$$P\left\{ X < \frac{1}{3} \,\middle|\, Y = -\frac{1}{2} \right\} = \int_{-\infty}^{\frac{1}{3}} f_{X|Y}\left(x \,\middle|\, -\frac{1}{2}\right) \mathrm{d}x = \int_{-\infty}^{\frac{1}{3}} 0 \cdot \mathrm{d}x = 0$$

例 3.2.4　已知二维随机变量 (X, Y) 联合分布函数

$$f(x, y) = \begin{cases} \dfrac{1}{2x^2 y}, & 1 \leqslant x < +\infty, \dfrac{1}{x} < y < x, \\ 0, & \text{其他} \end{cases}$$

求：（1）条件密度函数 $f_{X|Y}(x \mid y)$，$f_{Y|X}(y \mid x)$；（2）计算概率 $P\{X \leqslant 10 \mid Y = 3\}$.

分析　在求条件密度函数时，如果边缘密度函数有几段不为 0 的情形，要根据不同的分段情况去求相应的条件分布密度函数. 并特别注意只有使 $f_Y(y) \neq 0$ 的 y，$f_{X|Y}(x \mid y)$ 才存在，同样，只有使 $f_X(x) \neq 0$ 的 x，$f_{Y|X}(y \mid x)$ 才存在，否则 $f_{X|Y}(x \mid y)$ 或 $f_{Y|X}(y \mid x)$ 就不存在.

解　（1）先求关于 X 的边缘密度函数，当 $x \leqslant 1$ 时，$f_X(x) = 0$，当 $x > 1$ 时，有

$$f_X(x) = \int_{-\infty}^{+\infty} f(x, y)\,\mathrm{d}y = \int_{-\infty}^{\frac{1}{x}} 0\mathrm{d}y + \int_{\frac{1}{x}}^{x} \frac{1}{2x^2 y}\mathrm{d}y + \int_x^{+\infty} 0\mathrm{d}y = \frac{\ln x}{x^2}$$

所以

$$f_X(x) = \begin{cases} \dfrac{\ln x}{x^2}, & x > 1, \\ 0, & x \leqslant 1 \end{cases}$$

由此可得，当 $x>1$ 时，有

$$f_{Y|X}(y|x)=\frac{f(x, y)}{f_X(x)}=\begin{cases}\frac{1}{2y\ln x}, & \frac{1}{x}<y<x,\\ 0, & \text{其他}\end{cases}$$

当 $y\leqslant 0$ 时，$f_Y(y)=0$，当 $0<y<1$ 时，有

$$f_Y(y)=\int_{-\infty}^{+\infty}f(x, y)\,\mathrm{d}x=\int_{-\infty}^{\frac{1}{y}}0\,\mathrm{d}x+\int_{\frac{1}{y}}^{+\infty}\frac{1}{2x^2y}\,\mathrm{d}x=-\frac{1}{2xy}\Big|_{\frac{1}{y}}^{+\infty}=\frac{1}{2}$$

当 $y\geqslant 1$ 时，有

$$f_Y(y)=\int_{-\infty}^{+\infty}f(x, y)\,\mathrm{d}x=\int_{-\infty}^{y}0\,\mathrm{d}x+\int_{y}^{+\infty}\frac{1}{2x^2y}\,\mathrm{d}x=-\frac{1}{2xy}\Big|_{y}^{+\infty}=\frac{1}{2y^2}$$

由此得

$$f_Y(y)=\begin{cases}0, & y\leqslant 0,\\ \frac{1}{2}, & 0<y<1,\\ \frac{1}{2y^2}, & y\geqslant 1\end{cases}$$

所以，当 $0<y<1$ 时，有

$$f_{X|Y}(x|y)=\frac{f(x, y)}{f_Y(y)}=\begin{cases}\frac{1}{x^2y}, & x>\frac{1}{y},\\ 0, & \text{其他}\end{cases}$$

当 $y\geqslant 1$ 时，有

$$f_{X|Y}(x|y)=\frac{f(x, y)}{f_Y(y)}=\begin{cases}\frac{y}{x^2}, & x>y,\\ 0, & \text{其他}\end{cases}$$

（2）因为 $y=3$ 满足 $y\geqslant 1$，故条件密度函数为

$$f_{X|Y}(x|3)=\begin{cases}\frac{3}{x^2}, & x>3,\\ 0, & \text{其他}\end{cases}$$

从而有

$$P\{X\leqslant 10|Y=3\}=\int_{-\infty}^{10}f_{X|Y}(x|3)\,\mathrm{d}x=\int_{3}^{10}\frac{3}{x^2}\,\mathrm{d}x=-\frac{3}{x}\Big|_{3}^{10}=1-\frac{3}{10}=\frac{7}{10}$$

常规训练

1. 是非题.

（1）设二维随机变量 (X, Y) 为连续型随机变量，则不管 $f_X(x)$ 如何都可以求得 $f_{Y|X}(y|x)$. （　）

（2）设二维随机变量 (X, Y) 为二维正态分布，则在给定 $X=x$ 的条件下，Y 仍是正态分布. （　）

2. 已知 (X, Y) 的分布规律为

X	Y		
	0	1	2
0	$\frac{1}{4}$	$\frac{1}{8}$	0
1	$\frac{1}{12}$	$\frac{1}{3}$	$\frac{1}{16}$
2	$\frac{1}{12}$	0	$\frac{1}{16}$

（1）在 $Y=1$ 的条件下, X 的条件分布律为 ________；（2）在 $X=2$ 的条件下, Y 的条件分布律为 ________.

3. 设离散型随机变量 X 和 Y 的联合分布律为

X	Y		
	1	2	3
0	$\frac{1}{3}$	$\frac{1}{6}$	$\frac{1}{8}$
1	$\frac{1}{6}$	$\frac{1}{8}$	$\frac{1}{12}$

试求：X 在 $Y=1, 2, 3$ 及 Y 在 $X=0, 1$ 各个条件下的条件分布律.

4. 设二维连续型随机变量 (X, Y) 的概率密度为 $f(x, y)=\begin{cases}\dfrac{1}{y}\mathrm{e}^{-y-\frac{x}{y}}, & x>0, y>0, \\ 0, & \text{其他}, \end{cases}$ 试求条件概率密度 $f_{X|Y}(x \mid y)$.

5. 设二维随机变量 $(X,\ Y)$ 的概率密度函数为

$$f(x,\ y)=\begin{cases}Ae^{-(2x+5y)}, & x>0,\ y>0,\\ 0, & \text{其他}\end{cases}$$

求：(1) 常数 A；(2) 边缘概率密度函数；(3) $P\{X+Y>3\}$；(4) 条件概率密度 $f_{X|Y}(x\mid y)$，$f_{Y|X}(y\mid x)$.

6. 设二维随机变量 $(X,\ Y)$ 关于 Y 的边缘概密度及在 $Y=y$ 条件下的条件概率密度分别为

$$f_Y(y)=\begin{cases}5y^4, & 0<y<1,\\ 0, & \text{其他},\end{cases}\qquad f_{X|Y}(x\mid y)=\begin{cases}\dfrac{3x^2}{y^3}, & 0<x<y,\\ 0, & \text{其他}\end{cases}$$

试求：(1) $f_{Y|X}(y\mid x)$；(2) $P\left\{X>\dfrac{1}{2}\right\}$.

3.3 相互独立的随机变量

3.3.1 知识要点

1. 随机变量的独立性的定义

若 (X, Y) 是二维随机变量，如果对任意的 x，y，有

$$P\{X \leqslant x, Y \leqslant y\} = P\{X \leqslant x\} \cdot P\{Y \leqslant y\}$$

则称随机变量 (X, Y) 的两个分量 X 和 Y 相互独立.

2. 相互独立的等价命题

若 X 和 Y 相互独立 $\Leftrightarrow F(x, y) = F_X(x) \cdot F_Y(y)$.

若 (X, Y) 是离散型随机变量，则 X 和 Y 相互独立 $\Leftrightarrow p_{ij} = p_{i\cdot} \cdot p_{\cdot j}$.

若 (X, Y) 是连续型随机变量，则 X 和 Y 相互独立 $\Leftrightarrow f(x, y) = f_X(x) f_Y(y)$.

若 $(X, Y) \sim N(\mu_1, \mu_2, \sigma_1^2, \sigma_2^2, \rho)$，则 X 和 Y 相互独立 $\Leftrightarrow \rho = 0$.

3.3.2 典型例题

例 3.3.1　设离散型随机变量 (X, Y) 有下述分布律，X 和 Y 是否相互独立？

(1)

X	Y		
	-1	0	1
1	$\frac{1}{4}$	$\frac{1}{6}$	$\frac{1}{12}$
2	$\frac{1}{8}$	$\frac{1}{12}$	$\frac{1}{24}$
3	$\frac{1}{8}$	$\frac{1}{12}$	$\frac{1}{24}$

(2)

X	Y		
	-1	0	1
-1	$\frac{1}{2}$	0	$\frac{1}{6}$
-2	0	$\frac{1}{3}$	0

分析 先求出关于 X 和 Y 的边缘分布律，再利用随机变量独立性的定义，分别对以上两个分布表验证条件：$P\{X=x_i, Y=y_j\}=P\{X=x_i\}\cdot P\{Y=y_j\}$，$\forall i, j$ 是否成立即可.

解 (1) 先求出关于 X 和 Y 的边缘分布律：

X	Y			$P\{X=x_i\}=p_{i\cdot}$
	-1	0	1	
1	$\frac{1}{4}$	$\frac{1}{6}$	$\frac{1}{12}$	$\frac{1}{2}$
2	$\frac{1}{8}$	$\frac{1}{12}$	$\frac{1}{24}$	$\frac{1}{4}$
3	$\frac{1}{8}$	$\frac{1}{12}$	$\frac{1}{24}$	$\frac{1}{4}$
$P\{Y=y_j\}=p_{\cdot j}$	$\frac{1}{2}$	$\frac{1}{3}$	$\frac{1}{6}$	1

则

$$\frac{1}{4}=P\{X=1, Y=-1\}=\frac{1}{2}\times\frac{1}{2}=P\{X=1\}\cdot P\{Y=-1\}$$

$$\frac{1}{6}=P\{X=1, Y=0\}=\frac{1}{3}\times\frac{1}{2}=P\{X=1\}\cdot P\{Y=0\}$$

同理可得

$$P\{X=x_i, Y=y_j\}=P\{X=x_i\}\cdot P\{Y=y_j\}, \ \forall i, j$$

所以 X 和 Y 相互独立.

(2) 先求出关于 X 和 Y 的边缘分布律：

X	Y			$P\{X=x_i\}=p_{i\cdot}$
	-1	0	1	
-1	$\frac{1}{2}$	0	$\frac{1}{6}$	$\frac{2}{3}$
-2	0	$\frac{1}{3}$	0	$\frac{1}{3}$
$P\{Y=y_j\}=p_{\cdot j}$	$\frac{1}{2}$	$\frac{1}{3}$	$\frac{1}{6}$	1

因为 $0=P\{X=-1, Y=0\}\neq P\{X=-1\}\cdot P\{Y=0\}=\frac{2}{3}\times\frac{1}{3}$，不满足条件

$$P\{X=x_i, Y=y_j\}=P\{X=x_i\}\cdot P\{Y=y_j\}, \ \forall i, j$$

所以 X 和 Y 不独立.

例3.3.2　设二维随机变量 (X, Y) 的概率密度为 $f(x, y)=\begin{cases} cxe^{-x(y+1)}, & x>0, y>0, \\ 0, & 其他. \end{cases}$ 试求：(1) 常数 c；(2) 关于 X, Y 的边缘概率密度；(3) 判别 X, Y 的相互独立性.

分析　第 (1) 小题利用概率密度的性质 $1=\int_{-\infty}^{+\infty}\int_{-\infty}^{+\infty} f(x, y)\mathrm{d}x\mathrm{d}y$ 求解即可；第 (2) 小题利用公式 $f_X(x)=\int_{-\infty}^{+\infty} f(x, y)\mathrm{d}y$ 与 $f_Y(y)=\int_{-\infty}^{+\infty} f(x, y)\mathrm{d}x$ 求解即可；第 (3) 小题判别等式 $f(x, y)=f_X(x)\cdot f_Y(y)$ 是否成立即可.

解　(1)
$$1=\int_{-\infty}^{+\infty}\int_{-\infty}^{+\infty} f(x, y)\mathrm{d}x\mathrm{d}y=\int_0^{+\infty}\int_0^{+\infty} cxe^{-x(y+1)}\mathrm{d}x\mathrm{d}y=\int_0^{+\infty} cxe^{-x}\mathrm{d}x\int_0^{+\infty} e^{-xy}\mathrm{d}y$$
$$=c\int_0^{+\infty} xe^{-x}\left(-\frac{1}{x}e^{-xy}\right)\Big|_0^{+\infty}\mathrm{d}x=c\int_0^{+\infty} e^{-x}\mathrm{d}x=c$$

所以 $c=1$，从而 (X, Y) 的概率密度函数为 $f(x, y)=\begin{cases} xe^{-x(y+1)}, & x>0, y>0, \\ 0, & 其他. \end{cases}$

(2) 当 $x>0$ 时
$$f_X(x)=\int_0^{+\infty} xe^{-x(y+1)}\mathrm{d}y=xe^{-x}\int_0^{+\infty} e^{-xy}\mathrm{d}y=xe^{-x}\left(-\frac{1}{x}e^{-xy}\right)\Big|_0^{+\infty}=e^{-x}$$

所以，关于 X 的边缘概率密度函数为 $f_X(x)=\begin{cases} e^{-x}, & x>0, \\ 0, & 其他. \end{cases}$

同理，关于 Y 的边缘概率密度函数为 $f_Y(y)=\begin{cases} \dfrac{1}{(y+1)^2}, & y>0, \\ 0, & 其他. \end{cases}$

(3) 由 (2) 得
$$f_X(x)\cdot f_Y(y)=\begin{cases} \dfrac{e^{-x}}{(y+1)^2}, & x>0, y>0, \\ 0, & 其他 \end{cases}$$

显然，$f(x, y)\neq f_X(x)\cdot f_Y(y)$，所以 X 和 Y 不相互独立.

例3.3.3　设二维随机变量 (X, Y) 的联合分布函数为
$$F(x, y)=\begin{cases} 1-e^{-x}-e^{-y}+e^{-(x+y)}, & x>0, y>0, \\ 0, & 其他 \end{cases}$$
问：X 与 Y 是否相互独立？

分析　求出边缘分布函数看是否有 $F_X(x)\cdot F_Y(y)=F(x, y)$，从而判定 X 与 Y 是否相互独立.

解　因为
$$F_X(x)=\lim_{y\to+\infty} F(x, y)=F(x, +\infty)=\begin{cases} 1-e^{-x}, & x>0, \\ 0, & 其他 \end{cases}$$
$$F_Y(y)=\lim_{x\to+\infty} F(x, y)=F(+\infty, y)=\begin{cases} 1-e^{-y}, & y>0, \\ 0, & 其他 \end{cases}$$

显然有 $F_X(x)\cdot F_Y(y)=F(x,\ y)$，所以 X 与 Y 相互独立.

例 3.3.4 设随机变量 $X\sim U[0,\ 1]$，Y 服从参数为 4 的指数分布，且 X 与 Y 相互独立，试求 $P\{X\leqslant Y\}$.

分析 由 X, Y 的分布得出 $f_X(x)$，$f_Y(y)$，再由 X 与 Y 相互独立得出 $(X,\ Y)$ 的联合概率密度函数 $f(x,\ y)$，最后利用公式 $P\{X\leqslant Y\}=\iint\limits_{x\leqslant y}f(x,\ y)\mathrm{d}x\mathrm{d}y$ 求出对应的概率.

解 由题设得

$$f_X(x)=\begin{cases}1,\ 0\leqslant x\leqslant 1,\\0,\ 其他,\end{cases}\qquad f_Y(y)=\begin{cases}4\mathrm{e}^{-4y},\ y>0,\\0,\quad y\leqslant 0\end{cases}$$

因为 X 与 Y 相互独立，所以 $(X,\ Y)$ 的联合概率密度函数

$$f(x,\ y)=f_X(x)f_Y(y)=\begin{cases}4\mathrm{e}^{-4y},\ 0\leqslant x\leqslant 1,\ y>0,\\0,\qquad 其他\end{cases}$$

从而

$$P\{X\leqslant Y\}=\iint\limits_{x\leqslant y}f(x,\ y)\mathrm{d}x\mathrm{d}y=\int_0^1\mathrm{d}x\int_x^{+\infty}4\mathrm{e}^{-4y}\mathrm{d}y=\int_0^1\mathrm{e}^{-4x}\mathrm{d}x=\frac{1}{4}(1-\mathrm{e}^{-4})$$

常规训练

1. 是非题.

(1) 若随机变量 X 与 Y 相互独立，$f(x)$ 与 $g(y)$ 是两个一元函数，则随机变量 $f(X)$ 与 $g(Y)$ 也是相互独立的. (　　)

(2) 若二维随机变量 $(X,\ Y)$ 是服从矩形区域的均匀分布，则随机变量 X 与 Y 相互独立. (　　)

(3) 若二维随机变量 $(X,\ Y)$ 服从二维正态分布，则随机变量 X 与 Y 相互独立. (　　)

2. 设随机变量 X 与 Y 相互独立同分布，且 $P\{X=-1\}=P\{X=1\}=\dfrac{1}{2}$，则下列各式中成立的是 (　　).

A. $P\{X=Y\}=1$　　B. $P\{X=Y\}=\dfrac{1}{2}$

C. $P\{X+Y=0\}=\dfrac{1}{4}$　　D. $P\{XY=1\}=\dfrac{1}{4}$

3. 设二维随机变量的概率分布律如下：

X	Y		
	1	2	3
-1	$\frac{5}{12}$	$\frac{1}{12}$	$\frac{1}{12}$
0	$\frac{1}{24}$	α	$\frac{1}{12}$

则（1）常数 $\alpha =$ __________；　（2）X 与 Y ________相互独立（填“是”“不是”）.

4. 设 X 和 Y 服从同一分布，且 X 的分布律为

X	0	1
p	$\frac{1}{3}$	$\frac{2}{3}$

若随机变量 X 与 Y 相互独立，则 $P\{X = Y\} =$ ________________.

5. 设随机变量 X 与 Y 相互独立，且 $X \sim N(0,1)$，Y 的概率密度函数为

$f_Y(y) = \begin{cases} 2e^{-2y}, & y > 0, \\ 0, & y < 0, \end{cases}$ 则 X 与 Y 的联合概率密度函数 $f(x, y) =$ ________________.

6. 设随机变量 X 与 Y 相互独立，下表列出了二维随机变量 (X, Y) 的联合分布律及关于 X 与 Y 的边缘分布律中的部分值，试计算其他数值.

X	Y			$P\{X = x_i\} = p_{i\cdot}$
	y_1	y_2	y_3	
x_1	p_{11}	$\frac{1}{8}$	p_{13}	$p_{1\cdot}$
x_2	$\frac{1}{8}$	p_{22}	p_{23}	$p_{2\cdot}$
$P\{Y = y_j\} = p_{\cdot j}$	$\frac{1}{6}$	$p_{\cdot 2}$	$p_{\cdot 3}$	1

7. 设随机变量 X 与 Y 相互独立，其概率分布如下表所示：

X	-2	-1	0	$\frac{1}{2}$
p_i	$\frac{1}{4}$	$\frac{1}{3}$	$\frac{1}{12}$	$\frac{1}{3}$

Y	$-\frac{1}{2}$	1	3
p_i	$\frac{1}{2}$	$\frac{1}{4}$	$\frac{1}{4}$

求 (X, Y) 的联合概率分布，且 $P\{X+Y=1\}$，$P\{X+Y\neq 0\}$.

8. 设连续型随机变量 (X, Y) 的联合概率密度函数

$$f(x, y)=\begin{cases}\dfrac{x\mathrm{e}^{-x}}{(1+y)^2}, & x>0, y>0, \\ 0, & \text{其他}\end{cases}$$

试求关于 X 和 Y 的边缘概率密度函数，并判断 X 与 Y 是否相互独立.

9. 设连续型随机变量 (X, Y) 的联合概率密度函数

$$f(x, y)=\begin{cases}8xy, & 0\leqslant x\leqslant 1, 0\leqslant y\leqslant x, \\ 0, & \text{其他}\end{cases}$$

试判断 X 与 Y 是否相互独立.

10. 某旅客到达火车站的时间 X 均匀分布在早上 7：55 ~ 8：00，而火车这段时间开出的时间 Y 的密度函数为

$$f_Y(y)=\begin{cases}\dfrac{2(5-y)}{25}, & 0\leqslant y\leqslant 5,\\ 0, & \text{其他}\end{cases}$$

求此人能及时上火车的概率.

3.4　两个随机变量函数的分布

3.4.1　知识要点

设 $(X,\ Y)$ 是二维随机变量，$z=g(x,\ y)$ 是 x，y 的连续函数，则 $Z=g(X,\ Y)$ 也是随机变量. 一般来说，随机变量 Z 的分布可由 $(X,\ Y)$ 的分布导出.

1. 二维离散型随机变量函数的概率分布

设 $(X,\ Y)$ 是二维离散型随机变量，其概率分布律为

$$P\{X=x_i,\ Y=y_j\}=p_{ij},\ i=1,\ 2,\ \cdots;\ j=1,\ 2,\ \cdots$$

此时 $Z=g(X,\ Y)$ 也是离散型随机变量. 记 $z_k=g(x_i,\ y_j)(k=1,\ 2,\ \cdots)$，则其分布律可由下式确定

$$P\{Z=z_k\}=\sum_{g(x_i,\ y_j)=z_k}P\{X=x_i,\ Y=y_j\}(k=1,\ 2,\ \cdots)$$

2. 二维连续型随机变量函数的概率分布

设 $(X,\ Y)$ 是二维连续型随机变量，其概率密度函数为 $f(x,\ y)$，在大多数情形下，随机变量 $Z=g(X,\ Y)$ 也是连续型随机变量，为求得其概率密度函数可先求其概率分布函数，即采用所谓的分布函数法求 $Z=g(X,\ Y)$ 的概率密度，利用分布函数的定义

$$F_Z(z)=P\{Z\leqslant z\}=P\{g(X,\ Y)\leqslant z\}=\iint_{g(x,\ y)\leqslant z}f(x,\ y)\mathrm{d}x\mathrm{d}y$$

求解过程的关键是将事件 $Z\leqslant z$ 等价地转化为用 $(X,\ Y)$ 表示的事件：$\{g(X,\ Y)\leqslant z\}=$

$\{(X, Y)\in D_z\}$，其中$D_z=\{(x, y)\mid g(x, y)\leqslant z\}$，最后通过求导得到$Z$的概率密度函数$f_Z(z)$.

3. 几个重要分布的主要结论

(1) 和$Z=X+Y$的分布：若(X, Y)为离散型随机变量，其联合分布律为$P\{X=x_i, Y=y_j\}=p_{ij}$，$i=1, 2, \cdots$；$j=1, 2, \cdots$，X和Y的概率分布分别为$P\{X=x_i\}=p_{i\cdot}$，$P\{Y=y_j\}=p_{\cdot j}$，则有

$$P\{Z=z_k\}=P\{X+Y=z_k\}=\sum_i P\{X=x_i, Y=z_k-x_i\}=\sum_j P\{X=z_k-y_j, Y=y_j\}$$

当X和Y相互独立，上式成为

$$P\{Z=z_k\}=P\{X+Y=z_k\}=\sum_i P\{X=x_i\}P\{Y=z_k-x_i\}=\sum_j P\{X=z_k-y_j\}P\{Y=y_j\}$$

若(X, Y)为连续型随机变量，其联合概率密度函数为$f(x, y)$，X和Y的概率密度函数分别为$f_X(x)$和$f_Y(y)$，则Z的概率密度函数为

$$f_Z(z)=\int_{-\infty}^{+\infty}f(x, z-x)\mathrm{d}x=\int_{-\infty}^{+\infty}f(z-y, y)\mathrm{d}y$$

如果X和Y相互独立，则$Z=X+Y$的概率密度函数为

$$f_Z(z)=\int_{-\infty}^{+\infty}f_X(x)f_Y(z-x)\mathrm{d}x=\int_{-\infty}^{+\infty}f_X(z-y)f_Y(y)\mathrm{d}y$$

上式称为卷积公式.

(2) $U=\max\{X, Y\}$及$V=\min\{X, Y\}$的分布：若(X, Y)为连续型随机变量，概率密度函数为$f(x, y)$，则$U=\max\{X, Y\}$的分布函数为

$$F_U(z)=P\{\max\{X, Y\}\leqslant z\}=P\{X\leqslant z, Y\leqslant z\}=\int_{-\infty}^{z}\int_{-\infty}^{z}f(x, y)\mathrm{d}x\mathrm{d}y$$

$V=\min\{X, Y\}$的分布函数为

$$\begin{aligned}F_V(z)&=P\{\min\{X, Y\}\leqslant z\}=1-P\{\min\{X, Y\}>z\}\\&=1-P\{X>z, Y>z\}=1-\int_{z}^{+\infty}\int_{z}^{+\infty}f(x, y)\mathrm{d}x\mathrm{d}y\end{aligned}$$

特别地，当X和Y相互独立，且边缘分布函数$F_X(x)$和$F_Y(y)$已知时，有

$$F_{\max}(z)=F_X(z)F_Y(z),\ F_{\min}(z)=1-[1-F_X(z)][1-F_Y(z)]$$

以上结果可以推广到有限个相互独立的随机变量的情形. 若$X_1, X_2, \cdots, X_n$相互独立，它们的分布函数分别是$F_{X_1}(x_1), F_{X_2}(x_2), \cdots, F_{X_n}(x_n)$，则有

$$F_{\max}(z)=F_{X_1}(z)F_{X_2}(z)\cdots F_{X_n}(z)$$

$$F_{\min}(z)=1-[1-F_{X_1}(z)][1-F_{X_2}(z)]\cdots[1-F_{X_n}(z)]$$

特别地，若$X_1, X_2, \cdots, X_n$独立同分布，则有

$$F_{\max}(z)=[F_X(z)]^n,\ F_{\min}(z)=1-[1-F_X(z)]^n$$

3.4.2 典型例题

例 3.4.1 设随机变量X和Y的联合分布律为

X	Y		
	-1	0	1
1	0.07	0.28	0.15
2	0.09	0.22	0.19

试求：(1) $Z_1 = X + Y$；(2) $Z_2 = X - Y$；(3) $Z_3 = XY$；(4) $Z_4 = Y/X$.

分析　先根据 X 和 Y 的取值确定 Z_1，Z_2，Z_3，Z_4 的取值，再根据 X 和 Y 的分布律计算 Z_1，Z_2，Z_3，Z_4 取值的概率.

解一　首先根据 X 和 Y 的取值确定 Z_1 的取值. 由于 X 的取值为 1，2，Y 的取值为 -1，0，1，则 $Z_1 = X + Y$ 的取值为 0，1，2，3，所以

$$P\{Z_1 = 0\} = P\{X + Y = 0\} = P\{X = 1, Y = -1\} = 0.07$$

$$P\{Z_1 = 1\} = P\{X + Y = 1\} = P\{X = 1, Y = 0\} + P\{X = 2, Y = -1\} = 0.28 + 0.09 = 0.37$$

$$P\{Z_1 = 2\} = P\{X + Y = 2\} = P\{X = 1, Y = 1\} + P\{X = 2, Y = 0\} = 0.15 + 0.22 = 0.37$$

$$P\{Z_1 = 3\} = P\{X + Y = 3\} = P\{X = 2, Y = 1\} = 0.19$$

所以，$Z_1 = X + Y$ 的分布律为

$Z_1 = X + Y$	0	1	2	3
p_i	0.07	0.37	0.37	0.19

同理可得 Z_2，Z_3，Z_4 的分布律.

解二　根据 (X, Y) 的联合分布律列表如下：

p_{ij}	0.07	0.28	0.15	0.09	0.22	0.19
(X, Y)	$(1, -1)$	$(1, 0)$	$(1, 1)$	$(2, -1)$	$(2, 0)$	$(2, 1)$
$Z_1 = X + Y$	0	1	2	1	2	3
$Z_2 = X - Y$	2	1	0	3	2	1
$Z_3 = XY$	-1	0	1	-2	0	2
$Z_4 = Y/X$	-1	0	1	$-\frac{1}{2}$	0	$\frac{1}{2}$

把 Z_i 的相同项对应的概率值合并就可得到它们各自的分布律.

(1) $Z_1 = X + Y$ 的分布律为

$Z_1 = X + Y$	0	1	2	3
p_i	0.07	0.37	0.37	0.19

(2) $Z_2 = X - Y$ 的分布律为

$Z_2 = X - Y$	0	1	2	3
p_i	0.15	0.47	0.29	0.09

(3) $Z_3 = XY$ 的分布律为

$Z_3 = XY$	-2	-1	0	1	2
p_i	0.09	0.07	0.5	0.15	0.19

(4) $Z_4 = Y/X$ 的分布律为

$Z_4 = Y/X$	-1	$-\frac{1}{2}$	0	$\frac{1}{2}$	1
p_i	0.07	0.09	0.5	0.19	0.15

例 3.4.2 设二维随机变量 (X, Y) 的联合概率密度函数为

$$f(x, y) = \begin{cases} \frac{1}{4}, & 0 \leqslant x \leqslant 2, 0 \leqslant y \leqslant 2, \\ 0, & \text{其他} \end{cases}$$

求随机变量 $Z = X - Y$ 的概率密度函数.

分析 欲求二维连续型随机变量的函数的分布密度函数，可先求其相应的分布函数，然后再根据分布函数与概率密度函数的关系，通过求导得到概率密度函数.

解 根据分布函数的定义，有

$$F_Z(z) = P\{Z \leqslant z\} = P\{X - Y \leqslant z\} = \iint\limits_{x-y \leqslant z} f(x, y)\,\mathrm{d}x\mathrm{d}y$$

当 $z < -2$ 时，区域 $x - y \leqslant z$ 与正方形区域 $0 \leqslant x \leqslant 2$，$0 \leqslant y \leqslant 2$ 没有公共部分，所以 $F_Z(z) = 0$.

当 $-2 \leqslant z < 0$ 时，区域 $x - y \leqslant z$ 与正方形区域 $0 \leqslant x \leqslant 2$，$0 \leqslant y \leqslant 2$ 的公共部分是在正方形区域内，直线 $x - y = z$ 上方的三角形区域，如图 3-12 所示，因此有

$$F_Z(z) = \int_0^{2+z} \mathrm{d}x \int_{x-z}^{2} \frac{1}{4}\mathrm{d}y = \frac{1}{8}(2 + z)^2$$

当$0 \leqslant z < 2$ 时，区域 $x - y \leqslant z$ 与正方形区域 $0 \leqslant x \leqslant 2$，$0 \leqslant y \leqslant 2$ 的公共部分如图 3-13 所示，从而有

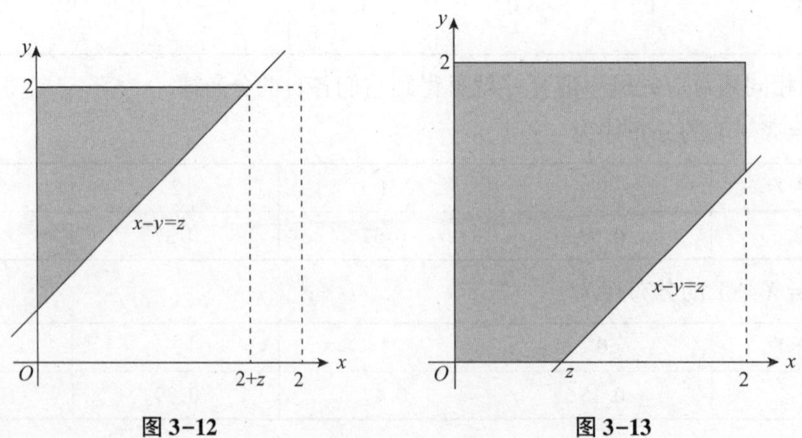

图 3-12　　　　图 3-13

$$F_Z(z)=\int_0^z \mathrm{d}x\int_0^2 \frac{1}{4}\mathrm{d}y+\int_z^2 \mathrm{d}x\int_{x-z}^2 \frac{1}{4}\mathrm{d}y=\frac{1}{2}+\frac{1}{2}z-\frac{1}{8}z^2$$

当 $z \geqslant 2$ 时，区域 $x-y \leqslant z$ 与正方形区域 $0 \leqslant x \leqslant 2$，$0 \leqslant y \leqslant 2$ 的公共部分就为正方形区域，从而有

$$F_Z(z)=\int_0^2 \mathrm{d}x\int_0^2 \frac{1}{4}\mathrm{d}y=1$$

由此得随机变量 $Z=X-Y$ 的分布函数为

$$F_Z(z)=\begin{cases}0, & z<-2,\\ \frac{1}{8}(2+z)^2, & -2 \leqslant z<0,\\ \frac{1}{2}+\frac{1}{2}z-\frac{1}{8}z^2, & 0 \leqslant z<2,\\ 1, & z \geqslant 2\end{cases}$$

从而 $Z=X-Y$ 的分布密度函数为

$$f_Z(z)=\frac{\mathrm{d}F_Z(z)}{\mathrm{d}z}=\begin{cases}0.5+0.25z, & -2 \leqslant z<0,\\ 0.5-0.25z, & 0 \leqslant z<2,\\ 0, & \text{其他}\end{cases}$$

例 3.4.3 设随机变量 X 与 Y 相互独立，且都在 $(0, 1)$ 服从均匀分布 $U(0, 1)$，试求：(1) $Z=X+Y$ 的概率密度；(2) $M=\max\{X, Y\}$ 的概率密度；(3) $N=\min\{X, Y\}$ 的概率密度.

分析 第（1）小题当随机变量 X 与 Y 相互独立时，利用 $Z=X+Y$ 的概率密度函数为 $f_Z(z)=\int_{-\infty}^{+\infty} f_X(x)f_Y(z-x)\,\mathrm{d}x=\int_{-\infty}^{+\infty} f_X(z-y)f_Y(y)\,\mathrm{d}y$ 即可．第（2）（3）小题先求出 X，Y 的分布函数 $F_X(x)$ 和 $F_Y(y)$，再利用公式 $F_{\max}(z)=F_X(z)F_Y(z)$，$F_{\min}(z)=1-[1-F_X(z)][1-F_Y(z)]$ 求解即可.

解 （1）因为 $X \sim U(0, 1)$，$Y \sim U(0, 1)$，所以 X，Y 的概率密度为

$$f_X(x)=\begin{cases}1, & 0<x<1,\\ 0, & \text{其他},\end{cases}\quad f_Y(y)=\begin{cases}1, & 0<y<1,\\ 0, & \text{其他}\end{cases}$$

因为 X 与 Y 相互独立，所以 $Z=X+Y$ 概率密度为 $f_Z(z)=\int_{-\infty}^{+\infty} f_X(x)f_Y(z-x)\,\mathrm{d}x$.

由 $0<x<1$ 且 $0<z-x<1$，即 $z-1<x<z$，如图 3-14 所示，从而可得，当 $z \leqslant 0$ 时，$f_Z(z)=0$；当 $0<z \leqslant 1$ 时，$f_Z(z)=\int_0^z 1\cdot \mathrm{d}x=z$；当 $1<z \leqslant 2$ 时

$$f_Z(z)=\int_{z-1}^1 1\cdot \mathrm{d}x=x\,\big|_{z-1}^{1}=1-(z-1)=2-z$$

当 $z>2$ 时，$f_Z(z)=0$. 所以，$Z=X+Y$ 的概率密度函数为

$$f_Z(z)=\begin{cases}z, & 0<z \leqslant 1,\\ 2-z, & 1<z \leqslant 2,\\ 0, & \text{其他}\end{cases}$$

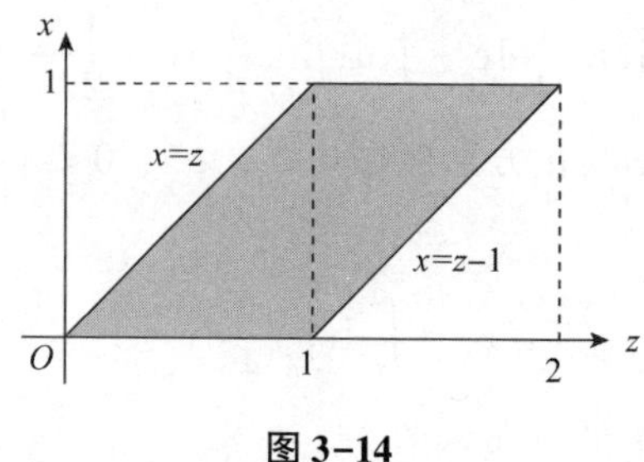

图 3-14

(2) 因为 $X \sim U(0, 1)$，所以 X 的分布函数为 $F_X(x) = \begin{cases} 0, & x < 0, \\ x, & 0 \leqslant x < 1, \\ 1, & x \geqslant 1. \end{cases}$

同理 Y 的分布函数为 $F_Y(y) = \begin{cases} 0, & y < 0, \\ y, & 0 \leqslant y < 1, \\ 1, & y \geqslant 1. \end{cases}$

因为 X 与 Y 相互独立，则

$$F_M(z) = F_X(z) F_Y(z) = \begin{cases} 0, & z < 0, \\ z^2, & 0 \leqslant z < 1, \\ 1, & z \geqslant 1 \end{cases}$$

从而 $M = \max\{X, Y\}$ 的概率密度函数为 $f_M(z) = \begin{cases} 2z, & 0 < z < 1, \\ 0, & \text{其他}. \end{cases}$

(3) 由 (2) 得 $N = \min\{X, Y\}$ 的分布函数为

$$F_N(z) = 1 - [1 - F_X(z)][1 - F_Y(z)], \quad F_X(z) = F_Y(z)$$

所以

$$F_N(z) = 1 - [1 - F_X(z)]^2 = \begin{cases} 0, & z < 0, \\ 1 - (1 - z)^2, & 0 \leqslant z < 1, \\ 1, & z \geqslant 1 \end{cases}$$

从而 $N = \min\{X, Y\}$ 的概率密度函数为 $f_N(z) = \begin{cases} 2(1 - z), & 0 < z < 1, \\ 0, & \text{其他}. \end{cases}$

常规训练

1. 是非题.

(1) 设 (X, Y) 是二维离散型随机变量，$z = g(x, y)$ 是一个二元单值函数，则 $Z = g(X, Y)$ 也是一个随机变量，且 Z 也是一个离散型的随机变量. (　　)

(2) 设 (X, Y) 是二维连续型随机变量，$z = g(x, y)$ 是一个二元单值函数，则 $Z = g(X, Y)$ 也是一个随机变量，且 Z 也是一个连续型的随机变量. (　　)

(3) 设 (X, Y) 是二维连续型随机变量，它的联合概率密度函数为 $f(x, y)$，则 $Z = X +$

Y 的概率密度函数为 $f_Z(z)=\int_{-\infty}^{+\infty} f(z-y, y)\,\mathrm{d}y$.　　(　　)

(4) 设随机变量 X 与 Y 的概率密度函数分别为 $f_X(x)$，$f_Y(y)$，则 $M=\max\{X, Y\}$ 的概率密度函数为 $f_M(z)=f_X(z)f_Y(z)$.　　(　　)

2. 设随机变量 X 与 Y 相互独立，分别服从参数为 λ_1 与 λ_2 的泊松分布，即 $X\sim\pi(\lambda_1)$，$Y\sim\pi(\lambda_2)$，则 $Z=X+Y\sim$ (　　).

A. $\pi(\lambda_1+\lambda_2)$　　B. $\pi(\lambda_1-\lambda_2)$　　C. $\pi(\lambda_{\lambda_2})$　　D. $\pi\left(\dfrac{\lambda_1}{\lambda_2}\right)$

3. 设随机变量 X 与 Y 相互独立，且 $X\sim N(0, 1)$，$Y\sim N(1, 1)$，则下列等式成立的是 (　　).

A. $P\{X+Y\leqslant 0\}=\dfrac{1}{2}$　　B. $P\{X+Y\leqslant 1\}=\dfrac{1}{2}$

C. $P\{X-Y\leqslant 0\}=\dfrac{1}{2}$　　D. $P\{X-Y\leqslant 1\}=\dfrac{1}{2}$

4. 设随机变量 X 与 Y 相互独立，且它们的分布函数分别为 $F_X(x)$，$F_Y(y)$，则 $Z=\min\{X, Y\}$ 的分布密度函数为__________.

5. 设随机变量 (X, Y) 的联合分布律为

X	Y		
	1	2	3
−1	0.15	0.1	0.2
−2	0.1	0.35	0.1

试求：(1) $Z=X+Y$；(2) $Z=XY$；(3) $Z=X/Y$；(4) $Z=\max\{X, Y\}$ 的分布律.

6. 设随机变量 X 与 Y 相互独立，且等可能地取 1，2，3，求随机变量 $U=\max\{X, Y\}$ 和 $V=\min\{X, Y\}$ 的联合分布.

7. 设 X 与 Y 相互独立，且都服从 $[0,\ 1]$ 上的均匀分布，求 $X-Y$ 及 XY 的密度函数.

8. 设二维连续型随机变量 $(X,\ Y)$ 的概率密度为 $f(x,\ y)=\begin{cases}3x, & 0<x<1,\ 0<y<x, \\ 0, & 其他,\end{cases}$ 试求 $Z=X+Y$ 的概率密度.

9. 设二维随机变量 $(X,\ Y)$ 的概率密度为 $f(x,\ y)=\begin{cases}2\mathrm{e}^{-(x+2y)}, & x>0,\ y>0, \\ 0, & 其他,\end{cases}$ 试求 $Z=X+2Y$ 的概率密度.

10. 设随机变量 X 与 Y 相互独立，其概率密度分别为

$$f_X(x)=\begin{cases}1, & 0<x<1, \\ 0, & 其他,\end{cases} \qquad f_Y(y)=\begin{cases}2y, & 0<y<1, \\ 0, & 其他\end{cases}$$

试求：(1) $Z=X+Y$；(2) $M=\max\{X,\ Y\}$；(3) $N=\min\{X,\ Y\}$ 的概率密度.

3.5 考研指导与训练

1. 考试内容

本章考试内容包括：二维随机变量及其分布，二维离散型随机变量的概率分布、边缘分布和条件分布，二维连续型随机变量的概率密度、边缘密度和条件密度，随机变量的独立性，常用二维随机变量的概率分布，两个及两个以上随机变量函数的分布.

2. 考试要求

(1) 理解多维随机变量的联合分布函数的基本概念和性质；理解二维离散型随机变量的概率分布、边缘分布和条件分布；理解二维连续型随机变量的概率密度、边缘密度和条件密度，会求与二维随机变量相关事件的概率.

(2) 理解随机变量的独立性的概念，掌握随机变量相互独立的条件.

(3) 掌握二维均匀分布，了解二维正态分布 $N(\mu_1, \mu_2, \sigma_1^2, \sigma_2^2, \rho)$ 的概率密度，理解基本参数的概率意义.

(4) 会求两个随机变量简单函数的分布，会求多个相互独立随机变量简单函数的分布.

3. 常见题型

本章考查的重点内容是二维随机变量的概率分布（概率密度）、边缘概率、条件概率和独立性及二维正态分布的性质. 考查形式主要有：

(1) 二维离散型随机变量的概率分布的建立，这类题目往往结合第一章的古典概率进行考查；

(2) 二维连续型随机变量的边缘概率密度和条件概率密度的计算；

(3) 独立性的判断及应用独立性计算概率或求随机变量函数的分布；

(4) 计算随机变量函数的分布，这类题目几乎每年都考，值得注意.

例 3.5.1 设随机变量 X 与 Y 相互独立，且 X 与 Y 的概率分布分别为

X	0	1	2	3
p_k	$\frac{1}{2}$	$\frac{1}{4}$	$\frac{1}{8}$	$\frac{1}{8}$

Y	−1	0	1
p_k	$\frac{1}{3}$	$\frac{1}{3}$	$\frac{1}{3}$

则 $P\{X+Y=2\}=$ ________.

A. $\frac{1}{12}$　　B. $\frac{1}{8}$　　C. $\frac{1}{6}$　　D. $\frac{1}{2}$

解 选 C. 由独立性可知

$$\begin{aligned}P\{X+Y=2\} &= P\{X=1, Y=1\}+P\{X=2, Y=0\}+P\{X=3, Y=-1\}\\ &= P\{X=1\}P\{Y=1\}+P\{X=2\}P\{Y=0\}+P\{X=3\}P\{Y=-1\}\\ &= \frac{1}{4}\times\frac{1}{3}+\frac{1}{8}\times\frac{1}{3}+\frac{1}{8}\times\frac{1}{3}=\frac{1}{6}\end{aligned}$$

例3.5.2 设随机变量 X_1，X_2，X_3 相互独立，其中 X_1 与 X_2 均服从标准正态分布，X_3 的概率分布为 $P\{X_3=0\}=P\{X_3=1\}=\dfrac{1}{2}$，$Y=X_3X_1+(1-X_3)X_2$.

（1）求二维随机变量 (X_1, Y) 的分布函数，结果用标准正态分布函数 $\Phi(x)$ 表示；

（2）证明：随机变量 Y 服从标准正态分布.

分析 求随机变量 (X_1, Y) 的分布函数 $F(x, y)$，根据分布函数的定义 $F(x, y)=P\{X_1\leqslant x, Y\leqslant y\}$，而 $Y=X_3X_1+(1-X_3)X_2$ 中有离散型随机变量 X_3，因此应利用乘法概率公式 $P(AB)=P(A\mid B)P(B)$ 求得.

解 (1)
$$
\begin{aligned}
F(x, y)&=P\{X_1\leqslant x, Y\leqslant y\}\\
&=P\{X_1\leqslant x, Y\leqslant y\mid X_3=0\}P\{X_3=0\}+P\{X_1\leqslant x, Y\leqslant y\mid X_3=1\}P\{X_3=1\}\\
&=\frac{1}{2}P\{X_1\leqslant x, X_2\leqslant y\}+\frac{1}{2}P\{X_1\leqslant x, X_1\leqslant y\}\\
&=\frac{1}{2}P\{X_1\leqslant x\}P\{X_2\leqslant y\}+\frac{1}{2}P\{X_1\leqslant \min\{x, y\}\}\\
&=\frac{1}{2}\Phi(x)\Phi(y)+\frac{1}{2}\Phi(\min\{x, y\})\\
&=\begin{cases}\dfrac{1}{2}\Phi(x)[1+\Phi(y)], & x\leqslant y,\\[2mm] \dfrac{1}{2}\Phi(y)[1+\Phi(x)], & x>y\end{cases}
\end{aligned}
$$

(2) 因 $F_Y(y)=F_{X_1, Y}(+\infty, y)=\dfrac{1}{2}\Phi(y)[1+\Phi(+\infty)]=\Phi(y)$，故 Y 服从标准正态分布.

例3.5.3 设随机变量 X 与 Y 相互独立，且分别服从参数为 1 与参数为 4 的指数分布，则 $P\{X<Y\}=$________.

A. $\dfrac{1}{5}$　　B. $\dfrac{1}{3}$　　C. $\dfrac{2}{5}$　　D. $\dfrac{4}{5}$

解 选 A. 本题考查联合分布与边缘分布间的关系及概率计算. 由于 X 与 Y 分别服从参数为 1 与参数为 4 的指数分布，故它们的分布密度函数分别为

$$
f_X(x)=\begin{cases}e^{-x}, & x>0,\\ 0, & x\leqslant 0,\end{cases}\qquad f_Y(y)=\begin{cases}4e^{-4y}, & y>0,\\ 0, & y\leqslant 0\end{cases}
$$

又因为 X 与 Y 相互独立，故其联合概率密度函数为 $f(x, y)=\begin{cases}4e^{-(x+4y)}, & x>0, y>0,\\ 0, & \text{其他}.\end{cases}$

从而有

$$
P\{X<Y\}=\iint\limits_{x<y}f(x, y)\mathrm{d}x\mathrm{d}y=\int_0^{+\infty}\mathrm{d}x\int_x^{+\infty}4e^{-(x+4y)}\mathrm{d}y=\int_0^{+\infty}e^{-5x}\mathrm{d}x=-\frac{1}{5}e^{-5x}\Big|_0^{+\infty}=\frac{1}{5}
$$

故应选 A.

例 3.5.4　设二维随机变量 (X, Y) 在 $D=\{(x, y) \mid 0<y<\sqrt{1-x^2}\}$ 上服从均匀分布,

$$Z_1=\begin{cases}1, & X-Y>0, \\ 0, & X-Y \leqslant 0,\end{cases} \qquad Z_2=\begin{cases}1, & X+Y>0, \\ 0, & X+Y \leqslant 0\end{cases}$$

求 (Z_1, Z_2) 的联合分布.

解　由于 (X, Y) 在 D 上服从均匀分布，则 $f(x, y)=\begin{cases}\dfrac{2}{\pi}, & 0<y<\sqrt{1-x^2}, \\ 0, & 其他.\end{cases}$

因此

$$P\{Z_1=0, Z_2=0\}=P\{X \leqslant Y, X \leqslant -Y\}=\iint\limits_{\substack{x \leqslant y \\ x \leqslant -y}} f(x, y) \mathrm{d}x \mathrm{d}y$$

$$=\int_0^{\frac{\sqrt{2}}{2}} \mathrm{d}y \int_{-\sqrt{1-y^2}}^{-y} \frac{2}{\pi} \mathrm{d}x=\frac{1}{4}$$

$$P\{Z_1=0, Z_2=1\}=P\{X \leqslant Y, X \geqslant -Y\}=\frac{1}{2}$$

$$P\{Z_1=1, Z_2=0\}=P\{X>Y, X \leqslant -Y\}=0$$

$$P\{Z_1=1, Z_2=1\}=P\{X>Y, X>-Y\}=\frac{1}{4}$$

所以，(Z_1, Z_2) 的联合分布为

Z_1	Z_2	
	0	1
0	$\frac{1}{4}$	$\frac{1}{2}$
1	0	$\frac{1}{4}$

例 3.5.5　设二维随机变量 (X, Y) 的联合概率分布为

X	Y	
	0	1
0	0.4	a
1	b	0.1

已知随机事件 $\{X=0\}$ 与 $\{X+Y=1\}$ 相互独立，则（　　）.

A. $a=0.2$, $b=0.3$　　　　B. $a=0.4$, $b=0.1$

C. $a=0.3$, $b=0.2$　　　　D. $a=0.1$, $b=0.4$

分析　由联合概率分布律的性质及事件 $\{X=0\}$ 与 $\{X+Y=1\}$ 的独立性得出 a, b 所满足的关系式，从而求得 a, b 的值.

解 选B. 由联合概率分布律的性质得 $0.4+a+b+0.1=1$，即 $a+b=0.5$，又因为事件 $\{X=0\}$ 与 $\{X+Y=1\}$ 相互独立，所以有

$$P\{X=0, X+Y=1\}=P\{X=0\}P\{X+Y=1\}$$

另外，由联合分布及边缘分布可得

$$P\{X=0, X+Y=1\}=P\{X=0, Y=1\}=a,\ P\{X=0\}=0.4+a$$

$$P\{X+Y=1\}=P\{X=0, Y=1\}+P\{X=1, Y=0\}=a+b=0.5$$

故得到 $a=(0.4+a)\times 0.5$，将其 $a+b=0.5$ 联立解得 $a=0.4$，$b=0.1$，所以选B.

例3.5.6 设二维随机变量 (X, Y) 服从正态分布 $N(1, 0, 1, 1, 0)$，则 $P\{XY-Y<0\}=$ ____________.

分析 本题考查二维正态分布的有关性质. 由题设知，$\rho_{XY}=\rho=0$，因此，随机变量 X 与 Y 相互独立，再利用独立性，把二维随机变量概率的计算问题转化为一维正态分布随机变量的概率计算问题.

解 填 $\frac{1}{2}$. 由题设知，随机变量 X 与 Y 相互独立，且 $X\sim N(1, 1)$，$Y\sim N(0, 1)$. 由此可得

$$\begin{aligned}P\{XY-Y<0\}&=P\{(X-1)Y<0\}=P\{X-1<0, Y>0\}+P\{X-1>0, Y<0\}\\&=P\{X-1<0\}P\{Y>0\}+P\{X-1>0\}P\{Y<0\}\\&=\frac{1}{2}\times\frac{1}{2}+\frac{1}{2}\times\frac{1}{2}=\frac{1}{2}\end{aligned}$$

例3.5.7 设 (X, Y) 是二维随机变量，X 的边缘概率密度为

$$f_X(x)=\begin{cases}3x^2, & 0<x<1,\\0, & \text{其他}\end{cases}$$

在给定 $X=x(0<x<1)$ 的条件下，Y 的概率密度为

$$f_{Y|X}(y|x)=\begin{cases}\dfrac{3y^2}{x^3}, & 0<y<x,\\0, & \text{其他}\end{cases}$$

(1) 求 (X, Y) 的概率密度函数 $f(x, y)$；

(2) 求 Y 的边缘概率密度 $f_Y(y)$；

(3) 求 $P\{X>2Y\}$.

解 本题主要考查条件概率分布及有关公式. 根据概率密度乘法公式，有

(1) $f(x, y)=f_X(x)\cdot f_{Y|X}(y|x)=\begin{cases}\dfrac{9y^2}{x}, & 0<y<x<1,\\0, & \text{其他}.\end{cases}$

(2) 当 $y\leqslant 0$ 或 $y\geqslant 1$ 时，$f_Y(y)=0$；当 $0<y<1$ 时，有

$$f_Y(y)=\int_{-\infty}^{+\infty}f(x, y)\mathrm{d}x=\int_{-\infty}^{y}0\mathrm{d}x+\int_{y}^{1}\frac{9y^2}{x}\mathrm{d}x+\int_{1}^{+\infty}0\mathrm{d}x=9y^2\ln x\big|_y^1=-9y^2\ln y$$

所以

$$f_Y(y)=\begin{cases}-9y^2\ln y, & 0<y<1,\\0, & \text{其他}\end{cases}$$

（3）由概率密度函数的性质，有

$$P\{X>2Y\}=\iint\limits_{x>2y}f(x,y)\mathrm{d}x\mathrm{d}y=\int_0^1\mathrm{d}x\int_0^{\frac{x}{2}}\frac{9y^2}{x}\mathrm{d}y=3\int_0^1\frac{1}{x}y^3\Big|_0^{\frac{x}{2}}\mathrm{d}x=3\int_0^1\frac{1}{8}x^2\mathrm{d}x=\frac{1}{8}$$

例 3.5.8　二维随机变量 (X,Y) 在 G 上服从均匀分布，G 由 $x-y=0$，$x+y=2$ 与 $x=0$ 围成.（1）求边缘密度 $f_X(x)$；（2）$f_{X|Y}(x|y)$.

解　本题考查边缘分布和条件分布的计算方法.

（1）区域 G 如图 3-15 所示，它的面积为 1，由均匀分布的定义知，(X,Y) 的联合概率密度函数为 $f(x,y)=\begin{cases}1, & (x,y)\in G,\\0, & (x,y)\notin G.\end{cases}$

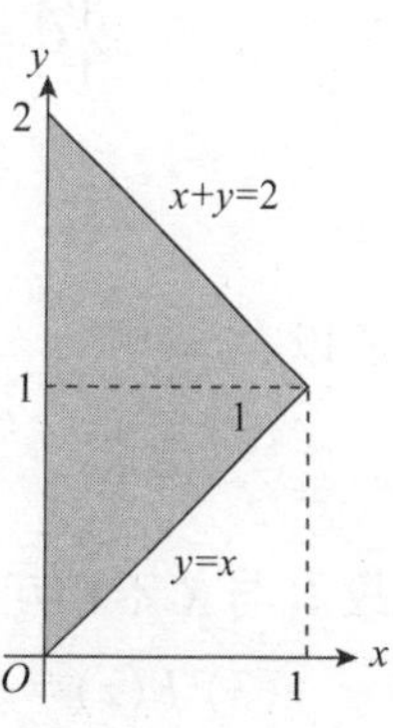

图 3-15

所以，当 $x\leqslant 0$ 或 $x\geqslant 1$ 时，$f_X(x)=0$，当 $0<x<1$ 时，有

$$f_X(x)=\int_{-\infty}^{+\infty}f(x,y)\mathrm{d}y=\int_{-\infty}^{x}0\mathrm{d}y+\int_{x}^{2-x}1\mathrm{d}y+\int_{2-x}^{+\infty}0\mathrm{d}y=2(1-x)$$

于是

$$f_X(x)=\begin{cases}2(1-x), & x\in(0,1),\\0, & x\notin(0,1)\end{cases}$$

（2）求 Y 的概率密度函数. 显然，当 $y\leqslant 0$ 或 $y\geqslant 2$ 时，$f_Y(y)=0$；当 $0<y<1$ 时，有

$$f_Y(y)=\int_{-\infty}^{+\infty}f(x,y)\mathrm{d}x=\int_{-\infty}^{0}0\mathrm{d}x+\int_{0}^{y}1\mathrm{d}x+\int_{y}^{+\infty}0\mathrm{d}x=y$$

当 $1\leqslant y<2$ 时，有

$$f_Y(y)=\int_{-\infty}^{+\infty}f(x,y)\mathrm{d}x=\int_{-\infty}^{0}0\mathrm{d}x+\int_{0}^{2-y}1\mathrm{d}x+\int_{2-y}^{+\infty}0\mathrm{d}x=2-y$$

由此知，当 $0<y<1$ 时，$f_Y(y)=y\neq 0$，从而有

$$f_{X|Y}(x|y)=\frac{f(x,y)}{f_Y(y)}=\begin{cases}\dfrac{1}{y}, & 0<x<y,\\0, & \text{其他}\end{cases}$$

当 $1\leqslant y<2$ 时，$f_Y(y)=2-y\neq 0$，从而有

$$f_{X|Y}(x|y)=\frac{f(x,y)}{f_Y(y)}=\begin{cases}\dfrac{1}{2-y}, & 0<x<2-y,\\0, & \text{其他}\end{cases}$$

例 3.5.9　设二维随机变量 (X,Y) 在区域 $D=\{(x,y)\mid 0<x<1,\ x^2<y<\sqrt{x}\}$ 上服从均匀分布，令 $U=\begin{cases}1, & X\leqslant Y,\\0, & X>Y.\end{cases}$

（1）写出 (X,Y) 的概率密度；

（2）问：U 与 X 是否相互独立？并说明理由；

（3）求 $Z=U+X$ 的分布函数 $F(z)$.

解 (1) 区域 D 的面积 $s(D)=\int_0^1(\sqrt{x}-x^2)\,\mathrm{d}x=\frac{1}{3}$，因为 $f(x,y)$ 服从区域 D 上的均匀分布，所以

$$f(x,y)=\begin{cases}3, & x^2<y<\sqrt{x},\\ 0, & 其他\end{cases}$$

(2) X 与 U 不独立. 因为

$$P\left\{U\leqslant\frac{1}{2},\ X\leqslant\frac{1}{2}\right\}=P\left\{U=0,\ X\leqslant\frac{1}{2}\right\}=P\left\{X>Y,\ X\leqslant\frac{1}{2}\right\}=\frac{1}{4}$$

$$P\left\{U\leqslant\frac{1}{2}\right\}=\frac{1}{2},\ P\left\{X\leqslant\frac{1}{2}\right\}=\frac{\sqrt{2}}{2}-\frac{1}{8}$$

所以

$$P\left\{U\leqslant\frac{1}{2},\ X\leqslant\frac{1}{2}\right\}\neq P\left\{U\leqslant\frac{1}{2}\right\}P\left\{X\leqslant\frac{1}{2}\right\}$$

故 U 与 X 不相互独立.

(3)
$$\begin{aligned}F(z)&=P\{U+X\leqslant z\}\\&=P\{U+X\leqslant z\mid U=0\}P\{U=0\}+P\{U+X\leqslant z\mid U=1\}P\{U=1\}\\&=P\{X\leqslant z,\ X>Y\}+P\{1+X\leqslant z,\ X\leqslant Y\}\end{aligned}$$

又

$$P\{X\leqslant z,\ X>Y\}=\begin{cases}0, & z<0,\\ \frac{3}{2}z^2-z^3, & 0\leqslant z<1,\\ \frac{1}{2}, & z\geqslant 1\end{cases}$$

$$P\{1+X\leqslant z,\ X\leqslant Y\}=\begin{cases}0, & z<1,\\ 2(z-1)^{\frac{3}{2}}-\frac{3}{2}(z-1)^2, & 1\leqslant z<2,\\ \frac{1}{2}, & z\geqslant 2\end{cases}$$

所以

$$F(z)=\begin{cases}0, & z<0,\\ \frac{3}{2}z^2-z^3, & 0\leqslant z<1,\\ \frac{1}{2}+2(z-1)^{\frac{3}{2}}-\frac{3}{2}(z-1)^2, & 1\leqslant z<2,\\ 1, & z\geqslant 2\end{cases}$$

例 3.5.10 设随机变量 X 与 Y 相互独立，X 的概率分布为 $P\{X=1\}=P\{X=-1\}=\frac{1}{2}$，$Y$ 服从参数 λ 的泊松分布，令 $Z=XY$，求 Z 的概率分布.

解　由题意知，Y的分布列为$P\{Y=k\}=\frac{\lambda^k}{k!}e^{-\lambda}$，$k=0, 1, 2, \cdots$，故$Z=XY$为离散型随机变量. 由概率的有限可加性可得

$$
\begin{aligned}
P\{Z=k\}&=P\{XY=k\}=P\{XY=k, X=-1\}+P\{XY=k, X=1\}\\
&=P\{X=-1, Y=-k\}+P\{X=1, Y=k\}\\
&=P\{X=-1\}P\{Y=-k\}+P\{X=1\}P\{Y=k\}\\
&=\frac{1}{2}(P\{Y=k\}+P\{Y=-k\})
\end{aligned}
$$

当$k=1, 2, \cdots$时，$P\{Z=k\}=\frac{1}{2}\cdot\frac{\lambda^k}{k!}e^{-\lambda}$；当$k=0$时，$P\{Z=0\}=e^{-\lambda}$；当$k=-1, -2, \cdots$时，$P\{Z=k\}=\frac{1}{2}\cdot\frac{\lambda^{-k}}{(-k)!}e^{-\lambda}$.

例3.5.11　已知随机变量X，Y独立同分布，且X的分布函数为$F(x)$，则$Z=\max\{X, Y\}$的分布函数为（　　）.

A. $F^2(x)$　　　　B. $F(x)F(y)$

C. $1-[1-F(x)]^2$　　　　D. $[1-F(x)][1-F(y)]$

解　选A. 本题考查两个随机变量最大值的分布. 因为根据分布函数的定义及X，Y的独立性，有

$$
\begin{aligned}
F(x)&=P\{Z\leqslant x\}=P\{\max\{X, Y\}\leqslant x\}=P\{X\leqslant x, Y\leqslant x\}\\
&=P\{X\leqslant x\}P\{Y\leqslant x\}=F(x)F(x)=F^2(x)
\end{aligned}
$$

例3.5.12　设随机变量X与Y相互独立，且均服从参数为1的指数分布，又$U=\max\{X, Y\}$，$V=\min\{X, Y\}$，求随机变量U，V的概率密度.

解　本题考查考生二维随机变量极值的分布及其数学期望的计算能力.

因为X和Y的分布函数分别为

$$
F_X(x)=\begin{cases}1-e^{-x}, & x>0,\\ 0, & x\leqslant 0,\end{cases}\qquad F_Y(y)=\begin{cases}1-e^{-y}, & y>0,\\ 0, & y\leqslant 0\end{cases}
$$

由极值的分布知

$$
F_U(u)=F_X(u)F_Y(u)=\begin{cases}(1-e^{-u})^2, & u>0,\\ 0, & u\leqslant 0\end{cases}
$$

$$
F_V(z)=1-[1-F_X(z)][1-F_Y(z)]=\begin{cases}1-e^{-2z}, & z>0,\\ 0, & z\leqslant 0\end{cases}
$$

从而得U，V的概率密度函数分别为

$$
f_U(u)=\begin{cases}2(1-e^{-u})e^{-u}, & u>0,\\ 0, & u\leqslant 0,\end{cases}\qquad f_V(z)=\begin{cases}2e^{-2z}, & z>0,\\ 0, & z\leqslant 0\end{cases}
$$

1. 设两个随机变量 X 与 Y 相互独立且同分布，其概率分布为

$$P\{X=-1\}=\frac{1}{2},\ P\{Y=-1\}=\frac{1}{2},\ P\{X=1\}=\frac{1}{2},\ P\{Y=1\}=\frac{1}{2}$$

则下列各式中成立的是（　　）.

A. $P\{X=Y\}=\frac{1}{2}$　　　　B. $P\{X=Y\}=1$

C. $P\{X+Y=0\}=\frac{1}{4}$　　　　D. $P\{XY=1\}=\frac{1}{4}$

2. 设 X_1 和 X_2 是任意两个相互独立的连续型随机变量，它们的概率密度函数分别为 $f_1(x)$ 和 $f_2(x)$，分布函数分别为 $F_1(x)$ 和 $F_2(x)$，则（　　）.

A. $f_1(x)+f_2(x)$ 必为某一随机变量的概率密度函数

B. $f_1(x)f_2(x)$ 必为某一随机变量的概率密度函数

C. $F_1(x)+F_2(x)$ 必为某一随机变量的分布函数

D. $F_1(x)F_2(x)$ 必为某一随机变量的分布函数

3. 设随机变量 X 与 Y 相互独立，且 $X\sim N(0,1)$，Y 的分布为 $P\{Y=0\}=P\{Y=1\}=\frac{1}{2}$，记 $F_Z(z)$ 为随机变量 $Z=XY$ 的分布函数，则 $F_Z(z)$ 的间断点的个数为（　　）.

A. 0　　　　B. 1　　　　C. 2　　　　D. 3

4. 设随机变量 (X,Y) 的概率密度函数为 $f(x,y)=\begin{cases}6x, & 0\leqslant x\leqslant y\leqslant 1,\\ 0, & \text{其他},\end{cases}$ 则 $P\{X+Y\leqslant 1\}=$____________.

5. 设随机变量 X 与 Y 相互独立，且均服从区间 $[0,3]$ 上的均匀分布，则 $P\{\max\{X,Y\}\leqslant 1\}=$____________.

6. 设随机变量 X 与 Y 相互独立，X 的概率分布为 $P\{X=i\}=\frac{1}{3}$，$i=-1,0,1$，Y 的概率密度为 $f_Y(y)=\begin{cases}1, & y\in[0,1],\\ 0, & y\notin[0,1],\end{cases}$ 记 $Z=X+Y$. 求：(1) $P\left\{Z\leqslant\frac{1}{2}\mid X=0\right\}$；(2) Z 的概率密度.

7. 设随机变量 X 与 Y 相互独立，其中 X 的分布为 $X \sim \begin{pmatrix} 1 & 2 \\ 0.3 & 0.7 \end{pmatrix}$，而 Y 的概率密度函数为 $f(y)$，求随机变量 $U = X + Y$ 的概率密度 $g(u)$.

8. 设二维随机变量 (X, Y) 的联合概率密度函数为

$$f(x, y) = \begin{cases} 1, & 0 < x < 1,\ 0 < y < 2x, \\ 0, & \text{其他} \end{cases}$$

求：(1) X 与 Y 的边缘概率密度 $f_X(x)$，$f_Y(y)$；(2) $Z = 2X - Y$ 的概率密度函数 $f_Z(z)$；(3) $P\left\{Y \leqslant \frac{1}{2} \mid X \leqslant \frac{1}{2}\right\}$.

9. 设二维随机变量 (X, Y) 的概率密度函数为 $f(x, y) = \begin{cases} \mathrm{e}^{-x}, & 0 < y < x, \\ 0, & \text{其他}, \end{cases}$ 求：

(1) 条件概率密度 $f_{Y|X}(y \mid x)$；(2) 条件概率 $P\{X \leqslant 1 \mid Y \leqslant 1\}$.

10. 设二维随机变量 (X, Y) 的概率密度函数为

$$f(x, y) = A\mathrm{e}^{-2x^2+2xy-y^2}, \quad -\infty < x < +\infty, -\infty < y < +\infty$$

求常数 A 及条件概率密度函数 $f_{Y|X}(y \mid x)$.

第 4 章

随机变量的数字特征

基本要求

(1) 理解并熟练掌握数学期望、方差的定义及性质，会计算随机变量及其函数的数学期望、方差.

(2) 掌握常用分布相应参数与数字特征的关系.

(3) 掌握协方差和相关系数的定义，会判断两个随机变量的相关性.

(4) 会计算随机变量函数的数学期望和方差.

(5) 了解矩及协方差阵的有关概念.

重点与难点

本章重点

(1) 数学期望、方差的概念及有关的计算.

(2) 数学期望、方差的性质.

(3) 几种常见分布的数字特征（如二项分布、泊松分布、正态分布、指数分布及二维正态分布等）.

本章难点

(1) 矩和相关系数的计算，随机变量的相关性、独立性及其相互关系.

(2) 数字特征的有关应用问题.

4.1　数学期望

4.1.1　知识要点

1. 随机变量数学期望定义

设离散型随机变量 X 的概率分布为：$P\{X=x_k\}=p_k$，$k=1, 2, \cdots$. 若级数 $\sum\limits_{k=1}^{\infty} x_k p_k$ 绝对收敛，则称其为随机变量 X 的数学期望，记作 $E(X)$，即 $E(X)=\sum\limits_{k=1}^{\infty} x_k p_k$.

设连续型随机变量 X 的概率密度函数为 $f(x)$，若积分 $\int_{-\infty}^{+\infty} xf(x)\,\mathrm{d}x$ 绝对收敛，则称其为随机变量 X 的数学期望，记作 $E(X)$，即 $E(X)=\int_{-\infty}^{+\infty} xf(x)\,\mathrm{d}x$.

2. 随机变量函数的数学期望

定理 1　设 X 是随机变量，$y=g(x)$ 是连续函数，对随机变量 $Y=g(X)$，有

（1）若 X 是离散型随机变量，它的分布律为：$P\{X=x_k\}=p_k$，$k=1, 2, \cdots$. 若级数 $\sum\limits_{k=1}^{\infty} g(x_k)p_k$ 绝对收敛，则有 $E(Y)=E[g(X)]=\sum\limits_{k=1}^{\infty} g(x_k)p_k$.

（2）若 X 是连续型随机变量，其概率密度函数为 $f(x)$，且积分 $\int_{-\infty}^{+\infty} g(x)f(x)\,\mathrm{d}x$ 绝对收敛，则有 $E(Y)=E[g(X)]=\int_{-\infty}^{+\infty} g(x)f(x)\,\mathrm{d}x$.

定理 2　设 (X, Y) 为二维随机变量，$z=g(x, y)$ 为连续函数，对随机变量 $Z=g(X, Y)$，则有

（1）若 (X, Y) 为二维离散型随机变量，其联合概率分布律为

$$P\{X=x_i, Y=y_j\}=p_{ij}(i, j=1, 2, \cdots)$$

且级数 $\sum\limits_{i=1}^{\infty}\sum\limits_{j=1}^{\infty} g(x_i, y_j)p_{ij}$ 绝对收敛，则有

$$E(Z)=E[g(X, Y)]=\sum_{i=1}^{\infty}\sum_{j=1}^{\infty} g(x_i, y_j)p_{ij}$$

（2）若 (X, Y) 为二维连续型随机变量，其联合密度函数为 $f(x, y)$，且积分

$$\int_{-\infty}^{+\infty}\int_{-\infty}^{+\infty} g(x, y)f(x, y)\,\mathrm{d}x\mathrm{d}y$$

绝对收敛，则有

$$E(Z)=E[g(X, Y)]=\int_{-\infty}^{+\infty}\int_{-\infty}^{+\infty} g(x, y)f(x, y)\,\mathrm{d}x\mathrm{d}y$$

3. **数学期望的性质**

（1）设 C 为常数，则 $E(C)=C$.

（2）设 X 为随机变量，C 为常数，则有 $E(CX)=CE(X)$.

（3）对任意二维随机变量 (X, Y)，若 $E(X)$，$E(Y)$ 存在，则对任意的实数 k_1，k_2，数学期望 $E(k_1X+k_2Y)=k_1E(X)+k_2E(Y)$.

（4）若随机变量 X 与 Y 相互独立，则 $E(XY)$ 存在，且有 $E(XY)=E(X)\cdot E(Y)$.

注：(3) (4) 两条性质可以推广到任意有限多个随机变量的情形：

设 X_1，X_2，…，X_n 都是随机变量，k_1，k_2，…，k_n 是常数，则

$$E(k_1X_1+k_2X_2+\cdots+k_nX_n)=k_1E(X_1)+k_2E(X_2)+\cdots+k_nE(X_n)$$

设 X_1，X_2，…，X_n 是 n 个相互独立的随机变量，则

$$E(X_1X_2\cdots X_n)=E(X_1)E(X_2)\cdots E(X_n)$$

4. **几个重要分布的数学期望**

（1）0-1 分布：若 $X\sim b(1, p)$，则 $E(X)=p$.

（2）二项分布：若 $X\sim b(n, p)$，则 $E(X)=np$.

（3）泊松分布：若 $X\sim \pi(\lambda)$，则 $E(X)=\lambda$.

（4）均匀分布：若 $X\sim U[a, b]$，则 $E(X)=\dfrac{a+b}{2}$.

（5）指数分布：若 $X\sim E(\lambda)$，则 $E(X)=\dfrac{1}{\lambda}$.

（6）正态分布：若 $X\sim N(\mu, \sigma^2)$，则 $E(X)=\mu$.

4.1.2 典型例题

例 4.1.1 盒中有 5 个球，其中有 3 个白球，2 个黑球，从中任取两个球，求白球数 X 的数学期望 $E(X)$.

分析 先求出白球数 X 的分布律，再利用数学期望的定义 $E(X)=\sum\limits_{k=1}^{\infty}x_kp_k$ 求解即可.

解 容易算得 X 的分布律为

X	0	1	2
$P\{X=x_i\}$	$\frac{1}{10}$	$\frac{3}{5}$	$\frac{3}{10}$

所以 $E(X)=0\times\dfrac{1}{10}+1\times\dfrac{3}{5}+2\times\dfrac{3}{10}=\dfrac{6}{5}=1.2$.

例 4.1.2 设随机变量 X 的概率分布律为 $P\left\{X=(-1)^k\cdot\dfrac{2^k}{k}\right\}=\dfrac{1}{2^k}$，$k=1, 2, \cdots$，问：$X$ 的数学期望是否存在？

分析　在离散型随机变量数学期望的定义中要求级数 $\sum\limits_{k=1}^{\infty} x_k p_k$ 绝对收敛，因此，要判断一个随机变量的数学期望是否存在，只要看相应的级数是否绝对收敛即可.

解　因为

$$\sum_{k=1}^{\infty} |x_k| p_k = \sum_{k=1}^{\infty} \left|(-1)^k \cdot \frac{2^k}{k}\right| \cdot \frac{1}{2^k} = \sum_{k=1}^{\infty} \frac{1}{k}$$

这是调和级数，它是发散的，故随机变量 X 的数学期望不存在.

例 4.1.3　设离散型随机变量 X 服从几何分布，即分布律为

$$P\{X=k\} = pq^{k-1},\ k=1,\ 2,\ \cdots,\ 0<p<1,\ q=1-p$$

试求：(1) $E(X)$；(2) $E(X^2)$；(3) $E(5X^2+3)$.

分析　求离散型随机变量的数学期望经常要利用幂级数逐项微分、逐项积分的技巧求和.

解　(1) 由题意知，随机变量 X 的概率分布律为

$$P\{X=k\} = pq^{k-1},\ k=1,\ 2,\ \cdots,\ 0<p<1,\ q=1-p$$

则 $E(X) = \sum\limits_{k=1}^{\infty} k \cdot pq^{k-1} = p\sum\limits_{k=1}^{\infty} kq^{k-1}$.

下面我们用两种方法来求和 $s(q) = \sum\limits_{k=1}^{\infty} kq^{k-1}$：

方法一　由于 $qs(q) = \sum\limits_{k=1}^{\infty} kq^k = \sum\limits_{k=2}^{\infty} (k-1)q^{k-1}$，则

$$s(q) - qs(q) = \sum_{k=1}^{\infty} kq^{k-1} - \sum_{k=2}^{\infty} (k-1)q^{k-1} = 1 + \sum_{k=2}^{\infty} q^{k-1} = 1 + \frac{q}{1-q} = \frac{1}{1-q}$$

即 $(1-q)s(q) = \dfrac{1}{1-q}$，于是 $s(q) = \sum\limits_{k=1}^{\infty} pq^{k-1} = \dfrac{1}{(1-q)^2} = \dfrac{1}{p^2}$.

方法二　由幂级数逐项求积法：

$$\int_0^q s(q)\,\mathrm{d}q = \sum_{k=1}^{\infty} \int_0^q kq^{k-1}\mathrm{d}q = \sum_{k=1}^{\infty} q^k = \frac{q}{1-q} = \frac{1}{1-q} - 1$$

故

$$s(q) = \sum_{k=1}^{\infty} kq^{k-1} = \frac{\mathrm{d}}{\mathrm{d}q}\left[\int_0^q s(q)\,\mathrm{d}q\right] = \left(\frac{1}{1-q} - 1\right)' = \frac{1}{(1-q)^2} = \frac{1}{p^2}$$

由此可得 $E(X) = p\sum\limits_{k=1}^{\infty} kq^{k-1} = \dfrac{1}{p}$.

(2) 注意

$$E(X^2) = E(X^2 - X + X) = E(X^2 - X) + E(X) = E[X(X-1)] + E(X)$$

而

$$E(X^2 - X) = \sum_{k=1}^{\infty} k(k-1)P\{X=k\} = \sum_{k=2}^{\infty} k(k-1)pq^{k-1} = pq\sum_{k=2}^{\infty} k(k-1)q^{k-2}$$

令 $s(x) = \sum\limits_{k=2}^{\infty} k(k-1)x^{k-2}$，对上式两边积分，得

$$f(x)=\int_0^x s(x)\,\mathrm{d}x=\int_0^x\Big[\sum_{k=2}^{\infty}k(k-1)x^{k-2}\Big]\,\mathrm{d}x=\sum_{k=2}^{\infty}k(k-1)\int_0^x x^{k-2}\mathrm{d}x=\sum_{k=2}^{\infty}kx^{k-1}$$

再对上式两边对 x 逐项积分得

$$\int_0^x f(x)\,\mathrm{d}x=\sum_{k=2}^{\infty}k\int_0^x x^{k-1}\,\mathrm{d}x=\sum_{k=2}^{\infty}x^k=\frac{x^2}{1-x}$$

所以 $f(x)=\dfrac{2x-x^2}{(1-x)^2}$，从而 $s(x)=\dfrac{2}{(1-x)^3}$. 令 $x=q$，则

$$E[X(X-1)]=pq\cdot\frac{2}{(1-q)^3}=\frac{2q}{p^2}$$

所以

$$E(X^2)=\frac{2q}{p^2}+\frac{1}{p}=\frac{2q+p}{p^2}=\frac{1+q}{p^2}=\frac{2-p}{p^2}$$

(3) $E(5X^2+3)=5E(X^2)+3=5\times\dfrac{2-p}{p^2}+3=\dfrac{10-5p+3p^2}{p^2}$.

例 4.1.4 将 n 个球随机地放入 N 个盒子，每个球放入各个盒子是等可能的，求有球的盒子数 X 的数学期望.

分析 用古典概型求概率的方法求 X 的分布律比较困难，如上例，采用分解的方法，利用数学期望的性质求 X 的期望.

解 定义随机变量如下：

$$X_i=\begin{cases}1,\ \text{第 } i \text{ 个盒子中有球},\\ 0,\ \text{第 } i \text{ 个盒子中无球},\end{cases}\quad i=1,\ 2,\ \cdots,\ N$$

则 $X=X_1+X_2+\cdots+X_N$. 由于任意一个球不落入第 i 个盒子的概率为 $1-\dfrac{1}{N}$，因此 n 个球都不落入第 i 个盒子的概率为 $\left(1-\dfrac{1}{N}\right)^n$，即 $P\{X_i=0\}=\left(1-\dfrac{1}{N}\right)^n$，从而

$$P\{X_i=1\}=1-\left(1-\frac{1}{N}\right)^n$$

由此可得 $E(X_i)=1-\left(1-\dfrac{1}{N}\right)^n(i=1,\ 2,\ \cdots,\ N)$，由数学期望的性质可得

$$E(X)=E(\sum_{i=1}^{N}X_i)=\sum_{i=1}^{N}E(X_i)=N\left[1-\left(1-\frac{1}{N}\right)^n\right]$$

例 4.1.5 设离散型随机变量 $(X,\ Y)$ 的联合分布律为

X	Y		
	-1	0	1
1	$\frac{1}{4}$	$\frac{1}{6}$	$\frac{1}{6}$
4	$\frac{1}{4}$	$\frac{1}{12}$	$\frac{1}{12}$

(1) 求 $E(X)$，$E(Y)$；(2) 设 $Z=XY$，求 $E(Z)$；(3) 设 $Z=(X+Y)^2$，求 $E(Z)$.

分析　第 (1) 小题要求 $E(X)$，$E(Y)$，先求出 X 和 Y 的边缘分布律，再利用 $E(X)=\sum_{k=1}^{\infty}x_kp_k$ 与 $E(Y)=\sum_{k=1}^{\infty}y_kp_k$ 求解即可. 第 (2) (3) 小题对于求解随机变量 X 和 Y 的函数 $Z=g(X, Y)$ 的数学期望 $E(Z)$ 有两种方法，方法一是先求出 Z 的分布律，再利用数学期望定义求解，方法二是直接利用公式 $E(Z)=E[g(X, Y)]=\sum_i\sum_j g(x_i, y_j)p_{ij}$ 求解.

解　(1) 先求出 X 和 Y 的边缘分布律为

X	1	4
p_i	$\frac{7}{12}$	$\frac{5}{12}$

Y	−1	0	1
p_i	$\frac{1}{2}$	$\frac{1}{4}$	$\frac{1}{4}$

所以

$$E(X)=1\times\frac{7}{12}+4\times\frac{5}{12}=\frac{9}{4},\qquad E(Y)=-1\times\frac{1}{2}+0\times\frac{1}{4}+1\times\frac{1}{4}=-\frac{1}{4}$$

(2) **方法一**　先求出 Z 的分布律

$Z=XY$	−4	−1	0	1	4
p_i	$\frac{1}{4}$	$\frac{1}{4}$	$\frac{1}{4}$	$\frac{1}{6}$	$\frac{1}{12}$

所以

$$E(Z)=-4\times\frac{1}{4}+(-1)\times\frac{1}{4}+0\times\frac{1}{4}+1\times\frac{1}{6}+4\times\frac{1}{12}=-\frac{3}{4}$$

方法二　由于 $Z=XY$，则

$$\begin{aligned}E(Z)=E(XY)&=\sum_i\sum_j x_iy_jP\{X=x_i, Y=y_j\}\\&=1\times(-1)\times\frac{1}{4}+1\times0\times\frac{1}{6}+1\times1\times\frac{1}{6}+4\times(-1)\times\frac{1}{4}+4\times0\times\frac{1}{12}+4\times1\times\frac{1}{12}\\&=-\frac{3}{4}\end{aligned}$$

(3) **方法一**　先求得 $Z=(X+Y)^2$ 的分布律为

Z	0	1	4	9	16	25
p_i	$\frac{1}{4}$	$\frac{1}{6}$	$\frac{1}{6}$	$\frac{1}{4}$	$\frac{1}{12}$	$\frac{1}{12}$

所以 $E(Z)=\frac{13}{2}$.

方法二　由于 $Z=(X+Y)^2$，则

$$E(Z)=E[(X+Y)^2]=\sum_i\sum_j(x_i+y_j)^2P\{X=x_i, Y=y_j\}$$

$$= [1+(-1)]^2\times\frac{1}{4}+(1+0)^2\times\frac{1}{6}+(1+1)^2\times\frac{1}{6}+$$
$$[4+(-1)]^2\times\frac{1}{4}+(4+0)^2\times\frac{1}{12}+(4+1)^2\times\frac{1}{12}$$
$$=\frac{13}{2}$$

例 4.1.6 已知随机变量 X 的密度函数为 $f(x)=\begin{cases}\frac{2}{\pi}\cos^2 x, & -\frac{\pi}{2}\leqslant x\leqslant\frac{\pi}{2},\\ 0, & \text{其他}.\end{cases}$ 求 $E(X)$.

分析 只要利用 $E(x)=\int_{-\infty}^{+\infty}xf(x)\mathrm{d}x$ 计算即可.

解 $E(x)=\int_{-\infty}^{+\infty}xf(x)\mathrm{d}x=\int_{-\frac{\pi}{2}}^{\frac{\pi}{2}}x\cdot\frac{2}{\pi}\cos^2 x\mathrm{d}x=0$（被积函数为奇函数）

例 4.1.7 已知随机变量 X 的密度函数为 $f(x)=\begin{cases}x, & 0<x<1,\\ 2-x, & 1<x<2,\\ 0, & \text{其他}.\end{cases}$ 求 $E(X)$，$E(X^2)$，$E(5X^2+4)$.

分析 只要利用 $E(x)=\int_{-\infty}^{+\infty}xf(x)\mathrm{d}x$，$E[g(x)]=\int_{-\infty}^{+\infty}g(x)f(x)\mathrm{d}x$ 求解即可.

解 $E(X)=\int_{-\infty}^{+\infty}xf(x)\mathrm{d}x=\int_0^1 x\cdot x\mathrm{d}x+\int_1^2 x\cdot(2-x)\mathrm{d}x=\frac{1}{3}+\frac{2}{3}=1$

$$E(X^2)=\int_{-\infty}^{+\infty}x^2f(x)\mathrm{d}x=\int_0^1 x^2\cdot x\mathrm{d}x+\int_1^2 x^2\cdot(2-x)\mathrm{d}x$$
$$=\frac{1}{4}+\left(\frac{2}{3}x^3-\frac{1}{4}x^4\right)\Big|_1^2=\frac{1}{4}+\frac{16}{3}-\frac{2}{3}-4+\frac{1}{4}=\frac{7}{6}$$

方法一

$$E(5X^2+4)=\int_{-\infty}^{+\infty}(5x^2+4)f(x)\mathrm{d}x=\int_0^1(5x^2+4)\cdot x\mathrm{d}x+\int_1^2(5x^2+4)\cdot(2-x)\mathrm{d}x$$
$$=\frac{5}{4}+2+\frac{10}{3}(8-1)+8\times1-\frac{5}{4}x^4\mid_1^2-6=\frac{59}{6}$$

方法二 $E(5X^2+4)=5E(X^2)+4=5\times\frac{7}{6}+4=\frac{35}{6}+4=\frac{59}{6}$

例 4.1.8 已知 (X, Y) 的概率密度函数为 $f(x, y)=\begin{cases}3x, & 0<x<1,\ 0<y<x,\\ 0, & \text{其他}.\end{cases}$ 求：

(1) $E(X)$，$E(Y)$；(2) $E(XY)$，$E(X^2+Y^2)$.

分析 已知 (X, Y) 的概率密度函数，求 $E(X)$，$E(Y)$ 有两种方法，一种是先求出 X，Y 的边缘概率密度函数，再利用 $E(X)=\int_{-\infty}^{+\infty}xf(x)\mathrm{d}x$，$E(Y)=\int_{-\infty}^{+\infty}yf(y)\mathrm{d}y$ 求解即可；另一种是直接用公式 $E(Z)=E[g(X, Y)]=\int_{-\infty}^{+\infty}\int_{-\infty}^{+\infty}g(x, y)f(x, y)\mathrm{d}x\mathrm{d}y$ 求解，其中 $Z=X$（$Z=$

Y). 而对于 $E(XY)$, $E(X^2+Y^2)$ 也利用上式求解，只需取 $Z=g(X,Y)=XY$ 与 $Z=g(X,Y)=X^2+Y^2$.

解　(1) **方法一**　先求 X, Y 的边缘概率密度为

$$f_X(x)=\begin{cases}3x^2, & 0<x<1,\\ 0, & \text{其他},\end{cases}\qquad f_Y(y)=\begin{cases}\dfrac{3}{2}(1-y^2), & 0<y<1,\\ 0, & \text{其他}\end{cases}$$

所以

$$E(X)=\int_{-\infty}^{+\infty}xf_X(x)\,\mathrm{d}x=\int_0^1 x\cdot 3x^2\,\mathrm{d}x=\frac{3}{4}$$

$$E(Y)=\int_{-\infty}^{+\infty}yf_Y(y)\,\mathrm{d}y=\int_0^1 y\cdot\frac{3}{2}(1-y^2)\,\mathrm{d}y=\frac{3}{8}$$

方法二　$E(X)=\int_{-\infty}^{+\infty}\int_{-\infty}^{+\infty}xf(x,y)\,\mathrm{d}x\mathrm{d}y=\int_0^1\mathrm{d}y\int_y^1 x\cdot 3x\,\mathrm{d}x=\frac{3}{4}$

$$E(Y)=\int_{-\infty}^{+\infty}\int_{-\infty}^{+\infty}yf(x,y)\,\mathrm{d}x\mathrm{d}y=\int_0^1\mathrm{d}y\int_y^1 y\cdot 3x\,\mathrm{d}x=\frac{3}{8}$$

(2) $E(XY)=\int_{-\infty}^{+\infty}\int_{-\infty}^{+\infty}xyf(x,y)\,\mathrm{d}x\mathrm{d}y=\int_0^1\mathrm{d}y\int_y^1 xy\cdot 3x\,\mathrm{d}x=\frac{3}{10}$

$$E(X^2+Y^2)=\int_{-\infty}^{+\infty}\int_{-\infty}^{+\infty}(x^2+y^2)f(x,y)\,\mathrm{d}x\mathrm{d}y=\int_0^1\mathrm{d}y\int_y^1(x^2+y^2)\cdot 3x\,\mathrm{d}x$$

$$=\int_0^1\left(\frac{3}{4}+\frac{3}{2}y^2-\frac{9}{4}y^4\right)\mathrm{d}y=\frac{3}{4}+\frac{1}{2}-\frac{9}{20}=\frac{4}{5}$$

常规训练

1. 是非题.

(1) 随机变量 X 的数学期望都存在.　(　　)

(2) 设随机变量 $X=X_1+X_2+X_3$, 且 $E(X_i)=1$, $i=1,2,3$, 则 $E(X)=3$.　(　　)

(3) 若随机变量 X 与 Y 满足 $E(XY)=E(X)E(Y)$, 则 X 与 Y 相互独立.　(　　)

2. 已知随机变量 X 服从参数为 2 的泊松分布, $Z=3X-2$, 则 $E(Z)=$ ________.

3. 现有 10 张奖券，其中 8 张为 2 元，2 张为 5 元，今某人从中随机无放回地抽取 3 张，则此人得奖金额的数学期望为________.

4. 对任意随机变量 X, 若 $E(X)$ 存在且等于 c, 则 $E\{E[E(X)]\}=$ ________.

5. 设随机变量 X 服从参数为 1 的指数分布，则 $E(X+\mathrm{e}^{-2X})=$ ________.

6. 设随机变量 X 只取非负整数值 $i(i\geqslant 0)$ 且 $P\{x=i\}=A\cdot\dfrac{B^i}{i!}$, $i=0,1,2,\cdots$, 已知 $E(X)=2$, 则常数 $A=$ ________, $B=$ ________.

7. 甲、乙两工人在同样条件下生产，日产量相等，每天出废品情况如下：

工人	甲				乙			
废品数	0	1	2	3	0	1	2	3
概率	0.4	0.3	0.2	0.1	0.3	0.5	0.2	0

则__________的产品质量好一些.（填“甲”“乙”）

8. 一商店经销某种商品，每周进货的数量 X 与顾客对该种商品的需求量 Y 是相互独立的随机变量，且都服从区间 $[10, 20]$ 上的均匀分布，商店每售出一单位商品可得利润 1 000 元；若需求量超过了进货量，商店可从其他商店调剂供应，这时每单位商品获利润为 200 元，试计算此商品店经销该种商品每周所得利润的期望值.

9. 有 n 把看上去样子相同的钥匙，其中只有一把能把门上的锁打开，用它们去试开门上的锁，设取到每把钥匙都是等可能的. 每把钥匙试开后除去，使用下面两种方法求试开次数 X 的数学期望：(1) 写出 X 的分布律；(2) 不写出 X 的分布律.

10. 设随机变量 X 的概率密度函数为 $f(x)=\begin{cases}2(x-1), & 1<x<2,\\ 0, & \text{其他}.\end{cases}$ 试求：(1) $E(X)$；(2) 令 $Y=\mathrm{e}^X$，求 $E(Y)$；(3) 令 $Z=\dfrac{1}{X}$，求 $E(Z)$.

11. 对球的直径近似测量，设其值均匀分布于区间 $[a, b]$ 上，试求球的体积的期望值.

12. 设随机变量 (X, Y) 的概率密度为 $f(x, y) = \begin{cases} x^2 + \dfrac{xy}{3}, & 0 < x < 1, 0 < y < 2, \\ 0, & 其他. \end{cases}$ 求：$E(X)$，$E(Y)$，$E(XY)$，$E(3X^2 + 4Y^2)$.

4.2　方差

4.2.1　知识要点

1. 随机变量方差的定义

若 $E[X - E(X)]^2$ 存在，则称其为随机变量 X 的方差，记作 $D(X)$，即 $D(X) = E[X - E(X)]^2$. 在实际计算中常用下式来计算方差：$D(X) = E(X^2) - [E(X)]^2$.

2. 方差的性质

随机变量的方差具有如下性质：

(1) 设 C 为常数，则 $D(C) = 0$.

(2) 对于任意的常数 $C \neq E(X)$，有 $D(X) < E(X - C)^2$.

(3) 设 X 是随机变量，C 为常数，则有 $D(CX) = C^2 D(X)$.

(4) 若随机变量 X 和 Y 相互独立，则有 $D(X \pm Y) = D(X) + D(Y)$.

(5) 设 X 是随机变量，C 为常数，则有 $D(X + C) = D(X)$.

(6) 设随机变量 $X_1, X_2, \cdots, X_n$ 相互独立，$C_1, C_2, \cdots, C_n$ 为常数，则有

$$D\left(\sum_{i=1}^{n} C_i X_i\right) = \sum_{i=1}^{n} C_i^2 D(X_i)$$

(7) $D(X)=0$ 的充分必要条件是 $P\{X=E(X)\}=1$.

3. **几个重要分布的方差.**

(1) 0-1 分布：若 $X \sim b(1, p)$，则 $D(X)=p(1-p)$.

(2) 二项分布：若 $X \sim b(n, p)$，则 $D(X)=np(1-p)$.

(3) 泊松分布：若 $X \sim \pi(\lambda)$，则 $D(X)=\lambda$.

(4) 均匀分布：若 $X \sim U[a, b]$，则 $D(X)=\dfrac{(b-a)^2}{12}$.

(5) 指数分布：若 $X \sim E(\lambda)$，则 $D(X)=\dfrac{1}{\lambda^2}$.

(6) 正态分布：若 $X \sim N(\mu, \sigma^2)$，则 $D(X)=\sigma^2$.

4.2.2 典型例题

例 4.2.1 (续例 4.1.1)，试求 X 的方差 $D(X)$.

分析 在求方差时，一般要通过公式 $D(X)=E(X^2)-[E(X)]^2$ 来进行计算.

解 由例 4.1.1 求得 X 的分布律为

X	0	1	2
p_i	$\frac{1}{10}$	$\frac{3}{5}$	$\frac{3}{10}$

且 $E(X)=1.2$. 又 $E(X^2)=0^2\times 0.1+1^2\times 0.6+2^2\times 0.3=1.8$，所以

$$D(X)=E(X^2)-[E(X)]^2=1.8-1.2^2=0.36$$

例 4.2.2 掷 n 颗骰子，求点数之和的方差.

分析 设 X 为掷 n 颗骰子的点数之和，求出 X 的方差的方法之一为求出 X 的分布律，然后利用 X 的分布律求得 $E(X)$，$E(X^2)$，最后利用 $D(X)=E(X^2)-[E(X)]^2$ 求出方差即可. 但是对于此题求出 X 的分布律非常困难，因此需要另找方法，把 X 分解为几个容易求得分布律的随机变量的和，然后利用方差的性质来求解.

解 令 X_i 为第 i 颗骰子所出现的点数，X 为掷得 n 颗骰子的点数之和，则 $X=X_1+X_2+\cdots+X_n=\sum\limits_{i=1}^{n}X_i$，且 $X_1, X_2, \cdots, X_n$ 独立同分布，从而

$$D(X)=D(\sum_{i=1}^{n}X_i)=D(X_1)+D(X_2)+\cdots+D(X_n)=nD(X_i)$$

由于 X_i 的分布律为 $P\{X_i=k\}=\dfrac{1}{6}$，$k=1, 2, 3, 4, 5, 6$，则

$$E(X_i)=(1+2+3+4+5+6)\times\frac{1}{6}=\frac{7}{2}$$

$$E(X_i^2)=(1^2+2^2+3^2+4^2+5^2+6^2)\times\frac{1}{6}=\frac{91}{6}$$

于是 $D(X_i)=E(X_i^2)-[E(X_i)]^2=\frac{91}{6}-\frac{49}{4}=\frac{35}{12}$，所以 $D(X)=nD(X_i)=\frac{35n}{12}$.

例 4.2.3　设随机变量 X 的概率密度函数为 $f(x)=\begin{cases}\frac{1}{2}\cos x, & |x|<\frac{\pi}{2},\\ 0, & 其他,\end{cases}$ 求 $D(X)$.

分析　利用 $E(X)=\int_{-\infty}^{+\infty}xf(x)\mathrm{d}x$，$E(X^2)=\int_{-\infty}^{+\infty}x^2f(x)\mathrm{d}x$ 求得 $E(X)$，$E(X^2)$，再利用 $D(X)=E(X^2)-[E(X)]^2$ 求出 $D(X)$ 即可.

解

$$E(X)=\int_{-\infty}^{+\infty}xf(x)\mathrm{d}x=\int_{-\frac{\pi}{2}}^{\frac{\pi}{2}}x\cdot\frac{1}{2}\cos x\mathrm{d}x=0$$

$$\begin{aligned}E(X^2)&=\int_{-\infty}^{+\infty}x^2f(x)\mathrm{d}x=\int_{-\frac{\pi}{2}}^{\frac{\pi}{2}}x^2\cdot\frac{1}{2}\cos x\mathrm{d}x=\int_0^{\frac{\pi}{2}}x^2\cos x\mathrm{d}x\\&=x^2\sin x\Big|_0^{\frac{\pi}{2}}-2\int_0^{\frac{\pi}{2}}x\sin x\mathrm{d}x=\left(\frac{\pi}{2}\right)^2+2x\cos x\Big|_0^{\frac{\pi}{2}}-2\int_0^{\frac{\pi}{2}}\cos x\mathrm{d}x\\&=\left(\frac{\pi}{2}\right)^2-2\sin x\Big|_0^{\frac{\pi}{2}}=\frac{\pi^2}{4}-2\end{aligned}$$

所以 $D(X)=E(X^2)-[E(X)]^2=\frac{\pi^2}{4}-2-0=\frac{\pi^2}{4}-2$.

例 4.2.4　（续例 4.1.8）求 $D(X)$，$D(Y)$，$D(XY)$.

分析　利用公式 $D(X)=E(X^2)-[E(X)]^2$ 求解即可.

解　由例 4.2.3 得 $E(X)=\frac{3}{4}$，$E(Y)=\frac{3}{8}$，$E(XY)=\frac{3}{10}$. 而

$$E(X^2)=\int_{-\infty}^{+\infty}\int_{-\infty}^{+\infty}x^2f(x,\ y)\mathrm{d}x\mathrm{d}y=\int_0^1\mathrm{d}y\int_y^1x^2\cdot 3x\mathrm{d}x=\int_0^1\frac{3}{4}(1-y^4)\mathrm{d}y=\frac{3}{4}-\frac{3}{20}=\frac{3}{5}$$

$$E(Y^2)=\int_{-\infty}^{+\infty}\int_{-\infty}^{+\infty}y^2f(x,\ y)\mathrm{d}x\mathrm{d}y=\int_0^1\mathrm{d}y\int_y^1y^2\cdot 3x\mathrm{d}x=\int_0^1\left(\frac{3}{2}y^2-\frac{3}{2}y^4\right)\mathrm{d}y=\frac{1}{5}$$

所以

$$D(X)=E(X^2)-[E(X)]^2=\frac{3}{5}-\frac{9}{16}=\frac{3}{80}$$

$$D(Y)=E(Y^2)-[E(Y)]^2=\frac{1}{5}-\frac{9}{64}=\frac{19}{320}$$

而

$$\begin{aligned}E(X^2Y^2)&=\int_{-\infty}^{+\infty}\int_{-\infty}^{+\infty}x^2y^2f(x,\ y)\mathrm{d}x\mathrm{d}y=\int_0^1\mathrm{d}y\int_y^1x^2y^2\cdot 3x\mathrm{d}x\\&=\int_0^1\frac{3}{4}(y^2-y^6)\mathrm{d}y=\frac{1}{4}-\frac{3}{28}=\frac{1}{7}\end{aligned}$$

所以

$$D(XY)=E(X^2Y^2)-[E(XY)]^2=\frac{1}{7}-\frac{9}{100}=\frac{37}{700}$$

例 4.2.5 设随机变量 X 与 Y 相互独立，且分别有下列概率密度

$$f_X(x)=\frac{1}{\sqrt{2}\pi}e^{-\frac{(x-7)^2}{2\pi}},\ f_Y(y)=\frac{1}{2\sqrt{\pi}}e^{-\frac{(y-6)^2}{4}}$$

试求：(1) $E[5X+3Y^2E(Y)]$；(2) $E(2X^2-3XY)$；(3) $D[2XE(X)^2-7Y]$.

分析 由已知的概率密度知 $X\sim N(7,\pi)$，$Y\sim N(6,2)$，从而可知 $E(X)$，$E(Y)$，$D(X)$，$D(Y)$，再利用数学期望及方差的性质求解本题.

解 由已知得 $X\sim N(7,\pi)$，$Y\sim N(6,2)$，则

$$E(X)=7,\ E(Y)=6,\ D(X)=\pi,\ D(Y)=2$$

(1) $E[5X+3Y^2E(Y)]=5E(X)+3E(Y^2)E(Y)=5\times 7+3\times 6[D(Y)+E(Y)^2]=719$.

(2) 由于 $E(2X^2-3XY)=2E(X^2)-3E(XY)$，且 X 与 Y 相互独立，因此 $E(XY)=E(X)E(Y)$. 从而

$$E(2X^2-3XY)=2[D(X)+E(X)^2]-3E(XY)=2(\pi+49)-3\times 7\times 6=2\pi-28$$

(3) $D[2XE(X)^2-7Y]=4[E(X)]^4D(X)+49D(Y)=98(98\pi+1)$.

常规训练

1. 是非题.

(1) 若随机变量 X 的数学期望存在，则方差 $D(X)$ 一定存在. ( )

(2) 若随机变量 X 和 Y 相互独立，则 $D(X-Y)=D(X)-D(Y)$. ( )

(3) 若随机变量 X 服从区间 $[a,b]$ 上的均匀分布，则 $E(X^2)=\frac{a^2+ab+b^2}{3}$. ( )

2. 对于任意两个随机变量 X 和 Y，若 $E(XY)=E(X)\cdot E(Y)$，则 ( ).

A. $D(XY)=D(X)\cdot D(Y)$　　B. $D(X+Y)=D(X)+D(Y)$

C. X 和 Y 独立　　D. X 和 Y 不独立

3. 已知随机变量 $X\sim b(6,0.5)$，则 $E(X)$，$D(X)$ 分别为 ( ).

A. 3，3　　B. 6，3

C. 3，1.5　　D. 1.5，4

4. 设随机变量 X 的方差存在，则 $D[D(X)]=$ ( ).

A. 0　　B. $D(X)$

C. $[D(X)]^2$　　D. $[E(X)]^2$

5. 已知连续型随机变量 X 的概率密度函数为 $f(x)=\frac{1}{\sqrt{\pi}}e^{-x^2+2x-1}$，则 X 的数学期望 $E(X)=$ ________，方差 $D(X)=$ ________.

6. 设随机变量 X 服从泊松分布，且 $P\{X=1\}=P\{X=2\}$，则 $E(X)=$ ________，$D(X)=$ ________.

7. 设甲、乙两家灯泡厂生产的灯泡的寿命（单位：小时）X 和 Y 的分布律分别为

X	900	1 000	1 100
p_i	0. 1	0. 8	0. 1

Y	950	1 000	1 050
p_i	0. 3	0. 4	0. 3

试问：哪家工厂生产的灯泡质量好？

8. 已知随机变量 X 具有分布函数 $F(x)=\begin{cases}0, & x\leqslant 1,\\ 1-\dfrac{1}{x^3}, & x>1,\end{cases}$ 求 $E(X)$，$D(X)$.

9. 设随机变量 X_1，X_2，X_3 相互独立，且 X_1 服从区间 (0，6) 内的均匀分布，X_2 服从正态分布 $N(0,4)$，X_3 服从参数为 3 的泊松分布，试求 $Y=X_1-2X_2+3X_3$ 的方差.

10. 设随机变量 X 的数学期望 $E(X)$ 为一非负值，且 $E\left(\dfrac{X^2}{2}-1\right)=2$，$D\left(\dfrac{X}{2}-1\right)=\dfrac{1}{2}$，试求 $E(X)$ 的值.

11. 设随机变量 X 与 Y 相互独立，其概率密度分别为

$$f_X(x)=\begin{cases}2x, & 0<x<1,\\ 0, & 其他,\end{cases}\qquad f_Y(y)=\begin{cases}e^{-(y-5)}, & y>5,\\ 0, & y\leqslant 5\end{cases}$$

试求 $Z=XY$ 的数学期望与方差.

4.3 协方差与相关系数

4.3.1 知识要点

1. 协方差的定义

设 (X, Y) 是一个二维随机变量，若 $E[X-E(X)][Y-E(Y)]$ 存在，则称其为随机变量 (X, Y) 的协方差，记作 $\mathrm{Cov}(X, Y)$，即 $\mathrm{Cov}(X, Y)=E[X-E(X)][Y-E(Y)]$. 在实际计算中，协方差可用 $\mathrm{Cov}(X, Y)=E(XY)-E(X)E(Y)$ 计算.

2. 协方差的性质

(1) $\mathrm{Cov}(X, Y)=\mathrm{Cov}(Y, X)$.

(2) 对于任意的常数 a，b，有 $\mathrm{Cov}(aX, bY)=ab\mathrm{Cov}(X, Y)$.

(3) $\mathrm{Cov}(X+Y, Z)=\mathrm{Cov}(X, Z)+\mathrm{Cov}(Y, Z)$.

(4) 对任意的随机变量 X，Y，有 $D(X\pm Y)=D(X)+D(Y)\pm 2\mathrm{Cov}(X, Y)$.

3. 相关系数的定义

若 $D(X)>0$，$D(Y)>0$，则称 $\rho_{XY}=\dfrac{\mathrm{Cov}(X, Y)}{\sqrt{D(X)}\cdot\sqrt{D(Y)}}$ 为随机变量 X 与 Y 的相关系数.

4. 相关系数的性质

对随机变量 X 与 Y，其相关系数 ρ_{XY} 具有下述性质：

(1) $|\rho_{XY}|\leqslant 1$.

(2) $|\rho_{XY}|=1$ 的充分必要条件是 $P\{Y=aX+b\}=1$，其中 a，b 为常数.

若 $|\rho_{XY}|=0$，则称随机变量 X 与 Y 不相关，否则称为是相关的.

注：(1) 若随机变量 X 与 Y 相互独立，则 X 与 Y 一定不相关. 但若 X 与 Y 不相关，则 X

与 Y 不一定相互独立.

(2) 若 (X, Y) 是二维正态随机变量，则 X 与 Y 不相关和 X 与 Y 相互独立等价.

5. 矩、协方差矩阵

若 $E(X^k)(k=1, 2, \cdots)$ 存在，则称其为随机变量 X 的 k 阶原点矩，记作 μ_k，即 $\mu_k = E(X^k)(k=1, 2, \cdots)$.

若 $E[X-E(X)]^k(k=2, 3, \cdots)$ 存在，则称其为随机变量 X 的 k 阶中心矩，记作 m_k，即 $m_k = E[X-E(X)]^k(k=2, 3, \cdots)$.

若 $E(X^kY^l)(k, l=1, 2, \cdots)$ 存在，则称其为 X 和 Y 的 $k+l$ 阶混合原点矩，记作 μ_{kl}. 又若 $E[X-E(X)]^k[Y-E(Y)]^l(k, l=1, 2, \cdots)$ 存在，则称其为 X 和 Y 的 $k+l$ 阶混合中心矩，记作 m_{kl}.

设 $X_1, X_2, \cdots, X_n$ 是 n 个随机变量，若

$$\sigma_{ij} = E[X_i - E(X_i)][X_j - E(X_j)](i, j=1, 2, \cdots, n)$$

存在，则称矩阵

$$\begin{pmatrix} \sigma_{11} & \sigma_{12} & \cdots & \sigma_{1n} \\ \sigma_{21} & \sigma_{22} & \cdots & \sigma_{2n} \\ \vdots & \vdots & & \vdots \\ \sigma_{n1} & \sigma_{n2} & \cdots & \sigma_{nn} \end{pmatrix}$$

为 n 维随机变量 $(X_1, X_2, \cdots, X_n)$ 的协方差矩阵.

4.3.2　典型例题

例 4.3.1　假设一批产品共 100 件，其中一、二、三等品分别为 80，10，10 件. 现从中任抽取一件，定义如下随机变量

$$X_k = \begin{cases} 1, & \text{抽到 } k \text{ 等品}, \\ 0, & \text{其他} \end{cases} \quad (k=1, 2, 3)$$

求：(1) 随机变量 X_1 和 X_2 的联合分布律；(2) 随机变量 X_1 和 X_2 的相关系数 ρ.

分析　结合古典概型的概率计算公式及相关系数的计算公式直接计算. 为了便于计算先用字母表示相关事件.

解　以 A_k 表示事件“抽到 k 等品” $(k=1, 2, 3)$，由题意知，$P(A_1)=0.8$，$P(A_2)=0.1$，$P(A_3)=0.1$.

(1) 显然，(X_1, X_2) 的可能取值为 $(0, 0)$，$(0, 1)$，$(1, 0)$，$(1, 1)$. 由 X_1 和 X_2 的定义，有

$$P\{X_1=0, X_2=0\} = P(A_3) = 0.1, \quad P\{X_1=0, X_2=1\} = P(A_2) = 0.1$$
$$P\{X_1=1, X_2=0\} = P(A_1) = 0.8, \quad P\{X_1=1, X_2=1\} = P(\varnothing) = 0$$

所以，随机变量 (X_1, X_2) 的联合分布律为

X_1	X_2	
	0	1
0	0.1	0.1
1	0.8	0

（2）由以上计算知，$P\{X_1X_2=1\}=P\{X_1=1, X_2=1\}=0$，所以 $P\{X_1X_2=0\}=1$，因此，$E(X_1X_2)=0$，另外易知

$E(X_1)=0.8$，$D(X_1)=0.8\times0.2=0.16$，$E(X_2)=0.1$，$D(X_2)=0.1\times0.9=0.09$

从而有

$$\mathrm{Cov}(X_1, X_2)=E(X_1X_2)-E(X_1)E(X_2)=-0.08$$

于是，X_1 和 X_2 的相关系数为

$$\rho=\frac{\mathrm{Cov}(X_1, X_2)}{\sqrt{D(X_1)}\cdot\sqrt{D(X_2)}}=\frac{-0.08}{\sqrt{0.16}\times\sqrt{0.09}}=-\frac{2}{3}$$

例 4.3.2 设随机变量 (X, Y) 的概率密度函数为

$$f(x, y)=\begin{cases}\frac{1}{4}, & |x|<y,\ 0<y<2,\\ 0, & \text{其他}\end{cases}$$

试验证：X 与 Y 不相关，但它们不独立.

分析 要判别 X 与 Y 是否独立，首先求出关于 X 与 Y 的边缘概率密度函数 $f_X(x)$，$f_Y(y)$，然后再判别等式 $f(x, y)=f_X(x)f_Y(y)$ 是否成立即可. 而要判别 X 与 Y 是否相关，只需求出相关系数 ρ，再判断 ρ 是否等于 0 即可.

解 由题意可得

$$f_X(x)=\int_{-\infty}^{+\infty}f(x, y)\,\mathrm{d}y=\begin{cases}\int_x^2\frac{1}{4}\mathrm{d}y=\frac{2-x}{4}, & 0<x<2,\\ \int_{-x}^2\frac{1}{4}\mathrm{d}y=\frac{2+x}{4}, & -2<x\leqslant 0,\\ 0, & \text{其他}\end{cases}$$

$$f_Y(y)=\int_{-\infty}^{+\infty}f(x, y)\,\mathrm{d}x=\begin{cases}\int_{-y}^{y}\frac{1}{4}\mathrm{d}x=\frac{y}{2}, & 0<y<2,\\ 0, & \text{其他}\end{cases}$$

易见 $f(x, y)\neq f_X(x)f_Y(y)$，所以 X 与 Y 不相互独立.

又因为

$$\begin{aligned}E(X)&=\int_{-\infty}^{+\infty}xf_X(x)\,\mathrm{d}x=\int_0^2 x\cdot\frac{2-x}{4}\mathrm{d}x+\int_{-2}^0 x\cdot\frac{2+x}{4}\mathrm{d}x\\&=\frac{1}{4}\left[\left(x^2-\frac{1}{3}x^3\right)\Big|_0^2+\left(x^2+\frac{1}{3}x^3\right)\Big|_{-2}^0\right]=\frac{1}{4}\times\left[4-\frac{8}{3}-\left(4-\frac{8}{3}\right)\right]=0\end{aligned}$$

$$E(XY)=\int_{-\infty}^{+\infty}\int_{-\infty}^{+\infty}xyf(x,\ y)\mathrm{d}x\mathrm{d}y=\int_0^2\mathrm{d}y\int_{-y}^{y}xy\cdot\frac{1}{4}\mathrm{d}x=\frac{1}{4}\int_0^2 y\cdot\frac{x^2}{2}\bigg|_{-y}^{y}\mathrm{d}y=0$$

所以 $E(XY)-E(X)E(Y)=0$，即 $\mathrm{Cov}(X,\ Y)=0$，所以 $\rho=\dfrac{\mathrm{Cov}(X,\ Y)}{\sqrt{D(X)}\cdot\sqrt{D(Y)}}=0$，从而 X 与 Y 不相关.

例 4.3.3 设 X，Y 为随机变量，已知 $D(X)=9$，$D(Y)=4$，$\rho_{XY}=-\dfrac{1}{6}$，试求：$D(X+Y)$，$D(X-Y+4)$.

分析 利用方差的性质 $D(X\pm Y)=D(X)+D(Y)\pm 2\mathrm{Cov}(X,\ Y)$ 计算即可.

解 因为 $D(X)=9$，$D(Y)=4$，$\rho_{XY}=-\dfrac{1}{6}$，所以

$$\mathrm{Cov}(X,\ Y)=\rho_{XY}\cdot\sqrt{D(X)}\cdot\sqrt{D(Y)}=-\frac{1}{6}\times 3\times 2=-1$$

得

$$D(X+Y)=D(X)+D(Y)+2\mathrm{Cov}(X,\ Y)=9+4+2\times(-1)=11$$

$$D(X-Y+4)=D(X-Y)=D(X)+D(Y)-2\mathrm{Cov}(X,\ Y)=9+4-2\times(-1)=15$$

例 4.3.4 已知随机变量 X，Y 分别服从正态分布 $N(1,\ 9)$ 和 $N(0,\ 16)$，且 X 与 Y 的相关系数 $\rho_{XY}=0.5$，设 $Z=\dfrac{X}{3}-\dfrac{Y}{2}$. 求：

(1) Z 的数学期望和方差；(2) X 与 Z 的相关系数 ρ_{XZ}；(3) X 与 Z 是否相互独立，为什么？

分析 利用数学期望、方差的性质及相关系数的计算公式直接计算.

解 (1) 由数学期望和方差的性质，有

$$E(Z)=E\left(\frac{X}{3}-\frac{Y}{2}\right)=\frac{1}{3}E(X)-\frac{1}{2}E(Y)=\frac{1}{3}\times 1-\frac{1}{2}\times 0=\frac{1}{3}$$

$$\begin{aligned}D(Z)&=D\left(\frac{X}{3}-\frac{Y}{2}\right)=D\left(\frac{X}{3}\right)+D\left(\frac{Y}{2}\right)-2\mathrm{Cov}\left(\frac{X}{3},\ \frac{Y}{2}\right)\\&=\frac{1}{9}D(X)+\frac{1}{4}D(Y)-2\times\frac{1}{3}\times\frac{1}{2}\mathrm{Cov}(X,\ Y)\\&=\frac{1}{9}\times 9+\frac{1}{4}\times 16-\frac{1}{3}\rho_{XY}\sqrt{D(X)}\sqrt{D(Y)}\\&=5-\frac{1}{3}\times\frac{1}{2}\times 3\times 4=3\end{aligned}$$

(2) $$\begin{aligned}\mathrm{Cov}(X,\ Z)&=\mathrm{Cov}\left(X,\ \frac{X}{3}-\frac{Y}{2}\right)=\frac{1}{3}\mathrm{Cov}(X,\ X)-\frac{1}{2}\mathrm{Cov}(X,\ Y)\\&=\frac{1}{3}D(X)-\frac{1}{2}\rho_{XY}\sqrt{D(X)}\sqrt{D(Y)}=\frac{1}{3}\times 9-\frac{1}{2}\times\frac{1}{2}\times 3\times 4=0\end{aligned}$$

所以 $\rho_{XZ}=0$.

（3）对于任意不全为 0 的常数 α_1，α_2，X 与 Z 的线性组合

$$\alpha_1X + \alpha_2Z = \alpha_1X + \alpha_2\left(\frac{1}{3}X - \frac{1}{2}Y\right) = \left(\alpha_1 + \frac{\alpha_2}{3}\right)X - \frac{\alpha_2}{2}Y$$

为 X 与 Y 的线性组合．而已知 (X, Y) 服从二维正态分布，故由二维正态分布的性质可知，X 与 Y 的任意线性组合均服从一维正态分布．于是，X 与 Z 的任意线性组合均应服从一维正态分布．又由（2）结果知，X 与 Z 的相关系数 $\rho_{XZ}=0$，即 X 与 Z 不相关．再由正态变量的独立性与不相关性等价性质可知，X 与 Z 是相互独立的．

常规训练

1. 是非题．

（1）若随机变量 X 与 Y 的方差 $D(X)$，$D(Y)$ 都存在，则 $\mathrm{Cov}(X, Y)$ 一定存在．（　　）

（2）若随机变量 X 与 Y 的协方差 $\mathrm{Cov}(X, Y)$ 存在，则它们的方差 $D(X)$，$D(Y)$ 也一定存在．（　　）

（3）若随机变量 X 与 Y 相互独立，则 X 与 Y 不相关．（　　）

（4）若随机变量 X 与 Y 不相关，则 X 与 Y 相互独立．（　　）

2. 设随机变量 X 与 Y 的方差 $D(X)$，$D(Y)$ 都存在且不为 0，则 $D(X+Y)=D(X)+D(Y)$ 是随机变量 X 与 Y（　　）．

A. 不相关的充分条件，但不是必要条件

B. 相互独立的充分条件，但不是必要条件

C. 不相关的充分必要条件

D. 相互独立的充分必要条件

3. 设随机变量 X，Y 独立同分布，记 $U=X+Y$，$V=X-Y$，则随机变量 U，V 必然（　　）．

A. 不相互独立　　　　B. 相互独立

C. 相关系数不为零　　D. 相关系数为零

4. 设两随机变量 X，Y 的方差分别为 25 与 16，相关系数为 0.4，则 $D(X+Y)=$ ______．

5. 设 X 服从区间 $[0, \theta]$ 的均匀分布，$Y=X^3$，则 $\mathrm{Cov}(X, Y)=$ ______．

6. 设二维随机变量 (X, Y) 的概率分布如下：

X	Y	
	1	2
0	$\frac{2}{3}$	$\frac{1}{12}$
1	$\frac{1}{6}$	$\frac{1}{12}$

试求：$E(X)$，$E(Y)$，$D(X)$，$D(Y)$ 及 ρ_{XY}.

7. 设随机变量 X 服从参数为 2 的泊松分布，$Y=3X-2$，试求：$E(X)$，$D(Y)$，$\mathrm{Cov}(X, Y)$ 及 ρ_{XY}.

8. 设二维随机变量 (X, Y) 的概率密度函数为

$$f(x, y)=\begin{cases}8xy, & 0 \leqslant x \leqslant y,\ 0 \leqslant y \leqslant 1, \\ 0, & \text{其他}\end{cases}$$

试求：$\mathrm{Cov}(X, Y)$，ρ_{XY}，$D(X-2Y)$.

9. 设随机变量 X 与 Y 的相关系数 $\rho_{XY}=0.6$，且 X 与 Y 的分布律为 $P\{X=0\}=0.5$，$P\{X=1\}=0.5$，$P\{Y=-1\}=0.5$，$P\{Y=1\}=0.5$，试求：X 与 Y 的联合分布律.

10. 设二维随机变量 (X, Y) 的概率密度函数为

$$f(x, y) = \begin{cases} 12y^2, & 0 \leqslant y \leqslant x \leqslant 1, \\ 0, & 其他 \end{cases}$$

求：$E(X)$，$E(Y)$，ρ_{XY}.

4.4 考研指导与训练

1. 考试内容

本章考试内容主要包括：随机变量的数学期望（均值）、方差、标准差及其性质，随机变量函数的数学期望、矩、协方差、相关系数及其性质.

2. 考试要求

（1）理解随机变量数字特征（数学期望、方差、标准差、矩、协方差、相关系数）的概念，会运用数字特征的基本性质，并掌握常用分布的数字特征.

（2）会求随机变量函数的数学期望.

3. 常见题型

本章考查的主要内容是数学期望、方差和相关系数的计算，往往结合前三章的相关知识点进行考查. 考查形式一般是一道客观题和一道解答题中的一部分. 考查知识点有期望、方差和相关系数的性质及计算公式，特别是随机变量和方差的计算公式与相关系数计算公式的联系及其变形. 本章试题的难度虽然不大，但每年必考. 因此，相应的性质和公式应牢记，并能灵活运用，此外，随机变量数字特征的计算往往要用到高等数学的无穷级数求和函数及积分，故应与高等数学部分结合起来进行复习备考.

例 4.4.1 设连续型随机变量 X_1，X_2 相互独立，且方差存在，X_1，X_2 的概率密度分别为 $f_1(x)$，$f_2(x)$，随机变量 Y_1 的概率密度为 $f_{Y_1}(y) = \frac{1}{2}[f_1(y) + f_2(y)]$，随机变量 $Y_2 = \frac{1}{2}(X_1 + X_2)$，则（　　）.

A. $E(Y_1) > E(Y_2)$，$D(Y_1) > D(Y_2)$　　B. $E(Y_1) = E(Y_2)$，$D(Y_1) = D(Y_2)$

C. $E(Y_1) = E(Y_2)$，$D(Y_1) < D(Y_2)$　　D. $E(Y_1) = E(Y_2)$，$D(Y_1) > D(Y_2)$

解　本题考查随机变量数学期望和方差的基本计算公式，根据 Y_1，Y_2 的定义，按期望和方差的基本计算公式计算，然后比较即可．因为

$$E(Y_1)=\frac{1}{2}\int_{-\infty}^{+\infty}y[f_1(y)+f_2(y)]\mathrm{d}y=\frac{1}{2}\left[\int_{-\infty}^{+\infty}yf_1(y)\mathrm{d}y+\int_{-\infty}^{+\infty}yf_2(y)\mathrm{d}y\right]=\frac{1}{2}[E(X_1)+E(X_2)]$$

$$E(Y_2)=\frac{1}{2}[E(X_1)+E(X_2)],\ D(Y_2)=\frac{1}{4}[D(X_1)+D(X_2)]$$

$$E(Y_1^2)=\frac{1}{2}\int_{-\infty}^{+\infty}y^2[f_1(y)+f_2(y)]\mathrm{d}y$$

$$=\frac{1}{2}\left[\int_{-\infty}^{+\infty}y^2f_1(y)\mathrm{d}y+\int_{-\infty}^{+\infty}y^2f_2(y)\mathrm{d}y\right]=\frac{1}{2}[E(X_1^2)+E(X_2^2)]$$

$$D(Y_1)=E(Y_1^2)-[E(Y_1)]^2=\frac{1}{2}[E(X_1^2)+E(X_2^2)]-\frac{1}{4}[E(X_1)+E(X_2)]^2$$

$$=\frac{1}{2}\{D(X_1)+[E(X_1)]^2+D(X_2)+[E(X_2)]^2\}-\frac{1}{4}[E(X_1)+E(X_2)]^2$$

$$=\frac{1}{2}[D(X_1)+D(X_2)]+\frac{1}{4}[E(X_1)-E(X_2)]^2>\frac{1}{4}[D(X_1)+D(X_2)]=D(Y_2)$$

由此知应选 D.

例 4.4.2　设随机变量 X 的概率分布为 $P\{X=k\}=\frac{1}{2^k}$，$k=1,2,3,\cdots$，Y 表示 X 被 3 除的余数，则 $E(Y)=$ ________.

解

$$P\{Y=0\}=P\{X=3k,\ k=1,2,\cdots\}=\sum_{k=1}^{\infty}\frac{1}{8^k}=\frac{\frac{1}{8}}{1-\frac{1}{8}}=\frac{1}{7}$$

$$P\{Y=1\}=P\{X=3k+1,\ k=0,1,2,\cdots\}=\sum_{k=0}^{\infty}\frac{1}{2^{3k+1}}=\frac{\frac{1}{2}}{1-\frac{1}{8}}=\frac{4}{7}$$

$$P\{Y=2\}=P\{X=3k+2,\ k=0,1,2,\cdots\}=\sum_{k=0}^{\infty}\frac{1}{2^{3k+2}}=\frac{\frac{1}{4}}{1-\frac{1}{8}}=\frac{2}{7}$$

所以，Y 的分布律为

Y	0	1	2
p	$\frac{1}{7}$	$\frac{4}{7}$	$\frac{2}{7}$

所以 $E(Y)=0\times\frac{1}{7}+1\times\frac{4}{7}+2\times\frac{2}{7}=\frac{8}{7}$.

例 4.4.3　设随机变量 X 的分布函数 $F(x)=0.5\Phi(x)+0.5\Phi\left(\frac{x-4}{2}\right)$，其中 $\Phi(x)$ 为标

准正态分布函数，则 $E(X)=$ ________.

解 $E(X)=\int_{-\infty}^{+\infty}xf(x)\mathrm{d}x=\int_{-\infty}^{+\infty}x\left[0.5\Phi(x)+0.5\Phi\left(\frac{x-4}{2}\right)\right]'\mathrm{d}x=2$. 故答案为2.

例4.4.4 设随机变量 (X, Y) 服从正态分布 $N\left(0, 0; 1, 4; -\frac{1}{2}\right)$，随机变量中服从标准正态分布且与 X 独立的是（ ）.

A. $\frac{\sqrt{5}}{5}(X+Y)$　　B. $\frac{\sqrt{5}}{5}(X-Y)$

C. $\frac{\sqrt{3}}{3}(X+Y)$　　D. $\frac{\sqrt{3}}{3}(X-Y)$

解析 因为
$$D\left[\frac{\sqrt{3}}{3}(X+Y)\right]=\frac{1}{3}[D(X)+D(Y)]+\frac{2}{3}\mathrm{Cov}(X, Y)$$
$$=\frac{1}{3}[D(X)+D(Y)]+\frac{2}{3}\rho_{XY}\sqrt{D(X)}\cdot\sqrt{D(Y)}=\frac{5}{3}-\frac{2}{3}=1,$$

$E\left[\frac{\sqrt{3}}{3}(X+Y)\right]=\frac{\sqrt{3}}{3}[E(X)+E(Y)]=0$，所以 $\frac{\sqrt{3}}{3}(X+Y)\sim N(0, 1)$. 选C.

例4.4.5 设随机变量 X 的概率分布为 $P\{X=-2\}=\frac{1}{2}$，$P\{X=1\}=a$，$P\{X=3\}=b$，若 $E(X)=0$，则 $D(X)=$ ________.

解 显然由概率分布的性质知 $a+b+\frac{1}{2}=1$，而

$$E(X)=-2\times\frac{1}{2}+1\times a+3\times b=a+3b-1=0$$

则 $a=\frac{1}{4}$，$b=\frac{1}{4}$，从而 $E(X^2)=(-2)^2\times\frac{1}{2}+1\times\frac{1}{4}+3^2\times\frac{1}{4}=\frac{9}{2}$，所以

$$D(X)=E(X^2)-E(X)^2=\frac{9}{2}$$

例4.4.6 设随机变量 X 与 Y 相互独立，且都服从正态分布 $N(\mu, \sigma^2)$，则 $P\{|X-Y|<1\}$（ ）.

A. 与 μ 无关，而与 σ^2 有关　　B. 与 μ 有关，而与 σ^2 无关

C. 与 μ，σ^2 都有关　　D. 与 μ，σ^2 都无关

解 因为 $X\sim N(\mu, \sigma^2)$，$Y\sim N(\mu, \sigma^2)$，所以 $E(X)=E(Y)=\mu$，$D(X)=D(Y)=\sigma^2$，而 X 与 Y 相互独立，则

$$E(X-Y)=E(X)-E(Y)=0,\quad D(X-Y)=D(X)+D(Y)=2\sigma^2$$

从而 $X-Y\sim N(0, 2\sigma^2)$，所以

$$P\{|X-Y|<1\}=P\left\{-\frac{1}{\sqrt{2}\sigma}<\frac{X-Y}{\sqrt{2}\sigma}<\frac{1}{\sqrt{2}\sigma}\right\}$$

$$= \Phi\left(\frac{1}{\sqrt{2}\sigma}\right) - \Phi\left(-\frac{1}{\sqrt{2}\sigma}\right) = 2\Phi\left(\frac{1}{\sqrt{2}\sigma}\right) - 1$$

所以 $P\{|X-Y|<1\}$ 与 μ 无关，而与 σ^2 有关，故选 A.

例 4.4.7　设随机变量 X 与 Y 相互独立，且 X 的概率分布为 $P\{X=0\}=P\{X=2\}=\frac{1}{2}$，$Y$ 的概率密度为 $f_Y(y)=\begin{cases}2y, & 0<y<1,\\ 0, & \text{其他.}\end{cases}$ 求：(1) $P\{Y\leqslant E(Y)\}$；(2) $Z=X+Y$ 的概率密度.

解　(1) $E(Y)=\int_{-\infty}^{+\infty} yf_Y(y)\,\mathrm{d}y=\int_0^1 y\cdot 2y\,\mathrm{d}y=\frac{2}{3}$，所以

$$P\{Y\leqslant E(Y)\}=P\left\{Y\leqslant\frac{2}{3}\right\}=\int_{-\infty}^{\frac{2}{3}} f_Y(y)\,\mathrm{d}y=\int_0^{\frac{2}{3}} 2y\,\mathrm{d}y=\frac{4}{9}$$

(2) Z 的分布函数为

$$\begin{aligned}F_Z(z)&=P\{Z\leqslant z\}=P\{X+Y\leqslant z\}=P\{X+Y\leqslant z,\ X=0\}+P\{X+Y\leqslant z,\ X=2\}\\&=P\{X=0,\ Y\leqslant z\}+P\{X=2,\ Y+2\leqslant z\}\\&=P\{X=0\}P\{Y\leqslant z\}+P\{X=2\}P\{Y+2\leqslant z\}\\&=\frac{1}{2}(P\{Y\leqslant z\}+P\{Y\leqslant z-2\})\\&=\frac{1}{2}[F_Y(z)+F_Y(z-2)]\end{aligned}$$

故 Z 的概率密度函数为

$$f_Z(z)=F'_Z(z)=\frac{1}{2}[f_Y(z)+f_Y(z-2)]=\begin{cases}z, & 0\leqslant z<1,\\ z-2, & 2\leqslant z<3,\\ 0, & \text{其他}\end{cases}$$

例 4.4.8　设随机变量 X 服从标准正态分布 $N(0,1)$，则 $E(X\mathrm{e}^{2X})=$________.

解　填 $2\mathrm{e}^2$. 本题考查随机变量函数的数学期望的算法. 由定义，有

$$\begin{aligned}E(X\mathrm{e}^{2X})&=\int_{-\infty}^{+\infty} x\mathrm{e}^{2x}\frac{1}{\sqrt{2\pi}}\mathrm{e}^{-\frac{x^2}{2}}\mathrm{d}x=\frac{1}{\sqrt{2\pi}}\int_{-\infty}^{+\infty} x\mathrm{e}^{-\frac{(x-2)^2}{2}+2}\mathrm{d}x\\&=\frac{\mathrm{e}^2}{\sqrt{2\pi}}\int_{-\infty}^{+\infty} x\mathrm{e}^{-\frac{(x-2)^2}{2}}\mathrm{d}x\ (\text{令 } x=t+2)\\&=\frac{\mathrm{e}^2}{\sqrt{2\pi}}\int_{-\infty}^{+\infty}(t+2)\mathrm{e}^{-\frac{t^2}{2}}\mathrm{d}t=2\mathrm{e}^2\end{aligned}$$

例 4.4.9　设随机变量 X 的概率密度为 $f(x)=\begin{cases}\frac{x}{2}, & 0<x<2,\\ 0, & \text{其他,}\end{cases}$ $F(x)$ 为 X 的分布函数，$E(X)$ 为 X 的数学期望，则 $P\{F(X)\geqslant E(X)-1\}=$________.

解 因为 X 的概率密度为 $f(x)=\begin{cases}\dfrac{x}{2}, & 0<x<2,\\ 0, & \text{其他},\end{cases}$ 则

$$E(X)=\int_{-\infty}^{+\infty}xf(x)\mathrm{d}x=\int_0^2 x\cdot\frac{x}{2}\mathrm{d}x=\frac{4}{3},\ F(x)=\begin{cases}0, & x<0,\\ \dfrac{x^2}{4}, & 0\leqslant x<2,\\ 1, & x\geqslant 2\end{cases}$$

所以

$$P\{F(X)\geqslant E(X)-1\}=P\left\{F(X)\geqslant\frac{1}{3}\right\}=P\left\{\frac{X^2}{4}\geqslant\frac{1}{3},\ 0\leqslant X<2\right\}=P\left\{\frac{2\sqrt{3}}{3}\leqslant X<2\right\}$$

$$=\int_{\frac{2\sqrt{3}}{3}}^{2}\frac{x}{2}\mathrm{d}x=\frac{1}{4}x^2\Big|_{\frac{2\sqrt{3}}{3}}^{2}=1-\frac{1}{3}=\frac{2}{3}$$

例 4.4.10 设随机变量 X 的概率分布为 $P\{X=1\}=P\{X=2\}=\dfrac{1}{2}$，在给定 $X=i$ 的条件下，随机变量 Y 服从均匀分布 $U(0,\ i)$（$i=1,\ 2$）. 求：(1) Y 的分布函数 $F_Y(y)$；(2) $E(Y)$.

解 本题考查全概率公式、条件分布及数学期望的计算.

(1) 由分布函数的定义及全概率公式，有

$$F_Y(y)=P\{Y\leqslant y\}=P\{Y\leqslant y\mid X=1\}P\{X=1\}+P\{Y\leqslant y\mid X=2\}P\{X=2\}$$

$$=\frac{1}{2}P\{Y\leqslant y\mid X=1\}+\frac{1}{2}P\{Y\leqslant y\mid X=2\}$$

因为在给定 $X=i$ 的条件下，随机变量 Y 服从均匀分布 $U(0,\ i)$（$i=1,\ 2$），所以当 $y<0$ 时，$F_Y(y)=0$；当 $0\leqslant y<1$ 时，$F_Y(y)=\dfrac{1}{2}\cdot\dfrac{y}{1}+\dfrac{1}{2}\cdot\dfrac{y}{2}=\dfrac{3}{4}y$；当 $1\leqslant y\leqslant 2$ 时，$F_Y(y)=\dfrac{1}{2}+\dfrac{1}{2}\cdot\dfrac{y}{2}=\dfrac{1}{4}y+\dfrac{1}{2}$；当 $y>2$ 时，$F_Y(y)=1$. 由此知

$$F_Y(y)=\begin{cases}0, & y<0,\\ \dfrac{3}{4}y, & 0\leqslant y<1,\\ \dfrac{1}{4}y+\dfrac{1}{2}, & 1\leqslant y\leqslant 2,\\ 1, & y>2\end{cases}$$

(2) 由 (1) 可得

$$f_Y(y)=\begin{cases}\dfrac{3}{4}, & 0\leqslant y<1,\\ \dfrac{1}{4}, & 1\leqslant y\leqslant 2,\\ 0, & \text{其他}\end{cases}$$

所以

$$E(Y)=\int_{-\infty}^{+\infty} y f_Y(y)\,\mathrm{d}y=\int_0^1 \frac{3}{4} y\,\mathrm{d}y+\int_1^2 \frac{1}{4} y\,\mathrm{d}y=\frac{3}{8}+\frac{3}{8}=\frac{3}{4}$$

例 4.4.11 设随机变量 X 服从区间 $\left(-\frac{\pi}{2}, \frac{\pi}{2}\right)$ 内的均匀分布，$Y=\sin X$，则 $\operatorname{Cov}(X, Y)=$ ________.

解 因为 $X \sim U\left(-\frac{\pi}{2}, \frac{\pi}{2}\right)$，所以 X 的概率密度函数为 $f(x)=\begin{cases}\frac{1}{\pi}, & -\frac{\pi}{2}<x<\frac{\pi}{2}, \\ 0, & \text{其他},\end{cases}$ 且 $E(X)=0$，所以

$$\begin{aligned}
\operatorname{Cov}(X, Y) &= \operatorname{Cov}(X, \sin X)=E(X\sin X)-E(X)E(\sin X)=E(X\sin X) \\
&= \int_{-\frac{\pi}{2}}^{\frac{\pi}{2}} \frac{1}{\pi} x\sin x\,\mathrm{d}x=\frac{2}{\pi}\int_0^{\frac{\pi}{2}} x\sin x\,\mathrm{d}x=-\frac{2}{\pi}\int_0^{\frac{\pi}{2}} x\,\mathrm{d}\cos x \\
&= -\frac{2}{\pi}\left[x\cos x\Big|_0^{\frac{\pi}{2}}-\int_0^{\frac{\pi}{2}}\cos x\,\mathrm{d}x\right]=\frac{2}{\pi}\sin x\Big|_0^{\frac{\pi}{2}}=\frac{2}{\pi}
\end{aligned}$$

例 4.4.12 随机试验 E 有三种两两不相容的结果 A_1，A_2，A_3，且三种发生的概率均为 $\frac{1}{3}$，将试验 E 独立重复做 2 次，X 表示 2 次试验结果中 A_1 发生的次数，Y 表示 2 次试验结果中 A_2 发生的次数，则 X 与 Y 的相关系数为（　　）.

A. $-\frac{1}{2}$　　B. $-\frac{1}{3}$　　C. $\frac{1}{3}$　　D. $\frac{1}{2}$

解析 由题意得 $X \sim b\left(2, \frac{1}{3}\right)$，$Y \sim b\left(2, \frac{1}{3}\right)$，则 $E(X)=E(Y)=\frac{2}{3}$，

$$D(X)=D(Y)=2\times\frac{1}{3}\times\frac{2}{3}=\frac{4}{9},\ E(XY)=1\cdot 1\cdot P\{X=1, Y=1\}=\frac{2}{9}$$

所以 $\rho_{XY}=\dfrac{E(XY)-E(X)E(Y)}{\sqrt{D(X)}\cdot\sqrt{D(Y)}}=-\dfrac{1}{2}$. 故选 A.

例 4.4.13 已知二维随机变量 (X, Y) 在 $D=\{(x, y) \mid 0<y<\sqrt{1-x^2}\}$ 上服从均匀分布，$Z_1=\begin{cases}1, & X-Y>0, \\ 0, & X-Y\leqslant 0,\end{cases}$ $Z_2=\begin{cases}1, & X+Y>0, \\ 0, & X+Y\leqslant 0,\end{cases}$ 求 $\rho_{Z_1Z_2}$.

解 由第三章知 Z_1，Z_2 的联合分布律为

Z_1	Z_2	
	0	1
0	$\frac{1}{4}$	$\frac{1}{2}$
1	0	$\frac{1}{4}$

所以，有

Z_1	0	1
p_i	$\frac{3}{4}$	$\frac{1}{4}$

Z_2	0	1
p_i	$\frac{1}{4}$	$\frac{3}{4}$

Z_1Z_2	0	1
p_i	$\frac{3}{4}$	$\frac{1}{4}$

所以

$$\rho_{Z_1Z_2}=\frac{\mathrm{Cov}(Z_1,\ Z_2)}{\sqrt{D(Z_1)}\cdot\sqrt{D(Z_2)}}=\frac{E(Z_1Z_2)-E(Z_1)E(Z_2)}{\sqrt{E(Z_1^2)-E(Z_1)^2}\cdot\sqrt{E(Z_2^2)-E(Z_2)^2}}$$

$$=\frac{\frac{1}{4}-\frac{1}{4}\times\frac{3}{4}}{\sqrt{\frac{1}{4}-\left(\frac{1}{4}\right)^2}\sqrt{\frac{3}{4}-\left(\frac{3}{4}\right)^2}}=\frac{\frac{1}{16}}{\frac{3}{16}}=\frac{1}{3}$$

例 4.4.14 将长为 1 m 的木棒随机地截成两段，则两段长度的相关系数为（　　）.

A. 1.1　　B. 0.5　　C. -0.5　　D. -1

解 设这两段的长度分布为 X 和 Y，则有 $Y=1-X$，由此知 X 和 Y 的相关系数为 -1，故应选 D.

例 4.4.15 设随机变量 X 与 Y 相互独立，X 服从参数为 1 的指数分布，Y 的概率分布为 $P\{Y=-1\}=p$，$P\{Y=1\}=1-p\ (0<p<1)$，令 $Z=XY$.

(1) 求 Z 的概率密度；(2) p 为何值时，X 与 Z 不相关？(3) X 与 Z 是否相互独立？

解 (1) 因为 $X\sim E(1)$，所以随机变量 X 的分布函数为 $F_X(x)=\begin{cases}1-\mathrm{e}^{-x}, & x\geqslant 0,\\ 0, & \text{其他}.\end{cases}$ 而

$$\begin{aligned}F_Z(z)&=P\{Z\leqslant z\}=P\{XY\leqslant z\}=P\{X\leqslant z,\ Y=1\}+P\{X\geqslant -z,\ Y=-1\}\\&=P\{X\leqslant z\mid Y=1\}P\{Y=1\}+P\{X\geqslant -z\mid Y=-1\}P\{Y=-1\}\\&=(1-p)F_X(z)+p[1-F_X(-z)]\end{aligned}$$

则当 $z<0$ 时，$F_Z(z)=p[1-F_X(-z)]=p\mathrm{e}^z$；当 $z\geqslant 0$ 时

$$F_Z(z)=(1-p)F_X(z)+p[1-F_X(-z)]=(1-p)(1-\mathrm{e}^{-z})+p$$

所以

$$f_Z(z)=\begin{cases}p\mathrm{e}^z, & z<0,\\ (1-p)\mathrm{e}^{-z}, & z\geqslant 0\end{cases}$$

(2) 由于 $X\sim E(1)$，故 $E(X)=1$，$D(X)=1$，因为 X 与 Y 相互独立，所以

$$E(Z)=E(XY)=E(X)E(Y)=1\times E(Y)=(-1)\cdot p+1\cdot(1-p)=1-2p$$

从而

$$E(XZ)=E(X^2Y)=E(X^2)E(Y)=[D(X)+E(X)^2](1-2p)=2(1-2p)$$

要使 X 与 Z 不相关，即 $\rho_{XZ}=0$，亦即 $\mathrm{Cov}(X,\ Z)=0$，而 $\mathrm{Cov}(X,\ Z)=E(XZ)-E(X)E(Z)$，则当 $E(XZ)=E(X)E(Z)$ 时，

$$2(1-2p)=1\cdot E(Z)=E(XY)=1-2p$$

所以 $p=\frac{1}{2}$.

(3) 因为 $P\{X\leqslant 1, Z\leqslant -1\}=P\{X\leqslant 1, XY\leqslant -1\}$
$$=P\{X\leqslant 1, Y=-1, X\geqslant 1\}+P\{X\leqslant 1, Y=1, X\leqslant -1\}$$
$$=0+P\{X\leqslant -1\}=F_X(-1)=0$$
$$P\{X\leqslant 1\}=F_X(1)=1-\mathrm{e}^{-1},\ P\{Z\leqslant -1\}=F_Z(-1)=p\mathrm{e}^{-1}$$
所以 $P\{X\leqslant 1, Z\leqslant -1\}\neq P\{X\leqslant 1\}P\{Z\leqslant -1\}$，故 X 与 Z 不相互独立.

例 4. 4. 16　设随机变量 X 和 Y 相互独立，且均服从参数为 1 的指数分布，又 $U=\max\{X, Y\}$，$V=\min\{X, Y\}$，求 $E(U+V)$.

解　由第 3 章得
$$f_U(u)=\begin{cases}2(1-\mathrm{e}^{-u})\mathrm{e}^{-u}, & u>0,\\ 0, & u\leqslant 0,\end{cases}\qquad f_V(z)=\begin{cases}2\mathrm{e}^{-2z}, & z>0,\\ 0, & z\leqslant 0\end{cases}$$
则
$$E(U)=\int_{-\infty}^{+\infty}uf_U(u)\mathrm{d}u=\int_0^{+\infty}2u(\mathrm{e}^{-u}-\mathrm{e}^{-2u})\mathrm{d}u$$
$$=\int_0^{+\infty}2u\mathrm{e}^{-u}\mathrm{d}u-\int_0^{+\infty}2u\mathrm{e}^{-2u}\mathrm{d}u=2-\frac{1}{2}=\frac{3}{2}$$
而 $E(V)=\frac{1}{2}$，所以，由数学期望的计算公式，有
$$E(U+V)=E(U)+E(V)=\frac{3}{2}+\frac{1}{2}=2$$

例 4. 4. 17　已知随机变量 X，Y 以及 XY 的分布律如下表所示：

X	0	1	2
p_i	$\frac{1}{2}$	$\frac{1}{3}$	$\frac{1}{6}$

Y	0	1	2
p_i	$\frac{1}{3}$	$\frac{1}{3}$	$\frac{1}{3}$

XY	0	1	2	4
p_i	$\frac{7}{12}$	$\frac{1}{3}$	0	$\frac{1}{12}$

求：(1) $P\{X=2Y\}$；(2) $\mathrm{Cov}(X-Y, Y)$ 与 ρ_{XY}.

解　设随机变量 (X, Y) 的联合分布为

X	Y		
	0	1	2
0	p_{11}	p_{12}	p_{13}
1	p_{21}	p_{22}	p_{23}
2	p_{31}	p_{32}	p_{33}

由 $Z=XY$ 的分布及 X 与 Y 的边缘分布，可得

$$0=P\{XY=2\}=P\{X=1,\ Y=2\}+P\{X=2,\ Y=1\}$$

从而 $p_{23}=p_{32}=0$，再由 $\frac{1}{3}=P\{XY=1\}=P\{X=1,\ Y=1\}$ 得到 $p_{22}=\frac{1}{3}$. 由 Y 的分布律知 $P\{Y=1\}=\frac{1}{3}$，所以 $p_{12}=0$.

同理可得 $p_{33}=\frac{1}{12}$，$p_{31}=\frac{1}{12}$，$p_{21}=0$，$p_{13}=\frac{1}{4}$.

由此得 $(X,\ Y)$ 的联合分布为

X	Y		
	0	1	2
0	$\frac{1}{4}$	0	$\frac{1}{4}$
1	0	$\frac{1}{3}$	0
2	$\frac{1}{12}$	0	$\frac{1}{12}$

(1) $P\{X=2Y\}=P\{X=0,\ Y=0\}+P\{X=2,\ Y=1\}=\frac{1}{4}$.

(2) 因为 $E(X)=\frac{2}{3}$，$E(X^2)=1$，$D(X)=1-\frac{4}{9}=\frac{5}{9}$，$E(Y)=1$，$E(Y^2)=\frac{5}{3}$，$D(Y)=\frac{2}{3}$，$E(XY)=\frac{2}{3}$，所以

$$\begin{aligned}\mathrm{Cov}(X-Y,\ Y)&=\mathrm{Cov}(X,\ Y)-\mathrm{Cov}(Y,\ Y)=E(XY)-E(X)E(Y)-D(Y)\\&=\frac{2}{3}-\frac{2}{3}\times1-\frac{2}{3}=-\frac{2}{3}\end{aligned}$$

$$\rho_{XY}=\frac{\mathrm{Cov}(X,\ Y)}{\sqrt{D(X)}\ \sqrt{D(Y)}}=\frac{\frac{2}{3}-\frac{2}{3}}{\sqrt{\frac{5}{9}}\times\sqrt{\frac{2}{3}}}=0$$

1. 设两个相互独立的随机变量 X 和 Y 的方差分别为 4 和 2，则随机变量 $3X-2Y$ 的方差是（　　）.

A. 8　　B. 16

C. 28　　D. 44

2. 将一枚硬币重复掷 n 次，以 X 和 Y 分别表示正面向上和反面向上的次数，则 X 和 Y 的相关系数等于（　　）.

A. -1　　B. 0

C. $\frac{1}{2}$　　D. 1

3. 设随机变量 $X \sim N(0,1)$，$Y \sim N(1,4)$，且相关系数 $\rho_{XY}=1$，则（　　）.

A. $P\{Y=-2X-1\}=1$　　B. $P\{Y=2X-1\}=1$

C. $P\{Y=-2X+1\}=1$　　D. $P\{Y=2X+1\}=1$

4. 设随机变量 X，Y 不相关，且 $E(X)=2$，$E(Y)=1$，$D(X)=3$，则 $E[X(X+Y-2)]=$（　　）.

A. -3　　B. 3

C. -5　　D. 5

5. 设随机变量 X 服从参数为 1 的泊松分布，则 $P\{X=E(X^2)\}=$________.

6. 设随机变量 $X \sim E(\lambda)$，则 $P\{X>\sqrt{D(X)}\}=$________.

7. 设随机变量 X 和 Y 的联合概率分布为

X	Y		
	-1	0	1
0	0.07	0.18	0.15
1	0.08	0.32	0.20

则 X^2 和 Y^2 的协方差 $\mathrm{Cov}(X^2, Y^2)=$________.

8. 设随机变量 X 和 Y 的相关系数 $\rho_{XY}=0.5$，$E(X)=E(Y)=0$，$E(X^2)=2$，$E(Y^2)=2$，则 $E(X+Y)^2=$________________.

9. 设随机变量 X 与 Y 的概率分布分别为

$$P\{X=0\}=\frac{1}{3},\ P\{X=1\}=\frac{2}{3},\ P\{Y=-1\}=P\{Y=0\}=P\{Y=1\}=\frac{1}{3}$$

且 $P\{X^2=Y^2\}=1$.

求：(1) 二维随机变量 (X, Y) 的概率分布；(2) $Z=XY$ 的概率分布；(3) X 与 Y 的相关系数 ρ_{XY}.

10. 设随机变量 X 与 Y 相互独立，X 的概率分布为 $P\{X=1\}=P\{X=-1\}=\frac{1}{2}$，$Y$ 服从参数为 λ 的泊松分布，令 $Z=XY$. 求 $\mathrm{Cov}(X, Z)$.

11. 设随机变量 X 的概率密度为 $f(x)=\begin{cases}2^{-x}\ln 2, & x>0,\\ 0, & x\leqslant 0,\end{cases}$ 对 X 进行独立重复的观测，直到第 2 个大于 3 的观测值出现停止，记 Y 为次数. 求：(1) Y 的概率分布律；(2) 数学期望 $E(Y)$.

12. 设 A，B 为两个随机事件，且 $P(A)=\frac{1}{4}$，$P(B\mid A)=\frac{1}{3}$，$P(A\mid B)=\frac{1}{2}$，定义随机变量

$$X=\begin{cases}1, & A\text{发生},\\0, & A\text{不发生},\end{cases}\qquad Y=\begin{cases}1, & B\text{发生},\\0, & B\text{不发生}\end{cases}$$

求：(1) 二维随机变量 (X, Y) 的概率分布；(2) X 与 Y 的相关系数 ρ_{XY}；(3) $Z=X^2+Y^2$ 的概率分布.

13. 设随机变量 X 与 Y 的概率分布相同, X 的概率分布为 $P\{X=0\}=\frac{1}{3}$，$P\{X=1\}=\frac{2}{3}$，且 X 与 Y 的相关系数 $\rho_{XY}=\frac{1}{2}$. 求：(1) (X, Y) 的概率分布；(2) $P\{X+Y\leqslant 1\}$.

14. 箱内有 6 个球，其中红、白、黑球的个数分别为 1，2，3 个，现从箱中随机地取出 2 个球，设 X 为取出的红球个数, Y 为取出的白球个数. 求：(1) 随机变量 (X, Y) 的概率分布；(2) $\mathrm{Cov}(X, Y)$.

15. 设随机变量 X 与 Y 独立同分布，且 X 的概率分布为

$$P\{X=1\}=\frac{2}{3},\ P\{X=2\}=\frac{1}{3}$$

记 $U=\max\{X, Y\}$，$V=\min\{X, Y\}$. 求：(1) (U, V) 的联合分布；(2) U 与 V 的协方差 $\mathrm{Cov}(U, V)$.

第 5 章

大数定律及中心极限定理

基本要求

(1) 了解切比雪夫不等式.

(2) 了解切比雪夫大数定律、伯努利大数定律和辛钦大数定律（独立同分布随机变量序列的大数定律）.

(3) 了解棣莫弗–拉普拉斯中心极限定理（二项分布以正态分布为极限分布）和列维–林德伯格中心极限定理（独立同分布随机变量序列的中心极限定理）.

重点与难点

本章重点

(1) 切比雪夫不等式及其应用.

(2) 大数定律及其应用.

(3) 中心极限定理及其应用.

本章难点

(1) 切比雪夫不等式在概率估计中的应用.

(2) 中心极限定理及其应用.

5.1 大数定律

5.1.1 知识要点

1. 切比雪夫不等式.

定理 5.1 设随机变量 X 的数学期望 $E(X)=\mu$，方差 $D(X)=\sigma^2$，则对任意 $\varepsilon>0$，有

$$P\{|X-\mu| \geqslant \varepsilon\} \leqslant \frac{\sigma^2}{\varepsilon^2}$$

注：在切比雪夫不等式中，令 $\varepsilon = k\sigma$，其中 $k>0$，则有

$$P\{|X-\mu| \geqslant k\sigma\} \leqslant \frac{1}{k^2}$$

2. **大数定律**

定理 5.2（伯努利大数定律） 设随机变量 n_A 是 n 重伯努利试验中事件 A 发生的次数，事件 A 在每次试验中发生的概率为 p，则对任意 $\varepsilon>0$，有

$$\lim_{n\to\infty} P\left\{\left|\frac{n_A}{n}-p\right| < \varepsilon\right\} = 1$$

定理 5.3（切比雪夫大数定律） 设 $X_1, X_2, \cdots, X_n, \cdots$ 是两两独立（或两两不相关）的随机变量序列，设数学期望 $E(X_i)$ 和方差 $D(X_i)$ 存在，且它们的方差有共同的上界，则对任意 $\varepsilon>0$，有

$$\lim_{n\to\infty} P\left\{\left|\frac{1}{n}\sum_{i=1}^{n} X_i - \frac{1}{n}\sum_{i=1}^{n} E(X_i)\right| < \varepsilon\right\} = 1$$

定理 5.4（辛钦大数定律） 设 $X_1, X_2, \cdots, X_n, \cdots$ 是独立同分布的随机变量序列，且数学期望 $E(X_i)=\mu$，$i=1, 2, \cdots$，则对任意 $\varepsilon>0$，有

$$\lim_{n\to\infty} P\left\{\left|\frac{X_1+\cdots+X_n}{n}-\mu\right| < \varepsilon\right\} = 1$$

5.1.2 典型例题

例 5.1.1 设随机变量 X 服从 $(0, 10)$ 内的均匀分布，利用切比雪夫不等式估计概率 $P\{|X-5| \geqslant 4\}$.

分析 利用切比雪夫不等式估计概率需要知道随机变量的期望和方差，故先求 X 的期望和方差，然后直接利用公式计算即可.

解 因 $X \sim U(0, 10)$，故 $E(X)=5$，$D(X)=\frac{25}{3}$. 所以利用切比雪夫不等式可得

$$P\{|X-5| \geqslant 4\} \leqslant \frac{25}{3\times 16} \approx 0.520\,8$$

注：实际的概率为 $P\{|X-5| \geqslant 4\}=0.2$. 由此可见，我们利用切比雪夫不等式找到概率上界，但不能用它来估计概率值本身. 因此，尽管切比雪夫不等式是正确的，但是它所导出的上界不那么接近实际概率.

类似地，设 $X \sim N(\mu, \sigma^2)$，利用切比雪夫不等式得到

$$P\{|X-\mu| > 2\sigma\} \leqslant \frac{1}{4} = 0.25$$

而实际概率为 $P\{|X-\mu| > 2\sigma\} = P\left\{\left|\frac{X-\mu}{\sigma}\right| > 2\right\} = 2[1-\Phi(2)] = 0.045\,5$. 切比雪夫不等

式作为一种理论工具，通常被用于证明之中.

例 5.1.2　一个天文学家希望测量遥远的恒星到地球之间的距离（单位：光年）. 他知道，尽管他有测量技术，但是由于大气条件的变化和正常误差，每次测量都不会得到距离的准确值，而是一个估计值. 因此，天文学家计划进行一组测量，用这些测量值的平均值作为距离的真值的估计值. 若各次测量值都是独立同分布的多个随机变量的观察值，随机变量的公共分布的期望值为 d (距离的真值)，公共方差为 $\sigma^2=4$（光年），那么要重复测量多少次才能有 95% 的把握使测量精度达到 ± 0.5 光年以内?

分析　每次的测量值 X_i 是独立同分布的随机变量，且有相同的期望 d 和方差 $\sigma^2=4$. 从而 n 次测量的平均值 $\frac{1}{n}\sum\limits_{i=1}^{n}X_i$ 的期望和方差也可以求出，进一步可以利用切比雪夫不等式估计 $\left|\frac{1}{n}\sum\limits_{i=1}^{n}X_i-d\right|\leqslant 0.5$ 概率下界，让此概率下界达到 95% 来反解出观测次数 n.

解　设天文学家进行 n 次观察，$X_1,\cdots,X_n$ 是 n 次测量值，由每次观测独立同分布得

$$E\left(\frac{1}{n}\sum_{i=1}^{n}X_i\right)=d,\ D\left(\frac{1}{n}\sum_{i=1}^{n}X_i\right)=\frac{4n}{n^2}=\frac{4}{n}$$

由切比雪夫不等式得

$$P\left\{\left|\frac{1}{n}\sum_{i=1}^{n}X_i-d\right|>0.5\right\}\leqslant\frac{4}{n(0.5)^2}=\frac{16}{n}$$

即 $P\left\{\left|\frac{1}{n}\sum\limits_{i=1}^{n}X_i-d\right|\leqslant 0.5\right\}\geqslant 1-\frac{16}{n}$. 因此，只要 $1-\frac{16}{n}\geqslant 0.95$，即 $n\geqslant 320$ 次观察，他可以有 95% 的把握保证其估计精度在 ± 0.5 光年以内.

常规训练

1. 是非题.

（1）由伯努利大数定律可以得出切比雪夫大数定律.　　（　　）

（2）设 $X_1,X_2,\cdots,X_n$ 相互独立，服从相同的分布，$P\{X_1=1\}=P\{X_1=2\}=0.25$，$P\{X_1=3\}=0.5$，则根据大数定律，当 $n\to\infty$ 时，$\frac{1}{n}\sum\limits_{i=1}^{n}X_i$ 依概率收敛到 2.　　（　　）

（3）设随机变量 X 的数学期望 $E(X)=\mu$，方差 $D(X)=\sigma^2$，由切比雪夫不等式，得到 $P\{|X-\mu|\geqslant 3\sigma\}$ 的取值范围是 $\left[0,\frac{1}{9}\right]$.　　（　　）

2. 在 (0，1) 区间独立随机地抽取 n 个数 $X_1,X_2,\cdots,X_n$，当 $n\to\infty$ 时，以下结果正确的是（　　）.

A. $\frac{1}{n}\sum\limits_{i=1}^{n}X_i^2$ 依概率收敛到 1　　B. $\frac{1}{n}\sum\limits_{i=1}^{n}(X_i+1)$ 依概率收敛到 1

C. $\frac{1}{n}\sum\limits_{i=1}^{n}X_i^2$ 依概率收敛到$\frac{1}{4}$　　D. $\frac{1}{n}\sum\limits_{i=1}^{n}X_i^2$ 依概率收敛到$\frac{1}{3}$

3. 设随机变量 X 服从参数为 2 的泊松分布，用切比雪夫不等式估计概率，有 $P\{|X-2| \geqslant 4\} \leqslant$ ________.

4. 设 X_1，X_2 独立同分布，$E(X_1)=0$，$D(X_1)=4$，则由切比雪夫不等式，有 $P\{|X_1+X_2| \geqslant 4\} \leqslant$ ________.

5. 设随机变量 X 的数学期望 $E(X)=12$，方差 $D(X)=9$，由切比雪夫不等式，有 $P\{6<X<18\} \geqslant$ ________.

6. 假设 X 是均值和方差均为 20 的随机变量，求概率 $P\{0<X<40\}$ 的估计.

7. 一位教授从过去的经验知道，学生期末考试成绩是一个均值为 75 的随机变量. 假设还知道学生成绩的方差为 25，用切比雪夫不等式估计：

（1）学生成绩在 65 和 85 之间的概率.

（2）要有多少学生参加考试，才能有 90% 以上的把握保证学生的平均成绩在 75 ± 5 这个范围内？

5.2　中心极限定理

5.2.1　知识要点

1. **棣莫弗-拉普拉斯中心极限定理**

定理 5.5　设 X_1, X_2, …, X_n, … 独立同分布, X_i 的分布是

$$P\{X_i = 1\} = p,\ P\{X_i = 0\} = 1 - p,\ (0 < p < 1)$$

则对任意实数 x, 有

$$\lim_{n\to\infty} P\left\{\frac{(X_1 + \cdots + X_n - np)}{\sqrt{np(1-p)}} \leqslant x\right\} = \Phi(x)$$

这里, $\Phi(x)$ 是标准正态分布 $N(0, 1)$ 的分布函数, 即

$$\Phi(x) = \frac{1}{\sqrt{2\pi}}\int_{-\infty}^{x} \mathrm{e}^{-\frac{t^2}{2}}\mathrm{d}t$$

注: (1) 因为 $\eta_n = X_1 + \cdots + X_n \sim b(n, p)$, 定理 5.5 是用正态分布去逼近二项分布, 当 n 充分大时, $U_n = \dfrac{\eta_n - np}{\sqrt{np(1-p)}}$ 近似服从标准正态分布 $N(0, 1)$, 即 η_n 近似服从正态分布 $N(np, np(1-p))$.

(2) 如果 k, l 是两个正整数, $k < l$, 则当 n 相当大时, 按棣莫弗-拉普拉斯中心极限定理, 近似地有

$$P\{k \leqslant X_1 + \cdots + X_n \leqslant l\} \approx \Phi\left(\frac{l - np}{\sqrt{np(1-p)}}\right) - \Phi\left(\frac{k - np}{\sqrt{np(1-p)}}\right)$$

我们指出: 若把上式修正为

$$P\{k \leqslant X_1 + \cdots + X_n \leqslant l\} \approx \Phi\left(\frac{l + \frac{1}{2} - np}{\sqrt{np(1-p)}}\right) - \Phi\left(\frac{k - \frac{1}{2} - np}{\sqrt{np(1-p)}}\right)$$

一般可提高精度. 当 n 很大时, 这个修正并不很重要; 但在 n 不太大时, 则有比较大的影响.

2. **列维-林德伯格中心极限定理**

定理 5.6　设 X_1, X_2, …, X_n, … 为独立同分布的随机变量序列, 其公共分布的均值为 μ, 方差为 σ^2. 则随机变量

$$Z_n = \frac{X_1 + \cdots + X_n - n\mu}{\sigma\sqrt{n}}$$

的分布当 $n \to \infty$ 时趋于标准正态分布. 即对任意 x, 有 Z_n 的分布函数 $F_n(x)$ 满足

$$\lim_{n\to\infty} F_n(x) = \lim_{n\to\infty} P\left\{\frac{X_1 + \cdots + X_n - n\mu}{\sigma\sqrt{n}} \leqslant x\right\} = \Phi(x)$$

注：(1) 定理5.5是定理5.6的特例，只需注意在定理5.5中$E(X_i)=p$，$D(X_i)=p(1-p)$.

(2) 记$\overline{X}=\dfrac{X_1+\cdots+X_n}{n}$，则定理5.6中$Z_n=\dfrac{X_1+\cdots+X_n-n\mu}{\sigma\sqrt{n}}=\dfrac{\overline{X}-\mu}{\sigma/\sqrt{n}}$近似服从标准正态分布，$\overline{X}$近似服从$N\left(\mu,\dfrac{\sigma^2}{n}\right)$.

5.2.2 典型例题

例5.2.1 假设η_n是服从二项分布$b(n,p)$的随机变量，其中$n=36$，$p=0.5$. 利用中心极限定理求概率$P\{\eta_n\leqslant 21\}$和$P\{\eta_n=19\}$，并与精确值做比较.

分析 二项分布中$n=36$相对较大，由棣莫弗-拉普拉斯中心极限定理，对相应的概率用正态分布进行近似计算. 进而与通过二项分布计算的精确值进行比较.

解 因$\eta_n\sim b(36,0.5)$，故$P\{\eta_n\leqslant 21\}$的精确值为

$$P\{\eta_n\leqslant 21\}=\sum_{i=0}^{21}\mathrm{C}_{36}^{i}0.5^{i}(1-0.5)^{36-i}=\sum_{i=0}^{21}\mathrm{C}_{36}^{i}0.5^{36}=0.878\ 5$$

利用中心极限定理得

$$P\{\eta_n\leqslant 21\}\approx\Phi\left(\frac{21-np}{\sqrt{np(1-p)}}\right)=\Phi\left(\frac{21-18}{3}\right)=\Phi(1)=0.841\ 3$$

用注（2）中修正的中心极限定理得

$$P\{\eta_n\leqslant 21\}\approx\Phi\left(\frac{21.5-np}{\sqrt{np(1-p)}}\right)=\Phi\left(\frac{21.5-18}{3}\right)\approx\Phi(1.17)=0.879\ 0$$

由此可见，修正公式的结果更接近于精确值.

修正公式也可以用于计算单点处的概率：

$$P\{\eta_n=19\}\approx\Phi\left(\frac{19.5-18}{3}\right)-\Phi\left(\frac{18.5-18}{3}\right)\approx\Phi(0.5)-\Phi(0.17)=0.691\ 5-0.567\ 5=0.124\ 0$$

其精确值为$P\{\eta_n=19\}=\mathrm{C}_{36}^{19}0.5^{36}=0.125\ 1$.

例5.2.2 某市有50个寻呼台，每个寻呼台在每分钟内收到的电话次数服从参数为0.05的泊松分布. 试求该市某时刻1分钟内的呼叫次数的总和大于3的概率.

分析 每个寻呼台在给定时间内收到的呼叫次数是随机变量，这些随机变量的个数为50，相对较大，且是独立同分布的，故可以使用中心极限定理.

解 设第i个寻呼台在给定时刻的1分钟内收到的呼叫次数为X_i，$i=1,\cdots,50$. 则该市在该时段内收到的总呼叫次数为$X=\sum\limits_{i=1}^{50}X_i$. 由于$X_i\sim\pi(0.05)$，故

$$E(X_i)=0.05,\ D(X_i)=0.05$$

$$E(X)=E\left(\sum_{i=1}^{50}X_i\right)=\sum_{i=1}^{50}E(X_i)=50\times 0.05=2.5$$

由独立性

$$D(X)=D\Big(\sum_{i=1}^{50}X_i\Big)=\sum_{i=1}^{50}D(X_i)=50\times0.05=2.5$$

由中心极限定理, X 近似服从正态分布 $N(2.5,\ 2.5)$，故

$$P\{X>3\}=P\left\{\frac{X-2.5}{\sqrt{2.5}}>\frac{3-2.5}{\sqrt{2.5}}\right\}\approx1-\Phi\left(\frac{3-2.5}{\sqrt{2.5}}\right)\approx1-\Phi(0.316\,2)\approx0.375\,9$$

例 5.2.3　令 $X_i(i=1,\ \cdots,\ 10)$ 是相互独立的随机变量，其公共分布为 $(0,\ 1)$ 内的均匀分布，计算 $P\Big\{\sum\limits_{i=1}^{10}X_i>6\Big\}$ 的近似值.

分析　每个随机变量独立同分布于 $U(0,\ 1)$，个数为10，相对较大，故可以使用中心极限定理求近似概率.

解　因 $X_i\sim U(0,\ 1)$，故 $E(X_i)=\dfrac{1}{2}$，$D(X_i)=\dfrac{1}{12}$. 由独立性

$$E\Big(\sum_{i=1}^{10}X_i\Big)=5,\ D\Big(\sum_{i=1}^{10}X_i\Big)=\frac{10}{12}$$

利用中心极限定理，可得

$$P\Big\{\sum_{i=1}^{10}X_i>6\Big\}=P\left\{\frac{\sum\limits_{i=1}^{10}X_i-5}{\sqrt{\frac{10}{12}}}>\frac{6-5}{\sqrt{\frac{10}{12}}}\right\}\approx1-\Phi(\sqrt{1.2})\approx1-\Phi(1.095)\approx0.136\,7$$

例 5.2.4　某工厂检验员逐个检查某种产品，每查一个需用10秒，但有的产品需要重复检查一次，再用去10秒. 若产品需要重复检查的概率为0.5，求检验员在8小时内检查的产品多于1 900个的概率.

分析　问题等价于求检验员检查1 900个产品所用的时间总和不超过8小时的概率，如果用 X 表示检查1 900个产品所用的时间，则要求的是 $P\{X\leqslant8\times3\,600\}$. 解决这类概率计算问题首先要构造独立同分布的随机变量序列，然后使用独立同分布的中心极限定理求概率.

解　设 X 为检查1 900个产品所用的时间（秒），又设 X_k 为检查第 k 个产品所用的时间（秒），则 $X=X_1+\cdots+X_{1\,900}$. 据题意, X_k 为两点分布，且 $P\{X_k=10\}=0.5$，$P\{X_k=20\}=0.5$. 从而

$$E(X_k)=10\times0.5+20\times0.5=15,\ D(X_k)=E(X_k^2)-[E(X_k)]^2=250-15^2=25$$

$$E(X)=E(X_1+\cdots+X_{1\,900})=E(X_1)+\cdots+E(X_{1\,900})=1\,900\times15=28\,500$$

又根据 X_k 的独立性知

$$D(X)=D(X_1+\cdots+X_{1\,900})=D(X_1)+\cdots+D(X_{1\,900})=1\,900\times25=47\,500$$

由独立同分布的中心极限定理，有

$$P\{X\leqslant28\,800\}=P\left\{\frac{\sum\limits_{i=1}^{1\,900}X_i-28\,500}{\sqrt{47\,500}}\leqslant\frac{28\,800-28\,500}{\sqrt{47\,500}}\right\}\approx\Phi(1.376\,5)\approx0.915\,7$$

例 5.2.5 利用中心极限定理重解例 5.1.2 中的问题.

分析 记每次测量值为随机变量 X_i，它们独立同分布，且有相同的期望 d 和方差 $\sigma^2 = 4$. 不同于例 5.1.2 采用的切比雪夫不等式估计 $\left|\frac{1}{n}\sum_{i=1}^{n} X_i - d\right| \leqslant 0.5$ 的概率下界，本题采用中心极限定理进行估计，让所估计的概率估计值达到 95% 来反解出观测次数 n.

解 设天文学家进行 n 次观察，$X_1, \cdots, X_n$ 是 n 次测量值，由中心极限定理知

$$Z_n = \frac{\sum_{i=1}^{n} X_i - nd}{2\sqrt{n}}$$

近似服从标准正态分布. 因此

$$P\left\{-0.5 \leqslant \frac{1}{n}\sum_{i=1}^{n} X_i - d \leqslant 0.5\right\} = P\left\{-0.5\frac{\sqrt{n}}{2} \leqslant Z_n \leqslant 0.5\frac{\sqrt{n}}{2}\right\} \approx \Phi\left(\frac{\sqrt{n}}{4}\right) - \Phi\left(-\frac{\sqrt{n}}{4}\right) = 2\Phi\left(\frac{\sqrt{n}}{4}\right) - 1$$

令 $2\Phi\left(\frac{\sqrt{n}}{4}\right) - 1 \geqslant 0.95$，得 $\Phi\left(\frac{\sqrt{n}}{4}\right) \geqslant 0.975$，查表得 $\frac{\sqrt{n}}{4} \geqslant 1.96$，解得 $n \geqslant 61.4656$. 因此，他做 62 次重复观测即有 95% 的把握使测量精度达到 ± 0.5 光年以内.

值得注意的是，以上分析存在一个假设，即当 $n = 62$ 时，正态逼近是好的近似. 尽管在通常情况下这个假设都是成立的，但是总的来说，Z_n 与标准正态分布的近似程度还依赖于 X_i 的分布. 若天文学家对于正态逼近还没有把握，则可以用切比雪夫不等式进行估计.

常规训练

1. 是非题.

(1) 设 X 服从二项分布 $b(n, p)$，当 n 充分大时，X 近似服从 $N(np, np(1-p))$.
( )

(2) 设随机变量 $X_1, X_2, \cdots, X_{100}$ 独立同分布，$E(X_1) = 0$，$D(X_1) = 1$，则由中心极限定理得 $P\{X_1 + X_2 + \cdots + X_{100} \leqslant 10)$ 近似于 $\Phi(1)$. ( )

2. 某产品的寿命 X（单位：年）近似服从均值为 2 的指数分布，随机取该产品 100 件，记平均寿命 $\overline{X} = \frac{1}{100}\sum_{i=1}^{100} X_i$，以下结果正确的是（ ）.

A. $\overline{X}$ 近似服从 $N(2, 400)$ B. $P\{\overline{X} > 2.2\} \approx 0.1587$

C. $P\{\overline{X} > 22\} \approx 0.1587$ D. $\overline{X}$ 近似服从 $N(2, 4)$

3. 设某种电气元件不能承受超负荷试验的概率为 0.05. 现对 100 个这样的元件进行超负荷试验，以 X 表示不能承受试验而烧毁的元件数，则根据中心极限定理，有 $P\{5 \leqslant X \leqslant 10\} \approx$ ________.

4. 用机器包装的味精每袋净重 X 是一个随机变量，假设每袋的平均重量为 100 克，标准差为 2 克. 如果每箱装 100 袋，则随机查验的一箱净重超过 10 050 克的概率为________.

5. 设一共掷 10 枚均匀的骰子，求点数之和在 30 和 40 之间（包括 30 和 40）的概率的近似值.

6. 设 X_1，…，X_{20} 是均值为 1 的独立泊松分布随机变量序列，利用中心极限定理求 $P\left\{\sum_{i=1}^{20} X_i > 15\right\}$ 的近似值.

7. 将 50 个数 X_i，$i=1$，…，50，利用四舍五入化成 50 个整数 R_i，$i=1$，…，50，并求和，即对 X_i 小数点后第一位进行舍入运算，设舍入误差 $X_i - R_i$ 的分布是 $[-0.5, 0.5]$ 上的均匀分布，求这 50 个整数的和与原来的和相差超过 3 的概率的近似值.

5.3 考研指导与训练

1. **考试内容**

本章考试内容为：切比雪夫不等式，切比雪夫大数定律，伯努利大数定律，辛钦大数定律，棣莫弗-拉普拉斯中心极限定理，独立同分布（列维-林德伯格）中心极限定理.

2. **考试要求**

（1）掌握切比雪夫不等式，会用切比雪夫不等式做相应的概率估计.

（2）掌握切比雪夫大数定律、伯努利大数定律及辛钦大数定律成立的条件及结论，会用切比雪夫不等式证明切比雪夫大数定律和伯努利大数定律.

（3）掌握棣莫弗-拉普拉斯中心极限定理和列维-林德伯格中心极限定理的结论和应用条件，会用这两个定理近似计算有关事件的概率.

3. **考点分析**

本章不是考查的重点，2001—2019 年，19 年中仅有 2001 年，2002 年，2003 年，2005 年考过本章内容，2001 年考查的是切比雪夫不等式，2002 年和 2005 年考查的是中心极限定理，2003 年考查的是大数定律．在复习本章内容时，只要掌握切比雪夫不等式、大数定律和中心极限定理的条件和结论即可.

4. **常见题型**

例 5.3.1 设随机变量 X 的方差为 2，则根据切比雪夫不等式有估计 $P\{|X-E(X)|\geqslant 2\}\leqslant$ ________.

解 填 1/2．因 $D(X)=2$，$\varepsilon=2$，由切比雪夫不等式，有

$$P\{|X-E(X)|\geqslant \varepsilon\}\leqslant \frac{D(X)}{\varepsilon^2}=\frac{2}{4}=\frac{1}{2}$$

例 5.3.2 设随机变量 X 和 Y 的数学期望分别为 -2 和 2，方差分别为 1 和 4．若相关系数为 -0.5，则根据切比雪夫不等式，$P\{|X+Y|\geqslant 6\}\leqslant$ ________.

解 填 1/12．先求出 $Z=X+Y$ 的期望和方差，再对 Z 应用切比雪夫不等式．因为

$$E(Z)=E(X)+E(Y)=-2+2=0$$

$$\begin{aligned}D(Z)&=D(X+Y)=D(X)+D(Y)+2\mathrm{Cov}(X,Y)\\&=D(X)+D(Y)+2\rho_{XY}\sqrt{D(X)}\sqrt{D(Y)}\\&=1+4+2\times(-0.5)\times1\times2\\&=3\end{aligned}$$

由切比雪夫不等式，有

$$P\{|X+Y|\geqslant 6\}\leqslant \frac{D(X+Y)}{6^2}=\frac{3}{36}=\frac{1}{12}$$

例5.3.3　设总体 X 服从参数为2的指数分布，X_1，X_2，…，X_n 是来自总体 X 的简单随机样本，则当 $n\to\infty$ 时，$Y_n=\frac{1}{n}\sum_{i=1}^{\infty}X_i^2$ 依概率收敛于____________.

解　填1/2. 本题考查大数定律. 由于 X_1，X_2，…，X_n 是来自总体 X 的简单随机样本，故 X_1，X_2，…，X_n 独立同分布，所以 X_1^2，X_2^2，…，X_n^2 也是独立同分布的随机变量. 又 $E(X_i)=\frac{1}{2}$，$D(X_i)=\frac{1}{4}$，所以 $E(X_i^2)=D(X_i)+[E(X_i)]^2=\frac{1}{4}+\frac{1}{4}=\frac{1}{2}$，故 X_1^2，X_2^2，…，X_n^2 满足辛钦大数定律的条件，即对任意 $\varepsilon>0$，有

$$\lim_{n\to\infty}P\left\{\left|\frac{1}{n}\sum_{i=1}^{\infty}X_i^2-\frac{1}{2}\right|<\varepsilon\right\}=1$$

即 $Y_n=\frac{1}{n}\sum_{i=1}^{\infty}X_i^2$ 依概率收敛于 $\frac{1}{2}$.

例5.3.4　设随机变量 X_1，X_2，…，X_n 相互独立，$S_n=X_1+X_2+\cdots+X_n$，则根据列维-林德伯格中心极限定理，当 n 充分大时，S_n 近似地服从正态分布，只要 X_1，X_2，…，X_n（　　）.

A. 有相同的数学期望　　　　B. 有相同的方差

C. 服从同一指数分布　　　　D. 服从同一离散分布

解　列维-林德伯格中心极限定理要求随机变量序列独立同分布且具有相同的数学期望和相同的方差. A，B 选项条件不充分，D 选项仅给出 X_1，X_2，…，X_n 服从同一离散分布未必能保证其数学期望和方差的存在性. 而当 X_1，X_2，…，X_n 服从同一指数分布时满足上述条件，故应选 C.

例5.3.5　设 X_1，X_2，…，X_n 为独立同分布的随机变量序列，且服从参数为 $\lambda(\lambda>1)$ 的指数分布，记 $\Phi(x)$ 为标准正态分布函数，则（　　）.

A. $\lim\limits_{n\to\infty}\left\{\dfrac{\sum_{i=1}^{n}X_i-n\lambda}{\lambda\sqrt{n}}\leqslant x\right\}=\Phi(x)$　　　　B. $\lim\limits_{n\to\infty}\left\{\dfrac{\sum_{i=1}^{n}X_i-n\lambda}{\sqrt{n\lambda}}\leqslant x\right\}=\Phi(x)$

C. $\lim\limits_{n\to\infty}\left\{\dfrac{\lambda\sum_{i=1}^{n}X_i-n}{\sqrt{n}}\leqslant x\right\}=\Phi(x)$　　　　D. $\lim\limits_{n\to\infty}\left\{\dfrac{\sum_{i=1}^{n}X_i-\lambda}{\sqrt{n\lambda}}\leqslant x\right\}=\Phi(x)$

解　选 C. 因为 X_1，X_2，…，X_n 为独立同分布于参数为 λ 的指数分布，所以有

$$E\left(\sum_{i=1}^{n}X_i\right)=\sum_{i=1}^{n}E(X_i)=\frac{n}{\lambda}$$

$$D\left(\sum_{i=1}^{n} X_i\right) = \sum_{i=1}^{n} D(X_i) = \frac{n}{\lambda^2}$$

根据列维–林德伯格中心极限定理，$\sum_{i=1}^{n} X_i$ 近似服从正态分布 $N\left(\frac{n}{\lambda}, \frac{n}{\lambda^2}\right)$，其标准化变量

$$\frac{\sum_{i=1}^{n} X_i - \frac{n}{\lambda}}{\sqrt{\frac{n}{\lambda^2}}} = \frac{\lambda \sum_{i=1}^{n} X_i - n}{\sqrt{n}}$$

当 $n \to \infty$ 时趋向于标准正态分布．即对任意 $-\infty < x < +\infty$，有选项 C 成立.

例 5.3.6 某保险公司多年的统计资料表明：在索赔客户中被盗索赔户占 20%．以 X 表示在随意抽查的 100 个索赔户中因被盗向保险公司索赔的户数.

（1）写出 X 的概率分布；

（2）利用棣莫弗–拉普拉斯中心极限定理，求被盗索赔户不少于 14 户且不多于 30 户的概率.

解 （1）对 100 个索赔户进行研究，每户因被盗而索赔的概率为 0.2，这相当于做了 100 次独立重复试验，100 户中因被盗向保险公司索赔的户数 $X \sim b(100, 0.2)$，其概率分布律为

$$P\{X = k\} = C_n^k 0.2^k (1-0.2)^{100-k},\ k = 0, 1, \cdots, 100$$

（2）因为 $X \sim b(100, 2)$，故 $E(X) = 100 \times 0.2 = 20$，$D(X) = 100 \times 0.2 \times (1-0.2) = 16$．由棣莫弗–拉普拉斯中心极限定理得

$$\begin{aligned} P\{14 \leqslant X \leqslant 30\} &= P\left\{\frac{14-20}{\sqrt{16}} \leqslant \frac{X-20}{\sqrt{16}} \leqslant \frac{30-20}{\sqrt{16}}\right\} \\ &\approx \Phi(2.5) - \Phi(-1.5) \\ &= \Phi(2.5) + \Phi(1.5) - 1 = 0.927\,0 \end{aligned}$$

1. 设随机变量 X 具有均值 μ 和标准差 σ，则比值 $r \equiv |\mu|/\sigma$ 称为 X 的测量信噪比. 其思想来源于 X 可写成 $X = \mu + (X - \mu)$，其中 μ 为信号部分，$X - \mu$ 为噪声部分. 定义 $|(X - \mu)/\mu| \equiv D$ 为 X 与 μ 的相对偏差，证明：对于 $\alpha > 0$，

$$P\{D \leqslant \alpha\} \geqslant 1 - \frac{1}{r^2 \alpha^2}$$

2. 连续地掷一枚骰子，一直到点数总和超过 300 点为止，求至少需要掷 80 次的概率的近似值.

3. 某市保险公司开办一年人身保险业务，被保险人每年需交付保险费 160 元，若一年内发生重大人身事故，其本人或家属可获 2 万元赔金. 已知该市人员一年内发生重大人身事故的概率为 0.005，现有 5 000 人参加此项保险，问：保险公司一年内从此项业务所得到的总收益在 20 万到 40 万之间的概率是多少？

4. 在某地区抽样调查残疾人的比率 p. 假设以往的统计表明 $p \leqslant 0.05$，试利用中心极限定理估计，以不小于 0.95 的概率使被调查人中残疾人的比率对 p 的绝对偏差不大于 1%，至少需要调查多少人?

5. 某学校有 10 000 名学生，每人以 20% 的概率去图书馆自习，假设每人是否去图书馆自习是相互独立的，问：图书馆至少需要多少个座位才能以 99% 的概率保证去上自习的同学都有座位?

第6章

样本及抽样分布

基本要求

(1) 理解总体、简单随机样本、统计量、样本均值、样本方差及样本矩的概念，其中样本方差定义为

$$S^2 = \frac{1}{n-1}\sum_{i=1}^{n}(X_i - \overline{X})^2$$

(2) 了解χ^2分布、t分布和F分布的概念及性质. 了解上侧α分位数的概念并会查表计算.

(3) 了解正态总体的常用抽样分布.

重点与难点

本章重点

(1) 数理统计的基本概念，如总体、个体、样本、样本观察值.

(2) 统计量的概念及常用统计量的计算公式.

(3) 常见统计量的分布及其重要性质.

本章难点

(1) 统计量及抽样分布.

(2) χ^2分布, t分布, F分布的构造和性质.

6.1 总体与样本

6.1.1 知识要点

1. 总体与个体

研究对象的全体所构成的一个集合称为总体，总体中的每个成员称为个体.

2. **样本**

按一定的规定从总体中抽出的一部分个体称为样本．所谓“按一定的规定”，就是指总体中的每一个个体有同等的被抽出的机会.

3. **样本容量**

样本中所含元素的个数称为样本容量．容量为有限的总体称为有限总体，容量为无限的总体称为无限总体.

4. **简单随机样本**

设X是一个具有分布函数F的随机变量，称n个相互独立并与总体X同分布的随机变量X_1，X_2，…，X_n为来自总体X的一个简单随机样本.

5. **样本观察值**

简单随机样本X_1，X_2，…，X_n的每一具体取值x_1，x_2，…，x_n称为样本观察值.

注：$(X_1, X_2, \cdots, X_n)$是一个n维随机向量，每一个分量都是一个随机变量，而$(x_1, x_2, \cdots, x_n)$是一个n维向量，每一个分量都是一个数，不再是随机变量．在抽样之前，样本是随机变量X_1，X_2，…，X_n，在抽样之后就变成一些已知的数x_1，x_2，…，x_n.

6. **经验分布函数**

设x_1，x_2，…，x_n是来自总体X的一个简单随机样本的一组观察值，将其从小到大排列，得到$x_{(1)} \leqslant x_{(2)} \leqslant \cdots \leqslant x_{(n)}$，令

$$F_n(x)=\begin{cases}0, & x < x_{(1)}, \\ \dfrac{k}{n}, & x_{(k)} \leqslant x < x_{(k+1)},\ k=1,2,\cdots,n-1, \\ 1, & x \geqslant x_{(n)}\end{cases}$$

则称$F_n(x)$为总体X的经验分布函数.

根据伯努利大数定律，只要n相当大，$F_n(x)$依概率收敛于总体X的分布函数$F(x)$，即对任意给定的$\varepsilon > 0$，

$$\lim_{n\to\infty} P[\,|F_n(x)-F(x)| > \varepsilon\,]=0$$

6.1.2 典型例题

例6.1.1 设2，1，5，2，1，3，1是来自总体X的简单随机样本值，求总体X的经验分布函数$F_n(x)$.

分析 将样本按照观测值从小到大排序，根据定义写出经验分布函数即可.

解 将各观测值按从小到大的顺序重新排列，得到1，1，1，2，2，3，5，样本容量为$n=7$．由经验分布函数的定义，得

$$F_7(x)=\begin{cases}0, & x<1,\\ \dfrac{3}{7}, & 1\leqslant x<2,\\ \dfrac{5}{7}, & 2\leqslant x<3,\\ \dfrac{6}{7}, & 3\leqslant x<5,\\ 1, & x\geqslant 5\end{cases}$$

例6.1.2　设总体 $X\sim N(\mu,\sigma^2)$，X_1，X_2，…，X_n 是来自该总体的一个简单随机样本，求 X_1，X_2，…，X_n 的联合概率密度.

分析　由于简单随机样本是由相互独立的随机变量构成的，且每个个体与总体具有相同的分布，因此其联合分布可由它们的边缘分布的乘积得到.

解　由于 X_1，X_2，…，X_n 独立同分布，因此 X_1，X_2，…，X_n 的概率密度函数为

$$\begin{aligned}f(x_1,x_2,\cdots,x_n)&=\prod_{i=1}^{n}\frac{1}{\sqrt{2\pi}\sigma}\mathrm{e}^{-\frac{(x_i-\mu)^2}{2\sigma^2}}\\&=\left(\frac{1}{\sqrt{2\pi}\sigma}\right)^n\mathrm{e}^{-\frac{1}{2\sigma^2}\sum_{i=1}^{n}(x_i-\mu)^2}\end{aligned}$$

1. 是非题.

(1) 某物体的真实重量 m 未知，要通过多次测量的结果去估计它，则此问题中的总体是该物体的重量 m.　　(　　)

(2) 假设 X_1，X_2，…，X_n 是来自指数分布总体 $E(\lambda)$ 的简单随机样本，则它们相互独立，且都服从指数分布 $E(\lambda)$.　　(　　)

2. 设总体 X 的一组容量为 6 的样本观察值为 3，1，7，3，3，1，求经验分布函数 $F_6(x)$.

3. 设 X_1，X_2，…，X_n 是来自总体 X 的一个简单随机样本，求以下三种情形下 X_1，X_2，…，X_n 的联合概率密度或联合概率函数.

（1）总体 X 服从 $[0, \theta]$ 上的均匀分布；

（2）总体 X 服从参数为 λ 的指数分布；

（3）总体 X 服从 0-1 分布 $b(1, p)$.

6.2 抽样分布

6.2.1 知识要点

1. 统计量

（1）定义. 设 X_1，X_2，…，X_n 是来自总体 X 的一个样本，$T = g(X_1, X_2, \cdots, X_n)$ 是 X_1，X_2，…，X_n 的函数，若 g 中不含未知参数，则称 $T = g(X_1, X_2, \cdots, X_n)$ 是一个统计量. 将样本值 x_1，x_2，…，x_n 代入后算出的函数值 $t = g(x_1, x_2, \cdots, x_n)$ 称为该统计量的观察值.

（2）常用统计量. 设 X_1，X_2，…，X_n 是来自总体 X 的一个样本，x_1，x_2，…，x_n 是这一样本的观察值，常用统计量见表 6.2.1.

表 6.2.1

统计量的名称	统计量	统计量的观察值
样本均值	$\overline{X} = \frac{1}{n}\sum_{i=1}^{n} X_i$	$\bar{x} = \frac{1}{n}\sum_{i=1}^{n} x_i$
样本方差	$S^2 = \frac{1}{n-1}\sum_{i=1}^{n}(X_i - \overline{X})^2$	$s^2 = \frac{1}{n-1}\sum_{i=1}^{n}(x_i - \bar{x})^2$
样本标准差	$S = \sqrt{S^2} = \sqrt{\frac{1}{n-1}\sum_{i=1}^{n}(X_i - \overline{X})^2}$	$s = \sqrt{\frac{1}{n-1}\sum_{i=1}^{n}(x_i - \bar{x})^2}$
样本 k 阶原点矩	$A_k = \frac{1}{n}\sum_{i=1}^{n} X_i^k$，$k = 1, 2, \cdots$	$a_k = \frac{1}{n}\sum_{i=1}^{n} x_i^k$，$k = 1, 2, \cdots$
样本 k 阶中心矩	$B_k = \frac{1}{n}\sum_{i=1}^{n}(X_i - \overline{X})^k$，$k = 1, 2, \cdots$	$b_k = \frac{1}{n}\sum_{i=1}^{n}(x_i - \bar{x})^k$，$k = 1, 2, \cdots$

注：特别值得注意的是二阶中心矩 B_2 与样本方差只相差一个常数因子：$B_2=\frac{n-1}{n}S^2$，且 $B_2=A_2-A_1^2=A_2-\overline{X}^2$.

2. 统计推断中的三大分布

统计推断中的三大分布为 χ^2 分布，t 分布，F 分布.

(1) χ^2 分布. 设 X_1，X_2，⋯，X_n 是来自总体 $N(0,1)$ 的样本，则称统计量

$$\chi^2=X_1^2+X_2^2+\cdots+X_n^2$$

服从自由度为 n 的 χ^2 分布，记为 $\chi^2\sim\chi^2(n)$. χ^2 分布的密度函数为

$$f(x)=\begin{cases}\frac{1}{2^{n/2}\Gamma(n/2)}x^{(n-2)/2}\mathrm{e}^{-x/2}, & x>0,\\ 0, & x\leqslant 0\end{cases}$$

其中 Γ 函数（Gamma 函数）通过积分 $\Gamma(x)=\int_0^{+\infty}\mathrm{e}^{-t}t^{x-1}\mathrm{d}t$，$(x>0)$ 来定义. Γ 函数有重要的递推公式 $\Gamma(x+1)=x\Gamma(x)$.

①χ^2 分布的可加性. 设 $X_1\sim\chi^2(n_1)$，$X_2\sim\chi^2(n_2)$，并且 X_1，X_2 相互独立，则

$$X_1+X_2\sim\chi^2(n_1+n_2)$$

②χ^2 分布的数学期望和方差. 设 $X\sim\chi^2(n)$，则 $E(X)=n$，$D(X)=2n$.

③χ^2 分布的上 α 分位点. $P\{\chi^2<\chi^2_{1-\alpha}(n)\}=P\{\chi^2>\chi^2_\alpha(n)\}=\alpha$.（查表）

(2) t 分布. 设 $X\sim N(0,1)$，$Y\sim\chi^2(n)$，且 X，Y 相互独立，则称随机变量 $T=\frac{X}{\sqrt{Y/n}}$ 服从自由度为 n 的 t 分布，记为 $T\sim t(n)$. t 分布的密度函数为

$$f(x)=\frac{\Gamma[(n+1)/2]}{\sqrt{n\pi}\,\Gamma(n/2)}\left(1+\frac{x^2}{n}\right)^{-\frac{n+1}{2}},-\infty<x<\infty$$

① t 分布的概率密度函数 f 关于 $x=0$ 对称，且 $\lim\limits_{n\to\infty}f(x)=\frac{1}{\sqrt{2\pi}}\mathrm{e}^{-\frac{x^2}{2}}$，即当 n 充分大时，t 分布接近于标准正态分布.

② t 分布的数学期望和方差. 若 $n>2$，则 $E(T)=0$，$D(T)=n/(n-2)$.

③ t 分布的上 α 分位点. $P\{T<t_{1-\alpha}(n)\}=P\{T>t_\alpha(n)\}=\alpha$.（查表）

(3) F 分布. 设 $X\sim\chi^2(n_1)$，$Y\sim\chi^2(n_2)$，且 X，Y 相互独立，则称随机变量 $F=\frac{X/n_1}{Y/n_2}$ 服从自由度为 (n_1,n_2) 的 F 分布，记为 $F\sim F(n_1,n_2)$. F 分布的密度函数为

$$f(x)=\begin{cases}\frac{\Gamma[(m+n)/2]}{\Gamma(m/2)\Gamma(n/2)}\left(\frac{n_1}{n_2}\right)^{n_1/2}x^{n_1/2-1}\left(1+\frac{n_1}{n_2}x\right)^{-\frac{n_1+n_2}{2}}, & x>0,\\ 0, & x\leqslant 0\end{cases}$$

① 若 $F\sim F(n_1,n_2)$，则 $\frac{1}{F}\sim F(n_2,n_1)$.

② 若 $X \sim t(n)$，则 $X^2 \sim F(1, n)$.

③ F 分布的上 α 分位点. $P\{F < F_{1-\alpha}(n_1, n_2)\} = P\{F > F_\alpha(n_1, n_2)\} = \alpha$.（查表）. $F_{1-\alpha}(n_1, n_2) = \dfrac{1}{F_\alpha(n_2, n_1)}$.

3. 正态总体样本均值与样本方差的分布

(1) 设 $X_1, X_2, \cdots, X_n$ 是来自正态总体 $N(\mu, \sigma^2)$ 的一个样本，$\overline{X}$ 和 S^2 分别为样本均值和样本方差，则

① $\overline{X} \sim N\left(\mu, \dfrac{\sigma^2}{n}\right)$；

② $\dfrac{(n-1)S^2}{\sigma^2} \sim \chi^2(n-1)$；

③ $\overline{X}$ 与 S^2 相互独立；

④ $\dfrac{\overline{X}-\mu}{S/\sqrt{n}} \sim t(n-1)$.

(2) 设 $X_1, X_2, \cdots, X_{n_1}$ 和 $Y_1, Y_2, \cdots, Y_{n_2}$ 是分别来自正态总体 $N(\mu_1, \sigma_1^2)$ 和 $N(\mu_2, \sigma_2^2)$ 的样本，且这两个样本相互独立. 设 $\overline{X}$ 和 $\overline{Y}$ 分别是这两个样本的样本均值，S_1^2 和 S_2^2 分别是这两个样本的样本方差，则

① $\dfrac{S_1^2/S_2^2}{\sigma_1^2/\sigma_2^2} \sim F(n_1-1, n_2-1)$；

② 当 $\sigma_1^2 = \sigma_2^2 = \sigma^2$ 时

$$\frac{(\overline{X}-\overline{Y})-(\mu_1-\mu_2)}{S_w\sqrt{\dfrac{1}{n_1}+\dfrac{1}{n_2}}} \sim t(n_1+n_2-2)$$

其中 $S_w^2 = \dfrac{(n_1-1)S_1^2+(n_2-1)S_2^2}{n_1+n_2-2}$，$S_w = \sqrt{S_w^2}$.

6.2.2 典型例题

例 6.2.1 设总体 $X \sim N(30, 4)$，从该总体中随机地抽取一容量为 16 的样本，求样本均值 $\overline{X}$ 在 29 到 31 之间的概率.

分析 对此类概率问题计算，关键是求出样本均值 $\overline{X}$ 的分布. 对于正态总体 $N(\mu, \sigma^2)$ 而言，样本均值 $\overline{X} \sim N(\mu, \sigma^2/n)$.

解 因为 $X \sim N(30, 4)$，$n = 16$，所以样本均值 $\overline{X} \sim N(30, 1/4)$，故

$$\begin{aligned} P\{29 < \overline{X} < 31\} &= \Phi\left(\frac{31-30}{1/2}\right) - \Phi\left(\frac{29-30}{1/2}\right) \\ &= \Phi(2) - \Phi(-2) = 2\Phi(2) - 1 = 0.954\,4 \end{aligned}$$

例 6.2.2 设总体 $X \sim N(\mu, 4)$，$X_1, X_2, \cdots, X_n$ 是来自该总体的一个简单随机样本，

问：样本容量 n 取多大时，有

(1) $E(|\overline{X}-\mu|^2) \leqslant 0.1$；

(2) $P\{|\overline{X}-\mu| \leqslant 0.1\} \geqslant 0.95$.

分析　利用方差的定义、性质和正态分布的性质进行计算即可.

解　(1) 因为 $E(|\overline{X}-\mu|^2)=D(\overline{X})=D(X)/n=4/n$，所以结合 $E(|\overline{X}-\mu|^2) \leqslant 0.1$ 得 $4/n \leqslant 0.1$，从而 $n \geqslant 40$. 即当样本容量 $n \geqslant 40$ 时，有 $E(|\overline{X}-\mu|^2) \leqslant 0.1$.

(2) 由 $D(\overline{X})=4/n$，利用 $\overline{X}$ 的标准化，得

$$P\{|\overline{X}-\mu| \leqslant 0.1\} = P\left\{\left|\frac{\overline{X}-\mu}{\sqrt{D(\overline{X})}}\right| \leqslant \frac{0.1}{\sqrt{D(\overline{X})}}\right\} = 2\Phi\left(\frac{0.1}{\sqrt{4/n}}\right)-1 \geqslant 0.95$$

因此 $\Phi\left(\frac{0.1}{\sqrt{4/n}}\right) \geqslant 0.975$. 由标准正态分布表可查得 $\frac{0.1}{\sqrt{4/n}} \geqslant 1.96$，解得 $n \geqslant 1\,537$.

例 6.2.3　在设计导弹的发射装置时，重要事情之一是研究弹着点偏离目标中心的距离的方差. 对于一类导弹发射装置，弹着点偏离目标中心的距离服从正态分布 $X \sim N(\mu, \sigma^2)$，这里 $\sigma^2=100$ 平方米. 现在进行了 25 次发射试验，用 S^2 记这 25 次试验中弹着点偏离目标中心的距离的样本方差. 试求 S^2 超过 50 平方米 的概率.

分析　利用 χ^2 分布的性质知 $\frac{(n-1)S^2}{\sigma^2} \sim \chi^2(n-1)$，将所求概率进行转化，然后利用 χ^2 分布，查表求出相应的概率.

解　因 $\frac{(n-1)S^2}{\sigma^2} \sim \chi^2(n-1)$，故

$$P\{S^2>50\} = P\left\{\frac{(n-1)S^2}{\sigma^2} > \frac{(n-1)50}{\sigma^2}\right\}$$

$$= P\left\{\chi^2(24) > \frac{24 \times 50}{100}\right\} = P\{\chi^2(24) > 12\} > 0.975$$

因此，S^2 超过 50 平方米 的概率至少为 0.975.（MATLAB 的计算结果为 1-chi2cdf（12, 24）= 0.979 9）.

例 6.2.4　设 $X_1, X_2, \cdots, X_5$ 是取自正态总体 $N(0, \sigma^2)$ 的一个样本，问：当 k 取何值时，$\frac{k(X_1+X_2)^2}{X_3^2+X_4^2+X_5^2}$ 服从 F 分布？

分析　只要把所给的统计量写成 $F=\frac{U/m}{V/n}$，其中 U, V 分别为自由度为 m 和 n 的 χ^2 分布，则有 $F \sim F(m, n)$.

解　因 $X_i \sim N(0, \sigma^2)$，$i=1, 2$，且相互独立，故 $X_1+X_2 \sim N(0, 2\sigma^2)$，所以

$$\frac{X_1+X_2}{\sqrt{2}\sigma} \sim N(0, 1), \quad \left(\frac{X_1+X_2}{\sqrt{2}\sigma}\right)^2 \sim \chi^2(1)$$

又因 $X_i \sim N(0, \sigma^2)$，故 $X_i/\sigma \sim N(0, 1)$. 结合 X_i，$i=3, 4, 5$ 的相互独立性，得到

$$\left(\frac{X_3}{\sigma}\right)^2+\left(\frac{X_4}{\sigma}\right)^2+\left(\frac{X_5}{\sigma}\right)^2\sim\chi^2(3)$$

而 $(X_1+X_2)^2$ 与 $X_3^2+X_4^2+X_5^2$ 相互独立，故

$$\left(\frac{X_1+X_2}{\sqrt{2}\sigma}\right)^2\Bigg/\left\{\left[\left(\frac{X_3}{\sigma}\right)^2+\left(\frac{X_4}{\sigma}\right)^2+\left(\frac{X_5}{\sigma}\right)^2\right]\Bigg/3\right\}=\frac{3}{2}\,\frac{(X_1+X_2)^2}{X_3^2+X_4^2+X_5^2}\sim F(1,\ 3)$$

当 $k=3/2$ 时，所给的统计量服从自由度为 $(1,\ 3)$ 的 F 分布.

例 6.2.5 设 X_i，$i=1$，2，3 独立且服从正态分布 $N(i,\ i^2)$，利用 X_i 构造服从下列分布的统计量：

(1) 自由度为 3 的 χ^2 分布；

(2) 自由度为 2 的 t 分布；

(3) 自由度为 $(1,\ 2)$ 的 F 分布.

分析 利用正态分布的性质以及 χ^2 分布、t 分布和 F 分布的定义进行构造即可.

解 (1) 由 $X_i\sim N(i,\ i^2)$ 且相互独立，得 $\dfrac{X_i-i}{i}\sim N(0,\ 1)$ 且相互独立，$i=1$，2，3.

由 χ^2 分布的定义得

$$\chi^2=(X_1-1)^2+\left(\frac{X_2-2}{2}\right)^2+\left(\frac{X_3-3}{3}\right)^2\sim\chi^2(3)$$

(2) 由 $X_i\sim N(i,\ i^2)$ 且相互独立，得 $\dfrac{X_i-i}{i}\sim N(0,\ 1)$ 且相互独立，$i=1$，2，3. 因此 $X_1-1\sim N(0,\ 1)$，$\sum\limits_{i=2}^{3}\left(\dfrac{X_i-i}{i}\right)^2\sim\chi^2(2)$ 且两者相互独立，由 t 分布的定义得

$$T=\frac{X_1-1}{\sqrt{\sum\limits_{i=2}^{3}\left(\dfrac{X_i-i}{i}\right)^2\cdot\dfrac{1}{2}}}\sim t(2)$$

(3) 由 (2)，根据 F 分布的性质（若 $X\sim t(n)$，则 $X^2\sim F(1,\ n)$）得

$$T^2=\frac{(X_1-1)^2}{\sum\limits_{i=2}^{3}\left(\dfrac{X_i-i}{i}\right)^2\cdot\dfrac{1}{2}}\sim F(1,\ 2)$$

常规训练

1. 是非题.

(1) 设 X_1，X_2，X_3，X_4 是来自正态总体 $N(3,\ 4)$ 的一个简单随机样本，$\overline{X}$ 是样本均值，则 $\dfrac{\overline{X}-3}{2}\sim N(0,\ 1)$. ( )

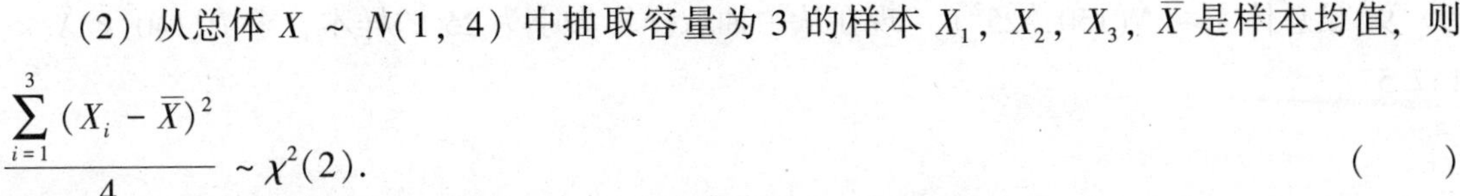

(2) 从总体 $X \sim N(1, 4)$ 中抽取容量为 3 的样本 X_1, X_2, X_3，$\overline{X}$ 是样本均值，则 $\dfrac{\sum_{i=1}^{3}(X_i - \overline{X})^2}{4} \sim \chi^2(2)$. (　　)

2. 设 X_1, X_2, X_3 是总体 $N(\mu, \sigma^2)$ 的简单随机样本，其中 μ 已知，$\sigma > 0$ 未知，则下列选项中不是统计量的是（　　）.

A. $X_1 + X_2 + X_3$　　B. $\max\{X_1, X_2, X_3\}$

C. $(X_1^2 + X_2^2 + X_3^2)/\sigma^2$　　D. $X_1 - \mu$

3. 设随机变量 $X \sim t(n)(n > 1)$，$Y = 1/X^2$，则（　　）.

A. $Y \sim \chi^2(n)$　　B. $Y \sim \chi^2(n-1)$

C. $Y \sim F(n, 1)$　　D. $Y \sim F(1, n)$

4. 设总体 X 的一组容量为 5 的样本观察值为 8，2，5，3，7，则样本均值 $\bar{x}$ = __________，样本方差 s^2 = __________，样本的二阶中心矩 b_2 = __________.

5. 设样本 $X_1, X_2, \cdots, X_6$ 来自总体 $N(0, 1)$，$Y = (X_1 + X_2 + X_3)^2 + (X_4 + X_5 + X_6)^2$，为使 CY 服从 χ^2 分布，则常数 C = __________.

6. 设总体 $X \sim N(0, 3^2)$，$X_1, X_2, \cdots, X_n$ 是来自该总体的一个简单随机样本，则统计量

$$Y = \frac{X_1 + X_2 + X_3 + X_4}{\sqrt{X_5^2 + X_6^2 + X_7^2 + X_8^2}}$$

服从参数为__________的__________分布.

7. 设总体 X 服从正态分布 $N(0, 2^2)$，而 $X_1, X_2, \cdots, X_{15}$ 是来自总体 X 的简单随机样本，则随机变量

$$Y = \frac{X_1^2 + X_2^2 + \cdots + X_{10}^2}{2(X_{11}^2 + X_{12}^2 + \cdots + X_{15}^2)}$$

服从__________分布，参数为__________.

8. 设总体 $X \sim \chi^2(n)$，$X_1, X_2, \cdots, X_{10}$ 是来自 X 的样本，求：$E(\overline{X})$，$D(\overline{X})$，$E(S^2)$.

9. 设总体 $X \sim N(150, 25^2)$，现在从中抽取样本大小为 25 的样本，求 $P\{140 < \overline{X} < 147.5\}$.

10. 设总体 $X \sim b(1, p)$，即 0 - 1 分布，$X_1, X_2, \cdots, X_n$ 为取自总体的一个样本，若 $p = 0.2$，样本容量 n 应取多大，才能使

(1) $P\{|\overline{X} - p| \leqslant 0.1\} \geqslant 0.75$;

(2) $E(|\overline{X} - p|^2) \leqslant 0.01$.

11. 设总体 $X \sim N(\mu, \sigma^2)$，从中抽取样本 $X_1, X_2, \cdots, X_{16}$，S^2 为样本方差，计算 $P\{S^2/\sigma^2 \leqslant 2.04\}$.

6.3　考研指导与训练

1. 考试内容

本章考试内容主要有：总体，个体，简单随机样本，统计量，经验分布函数，样本值，样本方差和样本矩，χ^2 分布，t 分布，F 分布，分位数，正态总体常用的几个抽样分布.

2. 考试要求

（1）理解总体、简单随机样本和统计量的概念，掌握常用统计量和样本数字特征（样本均值，样本方差和样本矩）的概念及其基本性质，样本方差的定义为

$$S^2=\frac{1}{n-1}\sum_{i=1}^{n}(X_i-\overline{X})^2$$

（2）了解统计推断常用的三个分布：χ^2 分布，t 分布，F 分布，理解服从 χ^2 分布，t 分布，F 分布的随机变量的构成形式，掌握相应的分位数的定义并会应用.

（3）了解正态总体下常用的几个抽样分布：正态分布，χ^2 分布，t 分布，F 分布.

（4）数学三要求理解经验分布函数的概念及其基本性质，会根据样本观测值求经验分布函数. 数学一对此没有要求.

3. 考点分析

本章考点主要是统计量及其数字特征，抽样分布. 近年来考查形式均为选择题或填空题，第一类是判定统计量的分布，第二类是求统计量的数字特征. 样本均值 $\overline{X}$ 和样本方差 S^2 的数字特征以及由它们引出的抽样分布是常考的内容. 此外，统计中常用的 χ^2 分布，t 分布，F 分布也是考查内容之一，应掌握它们的定义和简单性质.

4. 常见题型

例 6.3.1　设总体 $X\sim b(m,\theta)$，X_1，X_2，…，X_n 为来自该总体的简单随机样本，$\overline{X}$ 为样本均值，则 $E\left[\sum_{i=1}^{n}(X_i-\overline{X})^2\right]=(\quad)$.

A. $(m-1)n\theta(1-\theta)$　　B. $m(n-1)\theta(1-\theta)$

C. $(m-1)(n-1)\theta(1-\theta)$　　D. $mn\theta(1-\theta)$

解　样本方差 $S^2=\frac{1}{n-1}\sum_{i=1}^{n}(X_i-\overline{X})^2$，而 $E(S^2)=D(X)=m\theta(1-\theta)$.

因此 $E\left[\sum_{i=1}^{n}(X_i-\overline{X})^2\right]=(n-1)E(S^2)=m(n-1)\theta(1-\theta)$. 故选 B.

例 6.3.2　设总体 X 服从参数为 $\lambda(\lambda>0)$ 的泊松分布，X_1，X_2，…，$X_n(n\geqslant 2)$ 为来自该总体的简单随机样本，则对于统计量 $T_1=\frac{1}{n}\sum_{i=1}^{n}X_i$ 和 $T_2=\frac{1}{n-1}\sum_{i=1}^{n-1}X_i+\frac{1}{n}X_n$，有（　　）.

A. $E(T_1)>E(T_2)$，$D(T_1)>D(T_2)$

B. $E(T_1) > E(T_2)$，$D(T_1) < D(T_2)$

C. $E(T_1) < E(T_2)$，$D(T_1) > D(T_2)$

D. $E(T_1) < E(T_2)$，$D(T_1) < D(T_2)$

解 本题考查统计量的数字特征. 由于 X_1，X_2，…，X_n 独立同分布，且 $E(X_i) = D(X_i) = \lambda$，$i = 1$，…，$n$，从而

$$E(T_1) = E\left(\frac{1}{n}\sum_{i=1}^{n} X_i\right) = \lambda, \quad D(T_1) = D\left(\frac{1}{n}\sum_{i=1}^{n} X_i\right) = \frac{\lambda}{n}$$

$$E(T_2) = E\left(\frac{1}{n-1}\sum_{i=1}^{n-1} X_i + \frac{1}{n}X_n\right) = E\left(\frac{1}{n-1}\sum_{i=1}^{n-1} X_i\right) + E\left(\frac{1}{n}X_n\right) = \lambda + \frac{1}{n}\lambda$$

$$D(T_2) = D\left(\frac{1}{n-1}\sum_{i=1}^{n-1} X_i + \frac{1}{n}X_n\right) = D\left(\frac{1}{n-1}\sum_{i=1}^{n-1} X_i\right) + D\left(\frac{1}{n}X_n\right) = \frac{\lambda}{n-1} + \frac{\lambda}{n^2}$$

比较上述各式的值，应选 D.

例 6.3.3 设 X_1，X_2，…，X_m 为来自二项分布 $b(n, p)$ 的简单随机样本，$\overline{X}$ 和 S^2 分别为样本均值和样本方差，记统计量 $T = \overline{X} - S^2$，则 $E(T) =$ ____________.

解 填 np^2. 若 $X \sim b(n, p)$，则 $E(X) = np$，$D(X) = np(1-p)$. 由于 S^2 是总体方差的无偏估计，即 $E(S^2) = np(1-p)$，故

$$E(T) = E(\overline{X} - S^2) = E(\overline{X}) - E(S^2) = np - np(1-p) = np^2$$

例 6.3.4 设 X_1，X_2，…，X_n 为来总体 $N(\mu, \sigma^2)$ 的简单随机样本，记统计量 $T = \frac{1}{n}\sum_{i=1}^{n} X_i^2$，则 $E(T) =$ ____________.

解 填 $\sigma^2 + \mu^2$. 由 X_1，X_2，…，X_n 独立同分布及公式 $E(X_i^2) = D(X_i) + [E(X_i)]^2$ 可得

$$E(T) = E\left(\frac{1}{n}\sum_{i=1}^{n} X_i^2\right) = \frac{1}{n}\sum_{i=1}^{n} E(X_i^2) = \frac{1}{n}\sum_{i=1}^{n}\{D(X_i) + [E(X_i)]^2\} = \frac{1}{n}\sum_{i=1}^{n}(\sigma^2 + \mu^2) = \sigma^2 + \mu^2.$$

例 6.3.5 设随机变量 X 和 Y 都服从标准正态分布，则（　　）.

A. $X + Y$ 服从正态分布　　B. $X^2 + Y^2$ 服从 χ^2 分布

C. X^2 和 Y^2 都服从 χ^2 分布　　D. X^2/Y^2 服从 F 分布

解 因为 X 和 Y 不一定独立，所以 X^2 和 Y^2 也不一定独立，从而 A，B，D 不一定能成立. 根据 χ^2 分布的定义，只有 C 是正确的.

例 6.3.6 设 X_1，X_2，…，$X_n (n \geqslant 2)$ 为来自总体 $N(\mu, 1)$ 的简单随机样本，记 $\overline{X} = \frac{1}{n}\sum_{i=1}^{n} X_i$，则下列结论不正确的是（　　）.

A. $\sum_{i=1}^{n}(X_i - \mu)^2$ 服从 χ^2 分布　　B. $2(X_n - X_1)^2$ 服从 χ^2 分布

C. $\sum_{i=1}^{n}(X_i - \overline{X})^2$ 服从 χ^2 分布　　D. $n(\overline{X} - \mu)^2$ 服从 χ^2 分布

解 由题意知 $X \sim N(\mu, 1)$，$X_i - \mu \sim N(0, 1)$，$\overline{X} \sim N\left(\mu, \frac{1}{n}\right)$. 因 X_1，X_2，…，X_n

独立同分布，因此 $\sum_{i=1}^{n}(X_i-\mu)^2$ 服从 χ^2 分布，故 A 正确.

$(n-1)S^2=\sum_{i=1}^{n}(X_i-\overline{X})^2\sim\chi^2(n-1)$，故 C 正确.

$\sqrt{n}(\overline{X}-\mu)\sim N(0,1)$，$n(\overline{X}-\mu)^2\sim\chi^2(1)$，故 D 正确.

$X_n-X_1\sim N(0,2)$，$\dfrac{X_n-X_1}{\sqrt{2}}\sim N(0,1)$，$\dfrac{(X_n-X_1)^2}{2}\sim\chi^2(1)$，故 B 错误.

例 6.3.7 已知 $X_1,X_2,\cdots,X_n(n\geqslant 2)$ 为来自总体 $N(\mu,\sigma^2)(\sigma>0)$ 的简单随机样本，$\overline{X}=\dfrac{1}{n}\sum_{i=1}^{n}X_i$，$S=\sqrt{\dfrac{1}{n-1}\sum_{i=1}^{n}(X_i-\overline{X})^2}$，$S^*=\sqrt{\dfrac{1}{n}\sum_{i=1}^{n}(X_i-\mu)^2}$，则（　　）.

A. $\dfrac{\sqrt{n}(\overline{X}-\mu)}{S}\sim t(n)$　　B. $\dfrac{\sqrt{n}(\overline{X}-\mu)}{S}\sim t(n-1)$

C. $\dfrac{\sqrt{n}(\overline{X}-\mu)}{S^*}\sim t(n)$　　D. $\dfrac{\sqrt{n}(\overline{X}-\mu)}{S^*}\sim t(n-1)$

解 回顾 t 分布的定义，假设 $X\sim N(0,1)$，$Y\sim\chi^2(n)$，则 $T=\dfrac{X}{\sqrt{Y/n}}\sim t(n)$.

由于 $X\sim N(\mu,\sigma^2)$，则 $\overline{X}\sim N\left(\mu,\dfrac{\sigma^2}{n}\right)$，因此 $\dfrac{\sqrt{n}(\overline{X}-\mu)}{\sigma}\sim N(0,1)$.

又 $\dfrac{(n-1)S^2}{\sigma^2}\sim\chi^2(n-1)$，且 $\dfrac{\sqrt{n}(\overline{X}-\mu)}{\sigma}$ 与 $\dfrac{(n-1)S^2}{\sigma^2}$ 相互独立，故

$$\frac{\dfrac{\sqrt{n}(\overline{X}-\mu)}{\sigma}}{\sqrt{\dfrac{(n-1)S^2}{\sigma^2}\cdot\dfrac{1}{n-1}}}=\frac{\sqrt{n}(\overline{X}-\mu)}{S}\sim t(n-1)$$

故选 B.

例 6.3.8 设 X_1,X_2,X_3,X_4 为来自总体 $N(1,\sigma^2)(\sigma>0)$ 的样本，则统计量 $\dfrac{X_1-X_2}{|X_3+X_4-2|}$ 的分布为（　　）.

A. $N(0,1)$　　B. $t(1)$　　C. $\chi^2(1)$　　D. $F(1,1)$

解 本题考查 t 分布的定义. 由题意知 $X_1-X_2\sim N(0,2\sigma^2)$，从而 $\dfrac{X_1-X_2}{\sqrt{2}\sigma}\sim N(0,1)$.

同理 $\dfrac{X_3+X_4-2}{\sqrt{2}\sigma}\sim N(0,1)$，从而 $\left(\dfrac{X_3+X_4-2}{\sqrt{2}\sigma}\right)^2\sim\chi^2(1)$. 由 t 分布的定义知

$$\frac{\dfrac{X_1-X_2}{\sqrt{2}\sigma}}{\sqrt{\left(\dfrac{X_3+X_4-2}{\sqrt{2}\sigma}\right)^2}}=\frac{X_1-X_2}{|X_3+X_4-2|}\sim t(1)，故选 B.$$

1. 设 X_1, X_2, X_3 为来自总体 $N(0, \sigma^2)$ 的简单随机样本，则统计量 $\dfrac{X_1 - X_2}{\sqrt{2}\,|X_3|}$ 服从的分布为（　　）.

A. $F(1, 1)$　　B. $F(2, 1)$　　C. $t(1)$　　D. $t(2)$

2. 设 X_1, X_2, $\cdots$, $X_n(n \geqslant 2)$ 为来自总体 $N(0, 1)$ 的简单随机样本，$\overline{X}$ 为样本均值，S^2 为样本方差，则（　　）.

A. $n\overline{X} \sim N(0, 1)$　　B. $nS^2 \sim \chi^2(n)$

C. $\dfrac{(n-1)\overline{X}}{S} \sim t(n-1)$　　D. $\dfrac{(n-1)X_1^2}{\sum\limits_{i=1}^{n} X_i^2} \sim F(1, n-1)$

3. 设随机变量 $X \sim t(n)$，$Y \sim F(1, n)$，给定 $\alpha(0 < \alpha < 0.5)$，常数 c 满足 $P\{X > c\} = \alpha$，则 $P\{Y > c^2\} =$（　　）.

A. α　　B. $1-\alpha$　　C. 2α　　D. $1-2\alpha$

4. 设总体 X 的概率密度为 $f(x) = \dfrac{1}{2}\mathrm{e}^{-|x|}\ (-\infty < x < +\infty)$，$X_1$, X_2, $\cdots$, X_n 为来自总体的简单随机样本，样本方差为 S^2，则 $E(S^2) =$ ____________.

5. 设总体 X 服从正态分布 $N(\mu_1, \sigma^2)$，总体 Y 服从正态分布 $N(\mu_2, \sigma^2)$，X_1, X_2, $\cdots$, X_{n_1} 和 Y_1, Y_2, $\cdots$, Y_{n_2} 分别是来自总体 X 和 Y 的简单随机样本，则

$$E\left[\frac{\sum\limits_{i=1}^{n_1}(X_i - \overline{X})^2 + \sum\limits_{i=1}^{n_2}(Y_i - \overline{Y})^2}{n_1 + n_2 - 2}\right] = \underline{\qquad\qquad\qquad}.$$

6. 从正态总体 $N(3.4, 6^2)$ 中抽取容量为 n 的样本，如果要求其样本均值位于区间 $(1.4, 5.4)$ 内的概率不小于 0.95，问：样本容量 n 至少应取多大？

7. 设总体 X 服从正态分布 $N(\mu_1, \sigma^2)(\sigma > 0)$，从该总体中抽取简单随机样本 X_1，X_2，…，$X_{2n}(n \geqslant 2)$，其样本均值为 $\overline{X} = \frac{1}{2n}\sum_{i=1}^{2n} X_i$，求统计量 $Y = \sum_{i=1}^{n}(X_i + X_{n+i} - 2\overline{X})^2$ 的数学期望 $E(Y)$.

第 7 章

参数估计

基本要求

(1) 理解参数的点估计、估计量与估计值的概念.

(2) 掌握矩估计（一阶矩、二阶矩）和极大似然估计法.

(3) 了解估计量的无偏性、有效性（最小方差性）和一致性（相合性）的概念，并会验证估计量的无偏性.

(4) 理解区间估计的概念，会求单个正态总体的均值和方差的置信区间，会求两个正态总体的均值差和方差比的置信区间.

重点与难点

本章重点

(1) 求点估计的矩估计法和极大似然法.

(2) 估计量的评选标准（无偏性、有效性）.

(3) 单个正态总体的均值和方差的置信区间.

本章难点

(1) 极大似然原理及其应用.

(2) 两个正态总体的均值差和方差比的置信区间.

7.1 矩估计

7.1.1 知识要点

1. 参数估计的概念

由来自总体 X 的样本 X_1，X_2，…，X_n 估计总体分布中的未知参数或参数向量 θ，这类问题称为参数估计问题，它是统计推断的一种重要形式. 参数估计分为点估计和区间估计.

2. **点估计的概念**

所谓点估计，就是构造一个统计量 $T(X_1, X_2, \cdots, X_n)$ 来估计总体分布中的未知参数或参数向量 θ，称 $T(X_1, X_2, \cdots, X_n)$ 为 θ 的估计量，常记为 $\hat{\theta}$，即 $\hat{\theta} = T(X_1, X_2, \cdots, X_n)$. 当样本取观察值 $x_1, x_2, \cdots, x_n$ 时，$\hat{\theta}$ 的取值 $T(x_1, x_2, \cdots, x_n)$ 称为 θ 的估计值.

3. **矩估计法**

用样本矩作为总体矩的估计，以样本矩的函数作为相应总体矩的函数的估计，从而得到参数估计的方法，称为参数的矩估计法. 参数的矩估计量和矩估计值统称为参数的矩估计.

设总体的分布函数中含有未知参数 $\theta_1, \theta_2, \cdots, \theta_m$，假定总体的前 m 阶矩

$$\mu_k = E(X^k) = g_k(\theta_1, \theta_2, \cdots, \theta_m), \ k = 1, 2, \cdots, m$$

均存在（它们都是 $\theta_1, \theta_2, \cdots, \theta_m$ 的函数）. 因样本 k 阶矩

$$A_k = \frac{1}{n}\sum_{i=1}^{n} X_i^k \xrightarrow{P} g_k(\theta_1, \theta_2, \cdots, \theta_m), \ n \to \infty$$

故令 $g_k(\theta_1, \theta_2, \cdots, \theta_m) = A_k$，$k = 1, 2, \cdots, m$，便得到一个含 m 个未知参数 $\theta_1, \theta_2, \cdots, \theta_m$ 的联立方程组，它的解 $\hat{\theta}_1, \hat{\theta}_2, \cdots, \hat{\theta}_m$ 即为 $\theta_1, \theta_2, \cdots, \theta_m$ 的矩估计量.

4. **重要结论**

若总体 X 的数学期望（也称总体均值）$E(X) = \mu$ 和方差 $D(X) = \sigma^2$ 存在但未知，则 $\hat{\mu} = A_1 = \overline{X} = \frac{1}{n}\sum_{i=1}^{n} X_i$，$\hat{\sigma}^2 = B_2 = A_2 - A_1^2 = \frac{1}{n}\sum_{i=1}^{n}(X_i - \overline{X})^2$，即样本一阶原点矩（样本均值）和样本二阶中心矩分别是总体均值和总体方差的矩估计.

7.1.2　典型例题

例 7.1.1　设总体 X 的概率密度函数为

$$f(x) = \begin{cases} \frac{2}{a^2}(a - x), & 0 < x < a, \\ 0, & \text{其他} \end{cases}$$

求参数 a 的矩估计.

分析　矩估计法的关键是用样本矩替换总体矩，因此应先求出总体的各阶矩. 如果总体仅包含一个参数，则求总体的一阶原点矩即可；如果包含两个或两个以上的参数，则应求出总体的一阶和二阶原点矩或更高阶的矩（一般地，有几个未知参数，就要求出几阶矩），最后通过替换原理求出未知参数的矩估计.

解　因总体分布中只有一个未知参数，所以只需求出总体的一阶原点矩即可.

$$\mu_1 = E(X) = \int_{-\infty}^{+\infty} x f(x)\,\mathrm{d}x = \frac{2}{a^2}\int_0^a x(a - x)\,\mathrm{d}x = \frac{a}{3}$$

令 $\mu_1 = A_1$，即 $\frac{a}{3} = \overline{X}$，得 a 的矩估计量为 $\hat{a} = 3\overline{X}$，而 a 的矩估计值为 $\hat{a} = 3\overline{x}$.

例 7.1.2 设总体 X 服从参数为 (β, α) 的 Γ 分布，β，α 是未知参数，求它们的矩估计.

分析 参数为 (β, α) 的 Γ 分布的概率密度函数为

$$f(x) = \begin{cases} \dfrac{1}{\beta^\alpha \Gamma(\alpha)} x^{\alpha-1} \mathrm{e}^{-\frac{x}{\beta}}, & x > 0, \\ 0, & x \leqslant 0 \end{cases}$$

因总体分布中含有两个未知参数，故需求出总体的一阶原点矩和二阶原点矩.

解 总体 X 的一阶原点矩和二阶原点矩分别为

$$\mu_1 = E(X) = \int_{-\infty}^{+\infty} x f(x) \mathrm{d}x = \int_0^{+\infty} x \frac{1}{\beta^\alpha \Gamma(\alpha)} x^{\alpha-1} \mathrm{e}^{-\frac{x}{\beta}} \mathrm{d}x = \frac{1}{\beta^\alpha \Gamma(\alpha)} \int_0^{+\infty} x^\alpha \mathrm{e}^{-\frac{x}{\beta}} \mathrm{d}x$$

$$\underline{\underline{x = \beta t}} \frac{1}{\beta^\alpha \Gamma(\alpha)} \int_0^{+\infty} \beta^\alpha t^\alpha \mathrm{e}^{-t} \beta \mathrm{d}t = \frac{\beta}{\Gamma(\alpha)} \Gamma(\alpha + 1) = \alpha\beta$$

$$\mu_2 = E(X^2) = \int_{-\infty}^{+\infty} x^2 f(x) \mathrm{d}x = \frac{1}{\beta^\alpha \Gamma(\alpha)} \int_0^{+\infty} x^{\alpha+1} \mathrm{e}^{-\frac{x}{\beta}} \mathrm{d}x$$

$$\underline{\underline{x = \beta t}} \frac{1}{\beta^\alpha \Gamma(\alpha)} \int_0^{+\infty} \beta^{\alpha+1} t^{\alpha+1} \mathrm{e}^{-t} \beta \mathrm{d}t = \frac{\beta^2}{\Gamma(\alpha)} \int_0^{+\infty} t^{\alpha+1} \mathrm{e}^{-t} \mathrm{d}t$$

$$= \frac{\beta^2}{\Gamma(\alpha)} \Gamma(\alpha + 2) = \alpha(\alpha + 1)\beta^2$$

以上两式最后一个等号成立是因为 $\Gamma(x + 1) = x\Gamma(x)$. 令 $\mu_1 = \overline{X}$，$\mu_2 = A_2$，即

$$\begin{cases} \alpha\beta = \overline{X}, \\ \alpha(\alpha + 1)\beta^2 = A_2 = \dfrac{1}{n} \sum\limits_{i=1}^{n} X_i^2 \end{cases}$$

由此解得 β，α 的矩估计为

$$\hat{\beta} = \frac{A_2 - \overline{X}^2}{\overline{X}} = \frac{(n-1)S^2}{n\overline{X}}, \quad \hat{\alpha} = \frac{\overline{X}^2}{A_2 - \overline{X}^2} = \frac{n\overline{X}^2}{(n-1)S^2}$$

例 7.1.3 设总体 X 服从麦克斯韦（Maxwell）分布，其密度函数为

$$f(x) = \begin{cases} \dfrac{4x^2}{\alpha^3 \sqrt{\pi}} \mathrm{e}^{-\frac{x^2}{\alpha^2}}, & x > 0, \\ 0, & x \leqslant 0 \end{cases}$$

其中 $\alpha > 0$ 是未知参数，求其矩估计量.

分析 因总体分布中仅含有一个未知参数，故只需求出总体的一阶原点矩即可.

解 因为

$$\mu_1 = E(X) = \int_{-\infty}^{+\infty} x f(x) \mathrm{d}x = \int_0^{+\infty} x \frac{4x^2}{\alpha^3 \sqrt{\pi}} \mathrm{e}^{-\frac{x^2}{\alpha^2}} \mathrm{d}x = \frac{4}{\alpha^3 \sqrt{\pi}} \int_0^{+\infty} x^3 \mathrm{e}^{-\frac{x^2}{\alpha^2}} \mathrm{d}x$$

$$= \frac{2}{\alpha^3\sqrt{\pi}}\int_0^{+\infty} x^2 e^{-\frac{x^2}{\alpha^2}} d(x^2) = \frac{-2}{\alpha\sqrt{\pi}} x^2 e^{-\frac{x^2}{\alpha^2}} \Big|_0^{+\infty} + \frac{2}{\alpha\sqrt{\pi}}\int_0^{+\infty} e^{-\frac{x^2}{\alpha^2}} d(x^2)$$

$$= -\frac{2\alpha}{\sqrt{\pi}} e^{-\frac{x^2}{\alpha^2}} \Big|_0^{+\infty} = \frac{2\alpha}{\sqrt{\pi}}$$

令 $\mu_1 = \frac{2\alpha}{\sqrt{\pi}} = \overline{X}$，由此解得未知参数 α 的矩估计量为 $\hat{\alpha} = \frac{\sqrt{\pi}\overline{X}}{2}$.

常规训练

1. 是非题.

(1) 参数的矩估计是唯一的.　(　　)

(2) 求参数的矩估计不要求知道总体的分布.　(　　)

(3) 若总体的方差存在，则样本方差是总体方差的矩估计.　(　　)

2. 设总体 X 的数学期望 μ 和方差 σ^2 都存在且均未知，$X_1, X_2, \cdots, X_n$ 是来自总体的样本，则 μ 的矩估计量为（　　）.

A. $\min\{X_1, X_2, \cdots, X_n\}$

B. $\max\{X_1, X_2, \cdots, X_n\}$

C. $\overline{X} = \frac{1}{n}\sum_{i=1}^{n} X_i$

D. $B_2 = \frac{1}{n}\sum_{i=1}^{n}(X_i - \overline{X})^2$（其中 $\overline{X} = \frac{1}{n}\sum_{i=1}^{n} X_i$）

3. 设 $X_1, X_2, \cdots, X_n$ 是来自总体 X 的一个简单随机样本，则 $E(X^2)$ 的矩估计量为（　　）.

A. $S^2 = \frac{1}{n-1}\sum_{i=1}^{n}(X_i - \overline{X})^2$　　B. $B_2 = \frac{1}{n}\sum_{i=1}^{n}(X_i - \overline{X})^2$

C. $S^2 + \overline{X}^2$　　D. $B_2 + \overline{X}^2$（其中 $\overline{X} = \frac{1}{n}\sum_{i=1}^{n} X_i$）

4. 若一个样本的观察值为0，0，1，1，0，1，则总体均值的矩估计值为________，总体方差的矩估计值为________.

5. 设总体 X 的分布律为

X	-1	0	1
p_k	$\frac{\theta}{2}$	$1-\theta$	$\frac{\theta}{2}$

其中 θ（$0<\theta<1$）为未知参数，则 θ 的矩估计量为________. 若取得了样本值 $x_1=-1$，$x_2=0$，$x_3=1$，则 θ 的矩估计值为________.

6. 设总体的概率密度函数为

$$f(x, \theta)=\begin{cases}\theta(1-x)^{\theta-1}, & 0<x<1, \\ 0, & \text{其他}\end{cases}$$

其中 θ 是未知参数，且 $\theta>0$，求 θ 的矩估计量.

7. 设总体的概率密度函数为

$$f(x, \theta)=\begin{cases}\mathrm{e}^{\theta-x}, & x \geqslant \theta, \\ 0, & x<\theta\end{cases}$$

其中 θ 是未知参数，且 $\theta>0$，求 θ 的矩估计量.

7.2 极大似然估计

7.2.1 知识要点

1. 极大似然原理

设一个试验有若干个可能结果：ω_1，ω_2，…，ω_n，…，如果在一次试验中出现了其中某个结果 ω_j，一般会认为这个试验的条件对“出现结果 ω_j”有利，在这个试验中“出现 ω_j”的概率最大. 这就是极大似然原理，它是极大似然估计法的基本思想. 请读者注意，本书不区分“极大似然”与“最大似然”这两个词.

2. 似然函数

若 X 为离散型总体，其分布律为 $P\{X=x\}=p(x, \theta_1, \theta_2, \cdots, \theta_k)$，其中 θ_1，θ_2，…，θ_k 为未知参数. 设 x_1，x_2，…，x_n 是样本 X_1，X_2，…，X_n 的观察值，则称

$$L(\theta_1, \theta_2, \cdots, \theta_k)=\prod_{i=1}^{n} p(x_i, \theta_1, \theta_2, \cdots, \theta_k)$$

为样本的似然函数.

若 X 为连续型总体，其概率密度函数为 $f(x, \theta_1, \theta_2, \cdots, \theta_k)$，其中 $\theta_1, \theta_2, \cdots, \theta_k$ 为未知参数. 设 $x_1, x_2, \cdots, x_n$ 是样本 $X_1, X_2, \cdots, X_n$ 的观察值，则称

$$L(\theta_1, \theta_2, \cdots, \theta_k)=\prod_{i=1}^{n} f(x_i, \theta_1, \theta_2, \cdots, \theta_k)$$

为样本的似然函数.

3. 极大似然估计法

如果有 $\hat{\theta}_1, \hat{\theta}_2, \cdots, \hat{\theta}_k$，使得

$$L(\hat{\theta}_1, \hat{\theta}_2, \cdots, \hat{\theta}_k)=\max_{(\theta_1, \theta_2, \cdots, \theta_k) \in \Theta} L(\theta_1, \theta_2, \cdots, \theta_k)$$

则称 $\hat{\theta}_1, \hat{\theta}_2, \cdots, \hat{\theta}_k$ 分别是 $\theta_1, \theta_2, \cdots, \theta_k$ 的极大似然估计值. 其中 Θ 是参数（$\theta_1, \theta_2, \cdots, \theta_k$）的所有可能值组成的集合（称为参数空间）.

注：$\hat{\theta}_1, \hat{\theta}_2, \cdots, \hat{\theta}_k$ 均为 $x_1, x_2, \cdots, x_n$ 的函数，即有

$$\hat{\theta}_i=\hat{\theta}_i(x_1, x_2, \cdots, x_n), \quad (i=1, 2, \cdots, k)$$

把其中的 $x_1, x_2, \cdots, x_n$ 换成 $X_1, X_2, \cdots, X_n$，就得到 $\theta_1, \theta_2, \cdots, \theta_k$ 的极大似然估计量

$$\hat{\theta}_i=\hat{\theta}_i(X_1, X_2, \cdots, X_n), \quad (i=1, 2, \cdots, k)$$

$\theta_1, \theta_2, \cdots, \theta_k$ 的极大似然估计值和的极大似然估计量统称为 $\theta_1, \theta_2, \cdots, \theta_k$ 的极大似然估计.

4. 求极大似然估计的一般步骤

（1）由总体分布写出样本联合分布率或联合概率密度函数，视 $\theta_1, \theta_2, \cdots, \theta_k$ 为自变量，即为似然函数 $L(\theta_1, \cdots, \theta_k)$；

（2）求似然函数 $L(\theta_1, \cdots, \theta_k)$ 的最大值 $\max\limits_{(\theta_1, \theta_2, \cdots, \theta_k) \in \Theta} L(\theta_1, \theta_2, \cdots, \theta_k)$，通常转化为求对数似然函数的最大值 $\max\limits_{(\theta_1, \theta_2, \cdots, \theta_k) \in \Theta} \ln L(\theta_1, \theta_2, \cdots, \theta_k)$；

（3）似然函数的最大值点 $\hat{\theta}_1, \hat{\theta}_2, \cdots, \hat{\theta}_k$ 就是 $\theta_1, \theta_2, \cdots, \theta_k$ 的极大似然估计值.

在应用上可用微分法求似然函数 $L(\theta_1, \theta_2, \cdots, \theta_k)$ 的最大值. 由于 $\ln x$ 是 x 的单调增函数，因而 $\ln L(\theta_1, \theta_2, \cdots, \theta_k)$ 与 $L(\theta_1, \theta_2, \cdots, \theta_k)$ 具有相同的极大值点，称 $\ln L(\theta_1, \theta_2, \cdots, \theta_k)$ 为对数似然函数，而称

$$\frac{\partial \ln L(\theta_1, \theta_2, \cdots, \theta_k)}{\partial \theta_i}=0, \quad (i=1, 2, \cdots, k)$$

为对数似然方程或方程组，求解似然方程或方程组，就可得到 $\hat{\theta}_1, \hat{\theta}_2, \cdots, \hat{\theta}_k$.

当 $\ln L(\theta_1, \theta_2, \cdots, \theta_k)$ 关于 $\theta_1, \theta_2, \cdots, \theta_k$ 的导数（或偏导数）不存在时，无法得到

对数似然方程或方程组. 这时需要利用定义求极大似然估计 $\hat{\theta}_1$, $\hat{\theta}_2$, …, $\hat{\theta}_k$.

5. **极大似然估计的不变性**

若 $\hat{\theta}$ 是 θ 的极大似然估计，对任一函数 $g(\theta)$，满足 $\theta \in \Theta$ 时，具有单值反函数，则其极大似然估计为 $g(\hat{\theta})$.

7.2.2 典型例题

例 7.2.1 设总体 X 服从参数为 (n, p) 的二项分布，其中 p ($0 < p < 1$) 是未知参数，求 p 的极大似然估计量.

分析 首先写出似然函数，然后以未知参数 p 为自变量，求似然函数的最大值点，此最大值点就是未知参数的极大似然估计值，然后再把观测值 x_i 替换为随机变量 X_i，就得到其极大似然估计量.

解 二项分布的分布律为

$$P\{X = x\} = \mathrm{C}_n^x p^x (1-p)^{n-x}, \ x = 0, 1, 2, \cdots, n$$

设 x_1, x_2, …, x_m 是总体 X 的一组样本观测值，则似然函数为

$$L(p) = \prod_{k=1}^{m} \mathrm{C}_n^{x_k} p^{x_k} (1-p)^{n-x_k}$$

对上式两边取对数，得

$$\ln L(p) = \sum_{k=1}^{m} \ln \mathrm{C}_n^{x_k} + \sum_{k=1}^{m} x_k \ln p + \sum_{k=1}^{m} (n - x_k) \ln (1-p)$$

对上式两边关于 p 求导，并令导数等于 0，得对数似然方程

$$\frac{\mathrm{d}\ln L(p)}{\mathrm{d}p} = \frac{1}{p}\sum_{k=1}^{m} x_k - \frac{1}{1-p}\sum_{k=1}^{m} (n - x_k) = 0$$

解之得，p 的极大似然估计值为 $\hat{p} = \dfrac{1}{mn}\sum\limits_{k=1}^{m} x_k = \dfrac{\bar{x}}{n}$，由此知，$p$ 的极大似然估计量为

$$\hat{p} = \frac{1}{n}\overline{X}$$

例 7.2.2 设总体 X 的概率密度函数为

$$f(x, \lambda) = \begin{cases} \lambda a x^{a-1} \mathrm{e}^{-\lambda x^a}, & x > 0, \\ 0, & x \leqslant 0 \end{cases}$$

其中 $\lambda > 0$ 是未知参数；$a > 0$ 是已知常数. 试根据来自总体 X 的简单随机样本 X_1, X_2, …, X_n，求 λ 的极大似然估计量 $\hat{\lambda}$.

分析 先利用样本观测值构造似然函数，然后用微分法求似然函数的最大值点.

解 设 x_1, x_2, …, x_n 是 X_1, X_2, …, X_n 的一组观测值，则似然函数为

$$L(\lambda) = \begin{cases} \prod\limits_{i=1}^{n} \lambda a x_i^{a-1} \mathrm{e}^{-\lambda x_i^a}, & x_i > 0, \ i = 1, 2, \cdots, n, \\ 0, & \text{其他} \end{cases}$$

由于似然函数不可能在 x_i 等于零的区域内达到最大值，故只须在 $x_i > 0$（$i=1, 2, \cdots, n$）的区域内求似然函数的最大值即可. 对似然函数在上述区域内取对数，有

$$\ln L(\lambda) = n\ln \lambda + n\ln a + (a-1)\sum_{i=1}^{n}\ln x_i - \lambda\sum_{i=1}^{n}x_i^a$$

对上式两边关于 λ 求导数，并令其等于零，得对数似然方程

$$\frac{\mathrm{d}\ln L(\lambda)}{\mathrm{d}\lambda} = \frac{n}{\lambda} - \sum_{i=1}^{n}x_i^a = 0$$

解之得，λ 的极大似然估计值为 $\hat{\lambda} = \dfrac{n}{\sum\limits_{i=1}^{n}x_i^a}$，从而其极大似然估计量为 $\hat{\lambda} = \dfrac{n}{\sum\limits_{i=1}^{n}X_i^a}$.

例 7.2.3　设总体 X 服从麦克斯韦（Maxwell）分布，其密度函数为

$$f(x) = \begin{cases} \dfrac{4x^2}{\alpha^3\sqrt{\pi}}\mathrm{e}^{-\frac{x^2}{\alpha^2}}, & x > 0, \\ 0, & x \leqslant 0 \end{cases}$$

其中 $\alpha > 0$ 是未知参数，求其极大似然估计量.

分析　在似然函数比较复杂时，先取对数得到对数似然函数. 因为 $\ln u$ 在 $u > 0$ 时是 u 的单调增函数，故似然函数 $L(\alpha)$ 与对数似然函数 $\ln L(\alpha)$ 在同一点达到最大值.

解　设 $x_1, x_2, \cdots, x_n$ 是来自总体 X 的一组样本观测值，其似然函数为

$$L(\alpha) = \prod_{i=1}^{n}\frac{4x_i^2}{\alpha^3\sqrt{\pi}}\mathrm{e}^{-\frac{x_i^2}{\alpha^2}} = \frac{4^n(x_1x_2\cdots x_n)^2}{\alpha^{3n}(\sqrt{\pi})^n}\mathrm{e}^{-\frac{1}{\alpha^2}\sum\limits_{i=1}^{n}x_i^2}$$

取对数，有

$$\ln L(\alpha) = n\ln 4 + 2\sum_{i=1}^{n}\ln x_i - \frac{1}{\alpha^2}\sum_{i=1}^{n}x_i^2 - 3n\ln\alpha - \frac{n}{2}\ln\pi$$

上式对 α 求导，并令其为零，得

$$\frac{\mathrm{d}\ln L(\alpha)}{\mathrm{d}\alpha} = \frac{2}{\alpha^3}\sum_{i=1}^{n}x_i^2 - \frac{3n}{\alpha} = 0$$

解此方程，得 α 的极大似然估计值为 $\hat{\alpha} = \sqrt{\dfrac{2}{3n}\sum\limits_{i=1}^{n}x_i^2}$，由此得 α 的极大似然估计量为

$$\hat{\alpha} = \sqrt{\frac{2}{3n}\sum_{i=1}^{n}X_i^2} = \sqrt{\frac{2}{3}A_2}$$

例 7.2.4　遗传学中常用到截尾二项分布，其分布律为

$$P\{X=x\} = \frac{\mathrm{C}_m^x p^x(1-p)^{m-x}}{1-(1-p)^m}\ (x=1, 2, \cdots, m)$$

若已知 $m=2$，从该总体抽取样本 $X_1, X_2, \cdots, X_n$，求未知参数 p 的极大似然估计.

分析　利用分布律求出似然函数，因本问题中的分布律含有分式，所以采用对数似然函数求其极大似然估计较为方便.

解　设 $x_1, x_2, \cdots, x_n$ 是一组样本观测值，则其似然函数为

$$L(p)=\prod_{i=1}^{n}\frac{C_2^{x_i}p^{x_i}(1-p)^{2-x_i}}{1-(1-p)^2}=\frac{C_2^{x_1}C_2^{x_2}\cdots C_2^{x_n}p^{\sum\limits_{i=1}^{n}x_i}(1-p)^{2n-\sum\limits_{i=1}^{n}x_i}}{[1-(1-p)^2]^n}$$

其对数似然函数为

$$\ln L(p)=\sum_{i=1}^{n}\ln C_2^{x_i}+\left(\sum_{i=1}^{n}x_i\right)\ln p+\left(2n-\sum_{i=1}^{n}x_i\right)\ln(1-p)-n\ln[1-(1-p)^2]$$

对上式求导并令其导数等于0，得似然方程

$$\frac{\mathrm{d}\ln L(p)}{\mathrm{d}p}=\frac{1}{p}\sum_{i=1}^{n}x_i-\frac{1}{1-p}\left(2n-\sum_{i=1}^{n}x_i\right)-\frac{2n(1-p)}{1-(1-p)^2}=0$$

由此解得，p 的极大似然估计值为 $\hat{p}=2-\frac{2}{\bar{x}}$，因此，$p$ 的极大似然估计量为 $\hat{p}=2-\frac{2}{\bar{X}}$.

例 7.2.5 设 X 的概率密度函数为

$$f(x,\theta)=\begin{cases}\mathrm{e}^{-(x-\theta)}, & x\geqslant\theta,\\ 0, & x<\theta\end{cases}$$

其中 θ 未知. 证明：θ 的极大似然估计值为 $\hat{\theta}=\min\limits_{1\leqslant i\leqslant n}\{x_i\}$.

分析 如果用微分法无法求出极大似然估计值，则应考虑极大似然原理，通过似然函数本身求得其极大似然估计.

证 设 $x_1, x_2, \cdots, x_n$ 是总体 X 的一组样本观察值，则似然函数为 $L(x_1, x_2, \cdots, x_n, \theta)=\mathrm{e}^{-\sum\limits_{i=1}^{n}(x_i-\theta)}$，$x_i\geqslant\theta$，取对数，得对数似然函数

$$\ln L(\theta)=-\sum_{i=1}^{n}(x_i-\theta)$$

显然不能用微分法求 L 关于 θ 的最大值. 但是 $\frac{\mathrm{d}\ln L}{\mathrm{d}\theta}=n>0$，即 $\ln L(\theta)$ 是关于 θ 的单调增函数，故对于满足条件 $\theta\leqslant x_i$ 的任意 θ，有

$$L(\theta)=\mathrm{e}^{-\sum\limits_{i=1}^{n}(x_i-\theta)}\leqslant\mathrm{e}^{-\sum\limits_{i=1}^{n}(x_i-\min\limits_{1\leqslant i\leqslant n}\{x_i\})}$$

即 $L(\theta)$ 在 $\theta=\min\limits_{1\leqslant i\leqslant n}\{x_i\}$ 时达到最大值 $\mathrm{e}^{-\sum\limits_{i=1}^{n}(x_i-\min\limits_{1\leqslant i\leqslant n}\{x_i\})}$，故 θ 的极大似然估计值为 $\hat{\theta}=\min\limits_{1\leqslant i\leqslant n}\{x_i\}$.

常规训练

1. 是非题.

(1) 若总体的数学期望存在，则样本均值是总体数学期望的极大似然估计. ( )

(2) 求参数的极大似然估计必须知道总体的分布. ( )

(3) 用矩估计法和极大似然估计法对某参数所得的估计一定不一样. ( )

2. 设总体 X 服从参数为 λ 的泊松分布，则 λ 的极大似然估计量为________，概率 $P\{X\geqslant 1\}$ 的极大似然估计量为________，若得到如下的一组观察值

X	0	1	2	3	4
频数	20	20	10	2	2

则 λ 的极大似然估计值为____________.

3. 设总体 X 的分布律为

X	-1	0	1
p_k	$\frac{\theta}{2}$	$1-\theta$	$\frac{\theta}{2}$

其中 $\theta\ (0<\theta<1)$ 为未知参数，则 θ 的极大似然估计量为____________________.

4. 设总体 X 的分布函数为

$$F(x,\ \theta)=\begin{cases}0, & x<1,\\ 1-x^{-\theta-1}, & x\geqslant 1\end{cases}$$

其中 $\theta>1$ 为未知参数. 求 θ 的矩估计量 $\hat{\theta}_{矩}$ 和极大似然估计量 $\hat{\theta}_{MLE}$.

5. 设总体 X 的概率密度函数为

$$f(x,\ \mu,\ \sigma)=\begin{cases}\dfrac{1}{\sigma}\mathrm{e}^{-\frac{x-\mu}{\sigma}}, & x\geqslant\mu,\\ 0, & x<\mu\end{cases}$$

其中 $\sigma>0,\ -\infty<\mu<\infty$.

（1）当 μ 已知时，求 σ 的极大似然估计量 $\hat{\sigma}$；

（2）当 σ 已知时，求 μ 的极大似然估计量 $\hat{\mu}$；

（3）当 μ，σ 均未知时，求 μ，σ 的极大似然估计量 $\hat{\mu}$，$\hat{\sigma}$.

7.3 估计量的评选标准

7.3.1 知识要点

1. **无偏性**

设 $\hat{\theta}=\hat{\theta}(X_1, X_2, \cdots, X_n)$ 为未知参数 θ 的估计量，若

$$E(\hat{\theta})=\theta, \quad \theta \in \Theta$$

则称 $\hat{\theta}$ 为 θ 的无偏估计量.

2. **有效性**

若 $\hat{\theta}_1$ 和 $\hat{\theta}_2$ 都是 θ 的无偏估计量，若有

$$D(\hat{\theta}_1) \leqslant D(\hat{\theta}_2), \ \theta \in \Theta$$

则称 $\hat{\theta}_1$ 比 $\hat{\theta}_2$ 有效.

3. **一致性**

若 $\hat{\theta}_n$ 是 θ 的估计量，如果对任意给定的 $\varepsilon>0$，有

$$\lim_{n \to \infty} P\{|\hat{\theta}_n(X_1, X_2, \cdots, X_n)-\theta|<\varepsilon\}=1$$

则称 $\hat{\theta}_n(X_1, X_2, \cdots, X_n)$ 为 θ 的一致估计量.

4. **重要结论**

设 $X_1, X_2, \cdots, X_n$ 是总体 X 的一个简单随机样本，且总体的数学期望 $E(X)=\mu$ 和方差 $D(X)=\sigma^2$ 均存在. 样本均值为 $\overline{X}=\frac{1}{n}\sum_{i=1}^{n} X_i$，样本方差为 $S^2=\frac{1}{n-1}\sum_{i=1}^{n}(X_i-\overline{X})^2$，样本二阶中心矩为 $B_2=\frac{1}{n}\sum_{i=1}^{n}(X_i-\overline{X})^2$. 则

(1) $E(\overline{X})=\mu$，$E(S^2)=\sigma^2$，$E(B_2)=\frac{n-1}{n}\sigma^2$，即样本均值和样本方差分别为总体数学期望和总体方差的无偏估计，而样本二阶中心矩是总体方差的有偏估计.

(2) 样本均值和样本方差分别是总体数学期望和总体方差的一致估计.

(3) 若 $\hat{\mu}=k_1X_1+k_2X_2+\cdots+k_nX_n$ 为 μ 的一个线性无偏估计，则 $D(\overline{X}) \leqslant D(\hat{\mu})$，即样本均值是总体数学期望的线性无偏估计中方差最小的估计.

7.3.2 典型例题

例 7.3.1 设总体 X 服从正态分布 $N(\mu, \sigma^2)$，$X_1, X_2, \cdots, X_n$ 是来自总体 X 的一个样

本，试确定常数 c，使统计量 $c\sum_{i=1}^{n-1}(X_{i+1}-X_i)^2$ 为 σ^2 的无偏估计.

分析 由于诸 X_i 均服从正态分布且相互独立，故可以先求出 $X_{i+1}-X_i$ 的分布，从而求出 $(X_{i+1}-X_i)^2$ 的期望.

解 由正态分布的性质以及样本的独立性可知 $X_{i+1}-X_i \sim N(0,\ 2\sigma^2)$，所以有

$$E(X_{i+1}-X_i)^2=[E(X_{i+1}-X_i)]^2+D(X_{i+1}-X_i)=0+2\sigma^2=2\sigma^2$$

$$E[c\sum_{i=1}^{n-1}(X_{i+1}-X_i)^2]=c\sum_{i=1}^{n-1}E(X_{i+1}-X_i)^2=2(n-1)c\sigma^2$$

要使 $c\sum_{i=1}^{n-1}(X_{i+1}-X_i)^2$ 成为 σ^2 的无偏估计，必须有 $2(n-1)c\sigma^2=\sigma^2$，由此解得 $c=\dfrac{1}{2(n-1)}$.

例7.3.2 设总体 X 服从区间 $[\theta,\ \theta+1]$ 上的均匀分布，$X_1,\ X_2,\ \cdots,\ X_n\ (n>1)$ 是来自总体 X 的一个样本，证明估计量

$$\hat{\theta}_1=\frac{1}{n}\sum_{i=1}^{n}X_i-\frac{1}{2},\quad \hat{\theta}_2=X_{(n)}-\frac{n}{n+1}$$

皆为参数 θ 的无偏估计，并且 $\hat{\theta}_2$ 比 $\hat{\theta}_1$ 有效，其中 $X_{(n)}=\max\limits_{1\leqslant i\leqslant n}\{X_i\}$.

分析 要判断估计量的无偏性和有效性，就需要求出估计量的概率密度. 因此，本题的关键是求出 $\hat{\theta}_1$ 与 $\hat{\theta}_2$ 的概率密度.

解 由题意知，X 的概率密度函数为

$$f(x,\ \theta)=\begin{cases}1, & \theta\leqslant x\leqslant\theta+1,\\ 0, & \text{其他}\end{cases}$$

它的分布函数为

$$F(x,\ \theta)=\begin{cases}0, & x<\theta,\\ x-\theta, & \theta\leqslant x<\theta+1,\\ 1, & x\geqslant\theta+1\end{cases}$$

所以，最大次序统计量 $X_{(n)}$ 的概率密度为

$$f_{(n)}(x,\ \theta)=n[F(x)]^{n-1}f(x)=\begin{cases}n(x-\theta)^{n-1}, & \theta\leqslant x\leqslant\theta+1,\\ 0, & \text{其他}\end{cases}$$

由此可得

$$\begin{aligned}E[X_{(n)}]&=\int_{-\infty}^{+\infty}xf_{(n)}(x,\ \theta)\mathrm{d}x=\int_{\theta}^{\theta+1}nx(x-\theta)^{n-1}\mathrm{d}x\\&=n\int_0^1(t+\theta)t^{n-1}\mathrm{d}t=\frac{n}{n+1}+\theta\end{aligned}$$

$$\begin{aligned}E[X_{(n)}^2]&=\int_{-\infty}^{+\infty}x^2f_{(n)}(x,\ \theta)\mathrm{d}x=\int_{\theta}^{\theta+1}nx^2(x-\theta)^{n-1}\mathrm{d}x\\&=n\int_0^1(t+\theta)^2t^{n-1}\mathrm{d}t=\frac{n}{n+2}+\frac{2n}{n+1}\theta+\theta^2\end{aligned}$$

$$D[X_{(n)}]=E[X_{(n)}^2]-\{E[X_{(n)}]\}^2=\frac{n}{(n+2)(n+1)^2}$$

于是

$$E(\hat{\theta}_1)=E(X)-\frac{1}{2}=\frac{\theta+\theta+1}{2}-\frac{1}{2}=\theta$$

$$E(\hat{\theta}_2)=E[X_{(n)}]-\frac{n}{n+1}=\frac{n}{n+1}+\theta-\frac{n}{n+1}=\theta$$

所以，$\hat{\theta}_1$，$\hat{\theta}_2$ 皆为参数 θ 的无偏估计. 又因为

$$D(\hat{\theta}_1)=D(\overline{X})=\frac{1}{n}D(X)=\frac{1}{12n}$$

$$D(\hat{\theta}_2)=D[X_{(n)}]=\frac{n}{(n+2)(n+1)^2}<\frac{1}{12n}(n>1)$$

由此知 $\hat{\theta}_2$ 比 $\hat{\theta}_1$ 有效.

例 7.3.3 设一批产品的次品率为 p，求 p 的极大似然估计量，并判断该估计量是否为 p 的无偏估计.

分析 首先可以假设抽得简单随机样本 X_1，X_2，…，X_n，因为本问题仅给出产品的次品率 p，没有给出总体分布或者分布形式. 为此，可定义随机变量如下：

$$X_i=\begin{cases}1, & \text{第 } i \text{ 次抽得次品,}\\ 0, & \text{第 } i \text{ 次抽得正品}\end{cases}$$

则总体的分布律应为

$$P\{X=x\}=p^x(1-p)^{1-x},\ x=0,\ 1$$

由此知，总体 $X\sim B(1,\ p)$.

解 首先构造似然函数如下

$$L(p)=L(x_1,\ x_2,\ \cdots,\ x_n,\ p)=\prod_{i=1}^{n}p^{x_i}(1-p)^{1-x_i}=p^{\sum\limits_{i=1}^{n}x_i}(1-p)^{n-\sum\limits_{i=1}^{n}x_i}$$

两边取对数，有

$$\ln L(p)=(\ln p)\sum_{i=1}^{n}x_i+\ln(1-p)\left(n-\sum_{i=1}^{n}x_i\right)$$

两边对 P 求导，并令其为0，得

$$\frac{\mathrm{d}\ln L(P)}{\mathrm{d}p}=\frac{\sum\limits_{i=1}^{n}x_i}{p}-\frac{n-\sum\limits_{i=1}^{n}x_i}{1-p}=0$$

由此解得 $\hat{p}=\frac{1}{n}\sum\limits_{i=1}^{n}x_i=\bar{x}$. 所以，产品的次品率 p 的极大似然估计量为

$$\hat{p}=\frac{1}{n}\sum_{i=1}^{n}X_i=\overline{X}$$

又因为 $E(X)=p$，故

$$E(\hat{p}) = E(\overline{X}) = E\left(\frac{1}{n}\sum_{i=1}^{n} X_i\right) = \frac{1}{n}\sum_{i=1}^{n} E(X_i) = \frac{1}{n}\sum_{i=1}^{n} p = p$$

由此知，$\hat{p}$ 是 p 的无偏估计.

例 7.3.4　设总体 X 服从区间 $[0,\ \theta]$ 上的均匀分布，其中 θ 是未知参数，$X_1,\ X_2,\ \cdots,\ X_n$ 是来自该总体的一个样本，问：最大次序统计量 $X_{(n)} = \max\limits_{1 \leqslant i \leqslant n}\{X_i\}$ 是否是 θ 的无偏估计量？如果不是，应如何修正才能使其成为无偏估计量？

分析　要判断 $X_{(n)}$ 是否是 θ 的无偏估计，只要求 $X_{(n)}$ 的数学期望与 θ 进行比较. 为此需要先求出 $X_{(n)}$ 的概率密度函数，求 $X_{(n)}$ 的数学期望.

解　由题意知，X 的概率密度函数为

$$f(x) = \begin{cases} \dfrac{1}{\theta},\ 0 \leqslant x \leqslant \theta, \\ 0,\ \text{其他} \end{cases}$$

故 X 的分布函数为

$$F(x) = \begin{cases} 0,\ x < 0, \\ \dfrac{x}{\theta},\ 0 \leqslant x < \theta, \\ 1,\ x \geqslant \theta \end{cases}$$

由随机变量最大值的分布公式知，$X_{(n)}$ 的分布函数为

$$F_{X_{(n)}}(x) = [F(x)]^n = \begin{cases} 0,\ x < 0, \\ \dfrac{x^n}{\theta^n},\ 0 \leqslant x < \theta, \\ 1,\ x \geqslant \theta \end{cases}$$

于是，X_n 的概率密度函数为

$$f_{X_{(n)}}(x) = \begin{cases} \dfrac{n}{\theta^n}x^{n-1},\ 0 \leqslant x \leqslant \theta, \\ 0,\quad \text{其他} \end{cases}$$

所以

$$E[X_{(n)}] = \int_{-\infty}^{+\infty} x f_{X_{(n)}}(x)\,\mathrm{d}x = \int_0^{\theta} x\,\frac{n}{\theta^n}x^{n-1}\,\mathrm{d}x = \frac{n}{\theta^n}\int_0^{\theta} x^n\,\mathrm{d}x = \frac{n}{n+1}\theta \neq \theta$$

由此知 $X_{(n)}$ 不是 θ 的无偏估计. 由上式易知，只要令 $\hat{\theta} = \dfrac{n+1}{n}X_{(n)}$，就一定有 $E(\hat{\theta}) = \theta$，即 $\hat{\theta}$ 是 θ 的无偏估计.

例 7.3.5　设总体 X 和 Y 独立同分布，且它们的期望 μ 和方差 σ^2 都存在，$X_1,\ X_2,\ \cdots,\ X_{n_1}$ 和 $Y_1,\ Y_2,\ \cdots,\ Y_{n_2}$ 分别是来自 X 和 Y 的样本，证明统计量

$$S^2 = \frac{1}{n_1 + n_2 - 2}\left[\sum_{i=1}^{n_1}(X_i - \overline{X})^2 + \sum_{j=1}^{n_2}(Y_j - \overline{Y})^2\right]$$

是 σ^2 的无偏估计量.

分析 此类证明题只需直接计算相应统计量的数学期望，并进行比较，在计算时要注意到相关的公式和结果.

证 记 $S_1^2=\frac{1}{n_1-1}\sum_{i=1}^{n_1}(X_i-\overline{X})^2$，$S_2^2=\frac{1}{n_2-1}\sum_{j=1}^{n_2}(Y_j-\overline{Y})^2$，则

$$S^2=\frac{1}{n_1+n_2-2}[(n_1-1)S_1^2+(n_2-1)S_2^2]$$

又 $S_1^2=\frac{1}{n_1-1}\left(\sum_{i=1}^{n_1}X_i^2-n_1\overline{X}^2\right)$，所以

$$E(S_1^2)=\frac{1}{n_1-1}\left[E\left(\sum_{i=1}^{n_1}X_i^2\right)-n_1E(\overline{X})^2\right]=\frac{1}{n_1-1}\left[\sum_{i=1}^{n_1}E(X_i^2)-n_1(D(\overline{X})+(E(\overline{X}))^2)\right]$$

$$=\frac{1}{n_1-1}\left[\sum_{i=1}^{n_1}(\sigma^2+\mu^2)-n_1\left(\frac{\sigma^2}{n_1}+\mu^2\right)\right]$$

$$=\frac{1}{n_1-1}[n_1(\sigma^2+\mu^2)-\sigma^2-n_1\mu^2]=\sigma^2$$

同理可得 $E(S_2^2)=\sigma^2$. 由此知

$$E(S^2)=\frac{1}{n_1+n_2-2}E[(n_1-1)S_1^2+(n_2-1)S_2^2]$$

$$=\frac{1}{n_1+n_2-2}[(n_1-1)E(S_1^2)+(n_2-1)E(S_2^2)]$$

$$=\frac{1}{n_1+n_2-2}[(n_1-1)\sigma^2+(n_2-1)\sigma^2]=\sigma^2$$

由以上计算可知，样本方差 S^2 是总体方差 σ^2 的无偏估计，这个结论值得注意.

例 7.3.6 设从均值为 μ、方差为 $\sigma^2>0$ 的总体中分别抽取容量为 n_1，n_2 的两个相互独立的简单随机样本. $\overline{X}_1$ 和 $\overline{X}_2$ 分别是两样本的样本均值. 试证：对于任意常数 a，b（$a+b=1$），$Y=a\overline{X}_1+b\overline{X}_2$ 都是 μ 的无偏估计，并确定常数 a，b 使 $D(Y)$ 达到最小.

解 由于 $\overline{X}_1$ 和 $\overline{X}_2$ 分别是来自同一总体的两个样本的样本均值，故 $E(\overline{X}_1)=\mu$，$E(\overline{X}_2)=\mu$，从而

$$E(Y)=aE(X_1)+bE(X_2)=a\mu+b\mu=(a+b)\mu=\mu$$

即对于任意的 a，b（$a+b=1$），$Y=a\overline{X}_1+b\overline{X}_2$ 均为 μ 的无偏估计.

又由 $\overline{X}_1$ 与 $\overline{X}_2$ 的相互独立性知，$D(Y)=a^2D(\overline{X}_1)+b^2D(\overline{X}_2)=\sigma^2\left(\frac{a^2}{n_1}+\frac{b^2}{n_2}\right)$. 令 $f(a,b)=D(Y)$，下面利用拉格朗日乘数法求二元函数 $f(a,b)$ 在条件 $a+b=1$ 下的条件极值，取拉格朗日函数为

$$L(a,b,\lambda)=\sigma^2\left(\frac{a^2}{n_1}+\frac{b^2}{n_2}\right)+\lambda(a+b-1)$$

分别求 $L(a, b, \lambda)$ 对 a，b 和 λ 的偏导数，并令它们等于零，得

$$\begin{cases}\dfrac{\partial L}{\partial a}=\dfrac{2\sigma^2}{n_1}a+\lambda=0,\\ \dfrac{\partial L}{\partial b}=\dfrac{2\sigma^2}{n_2}b+\lambda=0,\\ \dfrac{\partial L}{\partial \lambda}=a+b-1=0\end{cases}$$

由此解得 $a=\dfrac{n_1}{n_1+n_2}$，$b=\dfrac{n_2}{n_1+n_2}$，即当 $a=\dfrac{n_1}{n_1+n_2}$，$b=\dfrac{n_2}{n_1+n_2}$ 时，$D(Y)$ 最小.

常规训练

1. 是非题.

（1）样本标准差 S 是总体标准差 σ 的无偏估计.（　）

（2）样本均值的平方 $\overline{X}^2$ 是总体数学期望的平方 μ^2 的无偏估计.（　）

2. 设 $X_1, X_2, \cdots, X_n$ 是来自正态总体 $X \sim N(0, \sigma^2)$ 的一个简单随机样本，则可以作为 σ^2 的无偏估计量的为（　）.

A. $\dfrac{1}{n}\sum\limits_{i=1}^{n}X_i^2$　　B. $\dfrac{1}{n-1}\sum\limits_{i=1}^{n}X_i^2$

C. $\dfrac{1}{n}\sum\limits_{i=1}^{n}X_i$　　D. $\dfrac{1}{n-1}\sum\limits_{i=1}^{n}X_i$

3. 设 $\overline{X}$ 和 S^2 分别是样本均值和样本方差，σ^2 是总体方差，则（　）.

A. S 是 σ 的无偏估计　　B. S 是 σ 的极大似然估计

C. S 是 σ 的矩估计　　D. S 与 $\overline{X}$ 相互独立

4. 设总体 X 服从参数为 λ 的泊松分布，$\overline{X}$ 和 S^2 分别是样本均值和样本方差，则对任意的实数 a，$E[a\overline{X}+(1-a)S^2]=$______.

5. 设 X_1, X_2, X_3, X_4 是总体 X 的一个简单随机样本，$\hat{\mu}=\dfrac{1}{5}X_1+\dfrac{1}{3}X_2+kX_3+\dfrac{1}{6}X_4$ 是总体数学期望的无偏估计，则 $k=$______.

6. 在处理快艇的 6 次试验数据中，得到下列最大速度值（m/s）：

27，38，30，37，35，31

求最大艇速的均值和方差的一个无偏估计.

7. 设总体 X 服从正态分布 $N(\mu, 1)$，X_1，X_2 是从总体 X 抽取的一个样本. 验证下面三个估计量：

(1) $\hat{\mu}_1 = \frac{2}{3}X_1 + \frac{1}{3}X_2$；(2) $\hat{\mu}_2 = \frac{1}{4}X_1 + \frac{3}{4}X_2$；(3) $\hat{\mu}_3 = \frac{1}{2}X_1 + \frac{1}{2}X_2$

都是 μ 的无偏估计，并求出每个估计量的方差，问：哪一个最有效?

8. 设总体 X 服从参数为 λ 的泊松分布，X_1，X_2，…，X_n 是来自总体 X 的样本. 证明：统计量 $\overline{X}^2$ 与 $\frac{1}{n}\sum_{i=1}^{n}X_i^2$ 都不是 λ^2 的无偏估计量. 又问：能否由它们构造 λ^2 的无偏估计量?

7.4 区间估计

7.4.1 知识要点

1. 区间估计的概念

所谓区间估计，就是构造两个统计量 $\underline{\theta}(X_1, X_2, \cdots, X_n)$ 和 $\overline{\theta}(X_1, X_2, \cdots, X_n)$ ($\underline{\theta} < \overline{\theta}$)，用随机区间 $(\underline{\theta}, \overline{\theta})$ 来估计总体分布所含未知参数 θ 的可能取值范围的一种估计.

对于给定的常数 $\alpha(0 < \alpha < 1)$，若有

$$P\{\underline{\theta}(X_1, X_2, \cdots, X_n) < \theta < \overline{\theta}(X_1, X_2, \cdots, X_n)\} = 1 - \alpha$$

则称随机区间 $(\underline{\theta}, \overline{\theta})$ 是 θ 的置信度为 $1-\alpha$ 的双侧置信区间. $\underline{\theta}$ 和 $\overline{\theta}$ 分别称为 θ 的置信度为 $1-\alpha$ 的双侧置信区间的置信下限和置信上限，$1-\alpha$ 为置信度或置信水平. 当样本 X_1，X_2，…，X_n 取其观察值 x_1，x_2，…，x_n 时，由 $\underline{\theta}$，$\overline{\theta}$ 的取值 $\underline{\theta}(x_1, x_2, \cdots, x_n)$ 和 $\overline{\theta}(x_1, x_2, \cdots, x_n)$ 所构成的区间叫作 θ 的置信区间相应于样本观察值 x_1，x_2，…，x_n 的一个实区间.

若只考虑 $P\{\underline{\theta}(X_1, X_2, \cdots, X_n) < \theta\} = 1-\alpha$ 或 $P\{\theta < \bar{\theta}(X_1, X_2, \cdots, X_n\} = 1-\alpha$，则称随机区间 $(\underline{\theta}, +\infty)$ 和 $(-\infty, \bar{\theta})$ 为 θ 的置信度为 $1-\alpha$ 的单侧置信区间，$\underline{\theta}$ 和 $\bar{\theta}$ 分别称为 θ 的单侧置信下限和单侧置信上限.

2. 单个正态总体均值与方差的区间估计

设 $X_1, X_2, \cdots, X_n$ 是来自正态总体 $X \sim N(\mu, \sigma^2)$ 的一个样本，$\bar{X}$ 和 S^2 分别为样本均值与样本方差，则均值 μ 和方差 σ^2 的置信度为 $1-\alpha$ 的双侧置信区间见下表.

待估参数		样本函数	双侧置信区间
均值 μ	σ^2 已知	$U = \dfrac{\bar{X}-\mu}{\sigma/\sqrt{n}} \sim N(0, 1)$	$\left(\bar{X} - u_{\frac{\alpha}{2}}\dfrac{\sigma}{\sqrt{n}}, \bar{X} + u_{\frac{\alpha}{2}}\dfrac{\sigma}{\sqrt{n}}\right)$
	σ^2 未知	$T = \dfrac{\bar{X}-\mu}{S/\sqrt{n}} \sim t(n-1)$	$\left(\bar{X} - t_{\frac{\alpha}{2}}(n-1)\dfrac{S}{\sqrt{n}}, \bar{X} + t_{\frac{\alpha}{2}}(n-1)\dfrac{S}{\sqrt{n}}\right)$
方差 σ^2	μ 已知	$\chi^2 = \dfrac{\sum\limits_{i=1}^{n}(X_i-\mu)^2}{\sigma^2} \sim \chi^2(n)$	$\left(\dfrac{\sum\limits_{i=1}^{n}(X_i-\mu)^2}{\chi^2_{\frac{\alpha}{2}}(n)}, \dfrac{\sum\limits_{i=1}^{n}(X_i-\mu)^2}{\chi^2_{1-\frac{\alpha}{2}}(n)}\right)$
	μ 未知	$\chi^2 = \dfrac{(n-1)S^2}{\sigma^2} \sim \chi^2(n-1)$	$\left(\dfrac{(n-1)S^2}{\chi^2_{\frac{\alpha}{2}}(n-1)}, \dfrac{(n-1)S^2}{\chi^2_{1-\frac{\alpha}{2}}(n-1)}\right)$

3. 两个正态总体均值差与方差比的区间估计

设 $X_1, X_2, \cdots, X_m$ 是来自正态总体 $X \sim N(\mu_1, \sigma_1^2)$ 的一个样本，$\bar{X}$ 和 S_1^2 分别为样本均值与样本方差，$Y_1, Y_2, \cdots, Y_n$ 是来自正态总体 $Y \sim N(\mu_2, \sigma_2^2)$ 的一个样本，$\bar{Y}$ 和 S_2^2 分别为样本均值与样本方差. 又设

$$S_w^2 = \frac{(m-1)S_1^2 + (n-1)S_2^2}{m+n-2},\ \hat{\sigma}_1^2 = \frac{1}{m}\sum_{i=1}^{m}(X_i-\mu_1)^2,\ \hat{\sigma}_2^2 = \frac{1}{n}\sum_{i=1}^{n}(Y_i-\mu_2)^2$$

则均值差 $\mu_1-\mu_2$ 和方差比 $\dfrac{\sigma_1^2}{\sigma_2^2}$ 的置信度为 $1-\alpha$ 的双侧置信区间见下表.

待估参数		样本函数	双侧置信区间
均值差 $\mu_1-\mu_2$	σ_1^2，σ_2^2 已知	$U = \dfrac{\bar{X}-\bar{Y}-(\mu_1-\mu_2)}{\sqrt{\dfrac{\sigma_1^2}{m}+\dfrac{\sigma_2^2}{n}}} \sim N(0, 1)$	$\left(\bar{X}-\bar{Y}-u_{\frac{\alpha}{2}}\sqrt{\dfrac{\sigma_1^2}{m}+\dfrac{\sigma_2^2}{n}}, \bar{X}-\bar{Y}+u_{\frac{\alpha}{2}}\sqrt{\dfrac{\sigma_1^2}{m}+\dfrac{\sigma_2^2}{n}}\right)$
	$\sigma_1^2 = \sigma_2^2 = \sigma^2$ 未知	$T = \dfrac{\bar{X}-\bar{Y}-(\mu_1-\mu_2)}{S_w\sqrt{\dfrac{1}{m}+\dfrac{1}{n}}} \sim t(m+n-2)$	$\left(\bar{X}-\bar{Y}-t_{\frac{\alpha}{2}}(m+n-2)S_w\sqrt{\dfrac{1}{m}+\dfrac{1}{n}},\right.$ $\left.\bar{X}-\bar{Y}+t_{\frac{\alpha}{2}}(m+n-2)S_w\sqrt{\dfrac{1}{m}+\dfrac{1}{n}}\right)$

续表

待估参数		样本函数	双侧置信区间
方差比 $\frac{\sigma_1^2}{\sigma_2^2}$	μ_1，μ_2 已知	$F=\frac{\hat{\sigma}_1^2/\hat{\sigma}_2^2}{\sigma_1^2/\sigma_2^2}\sim F(m,\ n)$	$\left(\frac{\hat{\sigma}_1^2/\hat{\sigma}_2^2}{F_{\frac{\alpha}{2}}(m,\ n)},\ \frac{\hat{\sigma}_1^2/\hat{\sigma}_2^2}{F_{1-\frac{\alpha}{2}}(m,\ n)}\right)$
	μ_1，μ_2 未知	$F=\frac{S_1^2/S_2^2}{\sigma_1^2/\sigma_2^2}\sim F(m-1,\ n-1)$	$\left(\frac{S_1^2/S_2^2}{F_{\frac{\alpha}{2}}(m-1,\ n-1)},\ \frac{S_1^2/S_2^2}{F_{1-\frac{\alpha}{2}}(m-1,\ n-1)}\right)$

注：单侧置信区间的求法与双侧置信区间的求法类似.

7.4.2 典型例题

例 7.4.1 从一台机床加工的轴承中，随机抽取 200 件，测量其椭圆度，得样本均值的观察值为 $\bar{x}=0.081$ 毫米，并由累积资料知椭圆度服从正态分布 $N(\mu,\ 0.025^2)$. 试在置信水平为 0.95 时求未知参数 μ 的置信区间相应于样本观察值的一个置信区间.

分析 这是正态总体方差已知时，求未知参数 μ 的置信区间问题，把所给数据代入相应的公式进行计算就可得出相应的置信区间.

解 由题意知

$$\sigma=0.025,\ n=200,\ \bar{x}=0.081$$

由 $1-\alpha=0.95$，得 $\alpha=0.05$，查标准正态分布表，得 $u_{\frac{\alpha}{2}}=u_{0.025}=1.96$. 从而

$$\bar{x}\pm\frac{\sigma}{\sqrt{n}}u_{\alpha/2}=0.081\pm\frac{0.025}{\sqrt{200}}\times 1.96=0.081\pm 0.0035$$

由此得所求的区间为 $(0.0775,\ 0.0845)$.

例 7.4.2 为了估计产品使用寿命的均值 μ 和标准差 σ，抽取了样本容量为 10 的样本，测得样本均值 $\bar{x}=1\ 500$，样本标准差 $s=20$. 若已知产品的使用寿命服从正态分布 $N(\mu,\ \sigma^2)$，求 μ 和 σ^2 的置信度为 0.95 的置信区间.

分析 因为 σ^2 未知，所以对 μ 作估计时，可采用样本函数 $T=\frac{\overline{X}-\mu}{S/\sqrt{n}}$，它服从自由度为 $n-1$ 的 t 分布. 估计 σ^2 时，可采用样本函数 $\chi^2=\frac{(n-1)S^2}{\sigma^2}$，它服从自由度为 $n-1$ 的 χ^2 分布.

解 (1) 由题意知 $\bar{x}=1\ 500$，$s=20$，$n=10$. 又由 t 分布表查得 $t_{0.025}(9)=2.2622$. 故未知参数 μ 的置信度为 0.95 的置信区间为

$$\left(\bar{x}-\frac{s}{\sqrt{10}}t_{0.025}(9),\ \bar{x}+\frac{s}{\sqrt{10}}t_{0.025}(9)\right)=\left(1\ 500-\frac{20}{\sqrt{10}}\times 2.2622,\ 1\ 500+\frac{20}{\sqrt{10}}\times 2.2622\right)$$

$$= (1\,485.7,\ 1\,514.3)$$

（2）由 χ^2 分布表查得 $\chi^2_{0.025}(9) = 19.023$，$\chi^2_{0.975}(9) = 2.700$，故 σ^2 的置信度为0.95的置信区间为

$$\left(\frac{(n-1)s^2}{\chi^2_{0.025}(9)},\ \frac{(n-1)s^2}{\chi^2_{0.975}(9)}\right) = \left(\frac{9\times 400}{19.023},\ \frac{9\times 400}{2.700}\right) = (189.245,\ 1\,333.333)$$

例7.4.3 设制造某种产品每件所需时间服从正态分布，现随机记录了5件产品所用工时为：10.5，11，11.2，12.5，12.8. 求 μ 的置信度为0.95的单侧置信上限.

分析 由于 σ^2 未知，故采用样本函数 $T = \dfrac{\overline{X} - \mu}{S/\sqrt{n}}$，$T \sim t(n-1)$，因要求的是单侧置信上限，故查表时应查 $t_\alpha(n-1)$ 而不是 $t_{\alpha/2}(n-1)$.

解 由题意知 $n = 5$，$\bar{x} = 11.6$，$s^2 = 0.995$. 又由 t 分布表查得 $t_{0.05}(4) = 2.131\,8$. 所以未知参数 μ 的置信度为0.95的单侧置信区间为

$$\left(0,\ \bar{x} + \frac{s}{\sqrt{n}}t_{0.05}(4)\right) = \left(0,\ 11.6 + \frac{0.997\,5}{\sqrt{5}}\times 2.131\,8\right) = (0,\ 12.551)$$

故 μ 的置信度为0.95的单侧置信上限为12.551.

注：此处的置信下限并没有取成 $-\infty$，这是因为根据本题知，生产每件产品所用时间不可能是负数，因此取置信下限为0. 在确定这样的问题时，可以根据实际问题的实质来确定未知参数的置信下限.

例7.4.4 为比较甲、乙两城市居民的生活水平，分别调查150户和100户家庭的人均生活费支出. 按所得数据算得样本均值分别是55.91元和67.76元（87年统计资料），样本方差分别为64.91元^{2}和69.37元^2. 假设两城市家庭的人均生活费支出都可以认为服从正态分布且方差相等. 试以95%的置信度估计两城市人均生活费支出相差的幅度.

分析 这是两个正态总体方差未知但方差相等时均值差的置信区间的问题. 由于方差未知，故可采用样本函数

$$T = \frac{(\overline{X} - \overline{Y}) - (\mu_1 - \mu_2)}{S_w\sqrt{1/n_1 + 1/n_2}} \sim t(n_1 + n_2 - 2)$$

其中 $S_w^2 = \dfrac{(n_1 - 1)S_1^2 + (n_2 - 1)S_2^2}{n_1 + n_2 - 2}$.

解 由题意知，$n_1 = 150$，$n_2 = 100$，$n_1 + n_2 - 2 = 248$，$\bar{x} = 55.91$，$\bar{y} = 67.76$，$s_1^2 = 64.91$，$s_2^2 = 69.37$. 由于自由度较大，故可用标准正态分布的上 α 分位数代替 t 分布的上 α 分位数，即 $t_\alpha(n) \approx u_\alpha$. 对于置信度 $1 - \alpha = 0.95$，此时 $\dfrac{\alpha}{2} = 0.025$，由标准正态分布表，查得 $t_{0.025}(248) \approx u_{0.025} = 1.96$，因此

$$s_w\sqrt{\frac{1}{n_1} + \frac{1}{n_2}} = \sqrt{\frac{(n_1 - 1)S_1^2 + (n_2 - 1)S_2^2}{n_1 + n_2 - 2}}\sqrt{\frac{1}{n_1} + \frac{1}{n_2}}$$

$$= \sqrt{\frac{149 \times 64.91 + 99 \times 69.37}{248}} \sqrt{\frac{1}{150} + \frac{1}{100}}$$

$$= 8.166 \times 0.129 = 1.053$$

于是总体均值之差 $\mu_1 - \mu_2$ 的置信度为 0.95 的置信区间为

$$\left(\bar{x} - \bar{y} \mp t_{\alpha/2}(n_1 + n_2 - 2) S_w \sqrt{1/n_1 + 1/n_2}\right)$$

$$= (55.91 - 67.76 - 1.96 \times 1.053,\ 55.91 - 67.76 + 1.96 \times 1.053)$$

$$= (-13.91,\ -9.79)$$

这说明，以95%的置信度估计两城市的人均生活费支出，甲城市比乙城市低 9.79 ~ 13.91 元.

例 7.4.5 为了估计磷肥对农作物增产的作用，选取20块条件基本相同的土地，其中10块地施磷肥，另外10块不施磷肥. 测得亩产量（单位：千克）如下：

施磷肥：620 570 650 600 630 580 570 600 600 580

不施肥：560 590 560 570 580 570 600 550 570 550

设两种情形的亩产量均服从正态分布 $N(\mu, \sigma^2)$，且方差相同. 求两种情形下平均亩产量之差 $\mu_1 - \mu_2$ 的置信度为 0.95 的置信区间.

分析 由于两正态总体方差未知但方差相等，故此时可选用样本函数

$$T = \frac{(\bar{X} - \bar{Y}) - (\mu_1 - \mu_2)}{S_w \sqrt{1/n_1 + 1/n_2}} \sim t(n_1 + n_2 - 2)$$

其中 $S_w^2 = \dfrac{(n_1 - 1)S_1^2 + (n_2 - 1)S_2^2}{n_1 + n_2 - 2}$.

解 以 X 记施磷肥的亩产量总体，以 Y 记不施磷肥的亩产量总体. 由于 $\sigma_1^2 = \sigma_2^2 = \sigma^2$ 未知，选取上述的 T 样本函数. 由题意可知 $n_1 = n_2 = 10$，$\bar{x} = 600$，$\bar{y} = 570$.

$$(n_1 - 1)s_1^2 = \sum_{i=1}^{10} (x_i - \bar{x})^2 = 6\,400,\ (n_2 - 1)s_2^2 = \sum_{i=1}^{10} (y_i - \bar{y})^2 = 2\,400$$

$$s_w = \sqrt{[(n_1 - 1)S_1^2 + (n_2 - 1)S_2^2]/(n_1 + n_2 - 2)} = 22.111,\ \sqrt{1/n_1 + 1/n_2} = 0.447$$

又查表可得 $t_{0.025}(18) = 2.100\,9$，所以，$\mu_1 - \mu_2$ 的置信度为 0.95 的置信区间为

$$\left(\bar{x} - \bar{y} \mp t_{\alpha/2}(n_1 + n_2 - 2) S_w \sqrt{1/n_1 + 1/n_2}\right) = (30 \mp 2.100\,9 \times 22.111 \times 0.447)$$

$$= (9.236,\ 50.764)$$

由此可见，施磷肥土地的平均亩产量高于不施磷肥的土地的平均亩产量，即施磷肥能提高农作物的亩产量.

例 7.4.6 从甲、乙两厂生产的蓄电池产品中，分别抽出一批样品，测得蓄电池的电容量（单位：安时，1安时=3.6千库仑）如下：

甲厂：144 141 138 142 141 138 143 137

乙厂：142 143 139 140 138 141 140 138 142 136

设两厂的蓄电池的电容量分别服从正态分布 $X \sim N(\mu_1, \sigma_1^2)$，$Y \sim N(\mu_2, \sigma_2^2)$. 求：

（1）电容量的均值差 $\mu_1-\mu_2$ 的置信度为0.95的置信区间（设 $\sigma_1^2=\sigma_2^2$）；

（2）电容量的方差比 σ_1^2/σ_2^2 的置信度为0.95的置信区间.

解　计算可得 $n_1=8$，$\bar{x}=140.5$，$s_1=2.563$，$n_2=10$，$\bar{y}=139.9$，$s_2=2.183$.

（1）因为 $\sigma_1^2=\sigma_2^2=\sigma^2$ 未知，故选用样本函数

$$T=\frac{(\bar{X}-\bar{Y})-(\mu_1-\mu_2)}{S_w\sqrt{1/n_1+1/n_2}}\sim t(n_1+n_2-2)$$

其中 $S_w^2=\dfrac{(n_1-1)S_1^2+(n_2-1)S_2^2}{n_1+n_2-2}$，经计算可得 $\sqrt{\dfrac{1}{n_1}+\dfrac{1}{n_2}}=\sqrt{\dfrac{1}{8}+\dfrac{1}{10}}=0.474$，

$$S_w=\sqrt{\frac{(n_1-1)s_1^2+(n_2-1)s_2^2}{n_1+n_2-2}}=\sqrt{\frac{7\times2.563^2+9\times2.183^2}{16}}=2.357$$

又查 t 分布表，得 $t_{0.025}(16)=2.1199$，故 $\mu_1-\mu_2$ 的置信度为0.95的置信区间为

$$\left(\bar{x}-\bar{y}\mp t_{\alpha/2}(n_1+n_2-2)s_w\sqrt{\frac{1}{n_1}+\frac{1}{n_2}}\right)=(0.6\mp2.1199\times2.357\times0.474)$$

$$=(-1.768,\ 2.968)$$

由于该置信区间包含0，故可以认为两个总体的均值没有显著差异.

（2）因为 μ_1，μ_2 未知，故选用样本函数

$$F=\frac{S_1^2/\sigma_1^2}{S_2^2/\sigma_2^2}=\frac{S_1^2/S_2^2}{\sigma_1^2/\sigma_2^2}\sim F(n_1-1,\ n_2-1)$$

查 F 分布表，可得 $F_{0.025}(7,\ 9)=4.20$，$F_{0.975}(7,\ 9)=\dfrac{1}{F_{0.025}(9,\ 7)}=\dfrac{1}{4.82}=0.2075$，从而电容量的方差比 σ_1^2/σ_2^2 的置信度为0.95的置信区间为

$$\left(\frac{s_1^2}{s_2^2F_{0.025}(7,\ 9)},\ \frac{s_1^2}{s_2^2F_{0.975}(7,\ 9)}\right)=\left(\frac{2.563^2}{2.183^2\times4.20},\ \frac{2.563^2}{2.183^2\times0.2075}\right)=(0.328,\ 6.643)$$

因为该置信区间包含1，故可以认为这两个正态总体的方差是相等的，即没有显著差异.

常规训练

1. 是非题.

（1）正态总体均值 μ 的置信区间一定包含 μ.　（　）

（2）提高区间估计的置信水平 $1-\alpha$ 会降低区间估计的精度.　（　）

（3）在给定的置信水平 $1-\alpha$ 下，待估参数的置信区间不一定唯一.　（　）

2. 若其他条件不变，则待估参数置信度为 $1-\alpha$ 的置信区间长度与 α 的关系是（　）.

A. α 越大，区间长度越小　　B. α 越大，区间长度越大

C. α 越小，区间长度越小　　D. α 与区间长度无关

3. 总体均值 μ 的置信度为0.95的置信区间为 $(\hat{\theta}_1,\ \hat{\theta}_2)$，其含义是（　）.

A. 总体均值 μ 的真值以95%的概率落入区间 $(\hat{\theta}_1,\ \hat{\theta}_2)$

B. 样本均值 $\overline{X}$ 的真值以95%的概率落入区间 $(\hat{\theta}_1,\ \hat{\theta}_2)$

C. 区间 $(\hat{\theta}_1,\ \hat{\theta}_2)$ 包含总体均值 μ 的真值的概率为95%

D. 区间 $(\hat{\theta}_1,\ \hat{\theta}_2)$ 包含样本均值 $\overline{X}$ 的真值的概率为95%

4. 设来自总体 $X \sim N(\mu,\ 0.9^2)$ 容量为9的简单随机样本，样本均值 $\overline{X}=5$，则总体均值 μ 的置信度为0.95的置信区间为________.

5. 设来自总体 $X \sim N(\mu,\ \sigma^2)$ 容量为25的简单随机样本，样本方差 $s^2=100$，则总体方差 σ^2 的置信度为0.95的置信区间为________.

6. 设总体 $X \sim N(\mu,\ 1)$，若均值 μ 的置信度为0.95的置信区间为（9.02，10.98），则样本容量为________.

7. 设某种清漆的干燥时间服从 $N(\mu,\ \sigma^2)$，现测得其干燥时间的一组值为

6.0　5.7　5.8　6.5　7.0　6.3　5.6　6.1　5.0

求 μ 的置信度为0.95的置信区间：(1) $\sigma=0.6$；(2) σ 未知.

8. 从总体 $X \sim N(\mu,\ \sigma^2)$ 抽得一组值为：1.86，3.22，1.46，4.01，2.64. 求 σ^2 的置信度为0.95的置信区间：(1) $\mu=3$；(2) μ 未知.

9. 假定到某地旅游的一位游客的消费额 $X \sim N(\mu, \sigma^2)$，且 $\sigma = 500$ 元，现在要对该地每一位游客的平均消费额 μ 进行估计，为了能以不小于 0.95 的置信度相信这一估计的绝对误差小于 50 元，问：至少需要随机调查多少位游客？

10. 随机地从甲批导线中抽取 4 根，从乙批导线中抽取 5 根，测得其某一指标值为

甲批导线：0.143　0.142　0.143　0.137

乙批导线：0.140　0.142　0.136　0.138　0.140

设测量数据分别来自正态总体 $N(\mu_1, \sigma^2)$，$N(\mu_2, \sigma^2)$，并且两个总体相互独立，求 $\mu_1 - \mu_2$ 的置信度为 0.95 的置信区间.

11. 生产厂家与用户分别对某种染料的有效含量做了 13 次与 10 次测定，测定值的方差分别为：$s_1^2 = 0.7241$，$s_2^2 = 0.6872$. 设生产厂家与用户的测定值都服从正态分布，其方差分别为 σ_1^2 与 σ_2^2，求方差比 σ_1^2/σ_2^2 的置信度为 0.90 的置信区间.

7.5 考研指导与训练

1. 考试内容

本章考试内容主要有：点估计的概念，估计量与估计值，矩估计法，极大似然估计法，估计量的评选标准，区间估计的概念，单个正态总体的均值和方差的区间估计，两个正态总体的均值差和方差比的区间估计. 其中估计量的评选标准与区间估计非数学三的考试内容.

2. 考试要求

（1）理解参数的点估计、估计量与估计值的概念.

（2）掌握矩估计法（一阶矩、二阶矩）和极大似然估计法.

（3）了解估计量的无偏性、有效性（最小方差性）和一致性（相合性）的概念，并会验证估计量的无偏性.

（4）理解区间估计的概念，会求单个正态总体的均值和方差的置信区间，会求两个正态总体的均值差和方差比的置信区间.

3. 考点分析

本章参数估计中的点估计是考试重点，历年考试均有这部分内容的试题. 考查形式：(1) 点估计的两种方法即矩估计法和最大似然估计法几乎以解答题的形式进行考查；(2) 估计量的评选标准往往是以填空题的形式或者是解答题中某一小问题的形式出现. 本章中区间估计的内容从 2006 年到 2020 年的考试中均未出现，但是关于正态总体均值和方差的置信区间公式最好能在考前记一下.

4. 常见题型

例 7.5.1 设总体 X 的概率密度为

$$f(x;\ \theta)=\begin{cases}\theta, & 0<x<1,\\ 1-\theta, & 1\leqslant x<2,\\ 0, & \text{其他}\end{cases}$$

其中 θ 是未知参数 $(0<\theta<1)$；$X_1, X_2, \cdots, X_n$ 为来自总体 X 的简单随机样本；记 N 为样本值 $x_1, x_2, \cdots, x_n$ 中小于 1 的个数，求 θ 的最大似然估计.

解 由于样本观测值小于 1 和大于 1 时的概率密度函数不相同，故在构造似然函数时要先对样本观测值进行分类.

将样本值 $x_1, x_2, \cdots, x_n$ 按照从小到大重新排列，得 $x_{(1)}, x_{(2)}, \cdots, x_{(N)}, x_{(N+1)}, \cdots, x_{(n)}$，其中 $x_{(N)}<1$，$x_{(N+1)}\geqslant 1$，由此可得其似然函数为

$$L(\theta)=\begin{cases}\theta^N(1-\theta)^{n-N}, & x_{(1)}, x_{(2)}, \cdots, x_{(N)}<1;\ x_{(N+1)}, \cdots, x_{(n)}\geqslant 1,\\ 0, & \text{其他}\end{cases}$$

显然，$L(\theta)$ 的最大值只能在 $x_{(N)}<1$，$x_{(N+1)}\geqslant 1$ 时取得，此时其对数似然函数为

$$\ln L(\theta) = N\ln \theta + (n - N)\ln (1 - \theta)$$

对上式求导数并令其为零，得

$$\frac{\mathrm{d}\ln L(\theta)}{\mathrm{d}\theta} = \frac{N}{\theta} - \frac{n - N}{1 - \theta} = 0$$

由此解得 θ 的最大似然估计为 $\hat{\theta} = \frac{N}{n}$.

例 7.5.2　设总体 X 的概率密度为

$$f(x;\ \theta) = \begin{cases} \frac{1}{2\theta}, & 0 < x < \theta, \\ \frac{1}{2(1 - \theta)}, & \theta \leqslant x < 1, \\ 0, & \text{其他} \end{cases}$$

其中参数 θ ($0 < \theta < 1$) 未知，X_1；X_2，…，X_n 为来自总体 X 的简单随机样本；$\overline{X}$ 是样本均值.

(1) 求参数 θ 的矩估计量 $\hat{\theta}$；

(2) 判断 $4\overline{X}^2$ 是否为 θ^2 的无偏估计量，并说明理由.

解　(1) $\mu_1 = E(X) = \int_0^\theta \frac{x}{2\theta}\mathrm{d}x + \int_\theta^1 \frac{x}{2(1 - \theta)}\mathrm{d}x = \frac{\theta}{4} + \frac{1 + \theta}{4} = \frac{\theta}{2} + \frac{1}{4}$. 令 $\frac{\theta}{2} + \frac{1}{4} = \overline{X}$，由此解得 θ 的矩估计量为 $\hat{\theta} = 2\overline{X} - \frac{1}{2}$.

(2) 因为

$$E(X^2) = \int_0^\theta \frac{x^2}{2\theta}\mathrm{d}x + \int_\theta^1 \frac{x^2}{2(1 - \theta)}\mathrm{d}x = \frac{1 + \theta + 2\theta^2}{6}$$

所以

$$D(X) = E(X^2) - [E(X)]^2 = \frac{1 + \theta + 2\theta^2}{6} - \left(\frac{2\theta + 1}{4}\right)^2 = \frac{4\theta^2 - 4\theta + 5}{48}$$

于是

$$\begin{aligned} E(4\overline{X}^2) &= 4E(\overline{X}^2) = 4\{D(\overline{X}) + [E(\overline{X})]^2\} = 4\left[\frac{1}{n}D(X) + \left(\frac{1 + 2\theta}{4}\right)^2\right] \\ &= \frac{3n + 1}{n}\theta^2 + \frac{3n - 1}{3n}\theta + \frac{3n + 5}{12n} \neq \theta^2 \end{aligned}$$

由此知 $4\overline{X}^2$ 不是 θ^2 的无偏估计量.

例 7.5.3　设 X_1，X_2，…，X_n 是总体 $X \sim N(\mu,\ \sigma^2)$ 的简单随机样本，记

$$\overline{X} = \frac{1}{n}\sum_{i=1}^{n} X_i,\ S^2 = \frac{1}{n - 1}\sum_{i=1}^{n}(X_i - \overline{X})^2,\ T = \overline{X}^2 - \frac{1}{n}S^2$$

(1) 证明 T 是 μ^2 的无偏估计量；

(2) 当 $\mu = 0$，$\sigma = 1$ 时，求 $D(T)$.

解　(1) 因为

$$E(T)=E\left(\overline{X}^2-\frac{1}{n}S^2\right)=E(\overline{X}^2)-\frac{1}{n}E(S^2)=D(\overline{X})+[E(\overline{X})]^2-\frac{\sigma^2}{n}=\frac{\sigma^2}{n}+\mu^2-\frac{\sigma^2}{n}=\mu^2$$

所以 T 是 μ^2 的无偏估计.

(2) 当 $\mu=0$, $\sigma=1$ 时, 由 $\overline{X}\sim N\left(0,\ \frac{1}{n}\right)$ 知, $\sqrt{n}\overline{X}\sim N(0,\ 1)$, 所以 $(\sqrt{n}\overline{X})^2\sim\chi^2(1)$, 从而 $D[(\sqrt{n}\overline{X})^2]=2(n-1)S^2\sim\chi^2(n-1)$, 所以 $D[(n-1)S^2]=2(n-1)$. 再注意到 $\overline{X}$ 与 S^2 相互独立, 于是

$$\begin{aligned}D(T)&=D\left(\overline{X}^2-\frac{1}{n}S^2\right)=D(\overline{X}^2)+\frac{1}{n^2}D(S^2)\\&=\frac{1}{n^2}D[(\sqrt{n}\overline{X})^2]+\frac{1}{n^2}\cdot\frac{1}{(n-1)^2}D[(n-1)S^2]\\&=\frac{1}{n^2}\cdot 2+\frac{1}{n^2}\cdot\frac{1}{(n-1)^2}\cdot 2(n-1)=\frac{2}{n(n-1)}\end{aligned}$$

例 7.5.4 设总体 X 的概率密度为

X	1	2	3
P	$1-\theta$	$\theta-\theta^2$	θ^2

其中参数 $\theta\in(0,\ 1)$ 未知; 以 N_i 表示来自总体 X 的简单随机样本 (样本容量为 n) 中等于 i 的个数 ($i=1,\ 2,\ 3$). 试求常数 a_1, a_2, a_3, 使 $T=\sum\limits_{i=1}^{3}a_iN_i$ 为 θ 的无偏估计量, 并求 T 的方差.

解 n 次抽样相当于做了 n 次重复伯努利试验, 故 $N_1\sim b(n,\ 1-\theta)$, $N_2\sim b(n,\ \theta-\theta^2)$, $N_3\sim b(n,\ \theta^2)$. 所以

$$\begin{aligned}E(T)&=E\sum_{i=1}^{3}a_iN_i=a_1E(N_1)+a_2E(N_2)+a_3E(N_3)\\&=a_1n(1-\theta)+a_2n(\theta-\theta^2)+a_3n\theta^2=na_1+n(a_2-a_1)\theta+n(a_3-a_2)\theta^2\end{aligned}$$

令

$$a_1n(1-\theta)+a_2n(\theta-\theta^2)+a_3n\theta^2=\theta$$

比较两边的系数即知 $a_1=0$, $a_2=a_3=\frac{1}{n}$. 由于 $N_1+N_2+N_3=n$, 因此

$$T=\frac{1}{n}(N_2+N_3)=\frac{1}{n}(n-N_1)$$

故

$$D(T)=D\left[\frac{1}{n}(n-N_1)\right]=\frac{1}{n^2}D(n-N_1)=\frac{1}{n^2}D(N_1)=\frac{1}{n^2}n(1-\theta)\theta=\frac{\theta(1-\theta)}{n}$$

例 7.5.5 设随机变量 X 与 Y 相互独立且分别服从正态分布 $N(\mu,\ \sigma^2)$ 与 $N(\mu,\ 2\sigma^2)$, 其中 σ 是未知参数且 $\sigma>0$. 记 $Z=X-Y$.

(1) 求 Z 的概率密度 $f(z;\ \sigma^2)$;

（2）设 $Z_1, Z_2, \cdots, Z_n$ 为来自总体 Z 的简单随机样本，求 σ^2 的最大似然估计量；

（3）证明 $\hat{\sigma}^2$ 为 σ^2 的无偏估计量.

解 （1）由 $X \sim N(\mu, \sigma^2)$，$Y \sim N(\mu, 2\sigma^2)$，且 X 与 Y 相互独立知，$Z = X - Y \sim N(0, 3\sigma^2)$. 因此 Z 的概率密度 $f(z; \sigma^2) = \frac{1}{\sqrt{6\pi}\sigma}e^{-\frac{z^2}{6\sigma^2}}, -\infty < z < +\infty$.

（2）设 $Z_1, Z_2, \cdots, Z_n$ 的观测值为 $z_1, z_2, \cdots, z_n$，则似然函数为

$$L(\sigma^2) = \prod_{i=1}^{n} f(z_i; \sigma^2) = (6\pi\sigma^2)^{\frac{n}{2}} e^{-\frac{1}{6\sigma^2}\sum_{i=1}^{n} z_i^2}$$

取对数得

$$\ln L(\sigma^2) = -\frac{n}{2}\ln(6\pi\sigma^2) - \frac{1}{6\sigma^2}\sum_{i=1}^{n} z_i^2$$

令

$$\frac{\mathrm{d}\ln L}{\mathrm{d}\sigma^2} = -\frac{n}{2\sigma^2} + \frac{1}{6\sigma^4}\sum_{i=1}^{n} z_i^2 = 0$$

得 $\sigma^2 = \frac{1}{3n}\sum_{i=1}^{n} z_i^2$，因此 σ^2 的最大似然估计量为 $\hat{\sigma}^2 = \frac{1}{3n}\sum_{i=1}^{n} Z_i^2$.

（3）因为 $E(\hat{\sigma}^2) = \frac{1}{3n}\sum_{i=1}^{n} E(Z_i^2) = \frac{1}{3}E(Z^2) = \frac{1}{3}D(Z) = \sigma^2$，所以 $\hat{\sigma}^2$ 为 σ^2 的无偏估计量.

例 7.5.6 设总体 X 的分布函数为

$$F(x; \theta) = \begin{cases} 1 - e^{-\frac{x^2}{\theta}}, & x \geqslant 0, \\ 0, & x < 0 \end{cases}$$

其中 θ 是未知参数且大于零，$X_1, X_2, \cdots, X_n$ 为来自总体 X 的简单随机样本.

（1）求 $E(X)$ 与 $E(X^2)$；

（2）求 θ 的最大似然估计量 $\hat{\theta}_n$；

（3）是否存在实数 a，使得对任意的 $\varepsilon > 0$，都有 $\lim\limits_{n\to\infty} P\{|\hat{\theta}_n - a| \geqslant \varepsilon\} = 0$.

解 （1）总体 X 的概率密度为 $f(x; \theta) = F'(x; \theta) = \begin{cases} \frac{2x}{\theta}e^{-\frac{x^2}{\theta}}, & x > 0, \\ 0, & x \leqslant 0, \end{cases}$ 则

$$E(X) = \int_0^{+\infty} \frac{2x^2}{\theta}e^{-\frac{x^2}{\theta}}\mathrm{d}x = -\int_0^{+\infty} x\mathrm{d}(e^{-\frac{x^2}{\theta}}) = \int_0^{+\infty} e^{-\frac{x^2}{\theta}}\mathrm{d}x$$

$$= \frac{\sqrt{\pi\theta}}{2} \cdot \frac{1}{\sqrt{\pi\theta}}\int_{-\infty}^{+\infty} e^{-\frac{x^2}{\theta}}\mathrm{d}x = \frac{\sqrt{\pi\theta}}{2}$$

$$E(X^2) = \int_0^{+\infty} \frac{2x^3}{\theta}e^{-\frac{x^2}{\theta}}\mathrm{d}x = \theta\int_0^{+\infty} ue^{-u}\mathrm{d}u = \theta$$

（2）设 $x_1, x_2, \cdots, x_n$ 为样本 $X_1, X_2, \cdots, X_n$ 的观测值，则似然函数为

$$L(\theta)=\prod_{i=1}^{n}f(x_i;\ \theta)=\begin{cases}\dfrac{2^n x_1x_2\cdots x_n}{\theta^n}\mathrm{e}^{-\frac{1}{\theta}\sum\limits_{i=1}^{n}x_i^2}, & x_1,\ x_2,\ \cdots,\ x_n>0,\\ 0, & \text{其他}\end{cases}$$

当 $x_1,\ x_2,\ \cdots,\ x_n>0$ 时

$$\ln L(\theta)=n\ln 2+\sum_{i=1}^{n}\ln x_i-n\ln\theta-\frac{1}{\theta}\sum_{i=1}^{n}x_i^2$$

令 $\dfrac{\mathrm{d}\ln L}{\mathrm{d}\theta}=-\dfrac{n}{\theta}+\dfrac{1}{\theta^2}\sum\limits_{i=1}^{n}x_i^2=0$，得 $\theta=\dfrac{1}{n}\sum\limits_{i=1}^{n}x_i^2$，所以 θ 的最大似然估计量为 $\hat{\theta}_n=\dfrac{1}{n}\sum\limits_{i=1}^{n}X_i^2$.

(3) 存在 $a=\theta$ 满足条件. 因为 $\{X_n^2\}$ 是独立同分布的随机变量序列，且 $E(X_i^2)=\theta<+\infty$，所以根据辛钦大数定律知，当 $n\to\infty$ 时，$\hat{\theta}_n=\dfrac{1}{n}\sum\limits_{i=1}^{n}X_i^2$ 依概率收敛 $E(X^2)=\theta$，即对任意的 $\varepsilon>0$，都有 $\lim\limits_{n\to\infty}P\{|\hat{\theta}_n-a|\geqslant\varepsilon\}=0$.

例 7.5.7 某工程师为了解一台天平的精度，用该天平对一物体的质量做了 n 次测量，该物体的质量 μ 是已知的. 设 n 次测量的结果 $X_1,\ X_2,\ \cdots,\ X_n$ 相互独立，且均服从正态分布 $N(\mu,\ \sigma^2)$. 该工程师记录的是 n 次测量的绝对误差 $Z_i=|X_i-\mu|\ (i=1,\ 2,\ \cdots,\ n)$，利用 $Z_1,\ Z_2,\ \cdots,\ Z_n$ 估计参数 σ.

(1) 求 Z_1 的概率密度;

(2) 利用一阶矩求 σ 的矩估计量;

(3) 求参数 σ 的最大似然估计量.

解 (1) 由 $X_1\sim N(\mu,\ \sigma^2)$ 可知 $\dfrac{X_1-\mu}{\sigma}\sim N(0,\ 1)$. $Z_i=|X_i-\mu|\ (i=1,\ 2,\ \cdots,\ n)$ 独立同分布，设 Z_1 的分布函数为 $F(z)$，则当 $z<0$ 时，$F(z)=0$，当 $z\geqslant 0$ 时，

$$\begin{aligned}F(z)=P\{Z_1\leqslant z\}&=P\{|X_1-\mu|\leqslant z\}=P\left\{-\frac{z}{\sigma}\leqslant\frac{X_1-\mu}{\sigma}\leqslant\frac{z}{\sigma}\right\}\\&=\Phi\left(\frac{z}{\sigma}\right)-\Phi\left(-\frac{z}{\sigma}\right)=2\Phi\left(\frac{z}{\sigma}\right)-1\end{aligned}$$

因此 Z_1 的概率密度为

$$f(z)=F'(z)=\begin{cases}\dfrac{2}{\sigma}\varphi\left(\dfrac{z}{\sigma}\right), & z\geqslant 0,\\ 0, & z<0\end{cases}=\begin{cases}\dfrac{\sqrt{2}}{\sqrt{\pi}\sigma}\mathrm{e}^{-\frac{z^2}{2\sigma^2}}, & z\geqslant 0,\\ 0, & z<0\end{cases}$$

其中 $\Phi(x)$ 和 $\varphi(x)$ 分别为标准正态分布的分布函数和概率密度函数.

(2) 设 $\overline{Z}$ 为样本均值. 总体均值为 $E(Z_1)=\int_0^{+\infty}z\cdot\dfrac{\sqrt{2}}{\sqrt{\pi}\sigma}\mathrm{e}^{-\frac{z^2}{2\sigma^2}}\mathrm{d}z=\sqrt{\dfrac{2}{\pi}}\sigma$，令 $\sqrt{\dfrac{2}{\pi}}\sigma=\overline{Z}$，得 σ 的矩估计量为 $\sqrt{\dfrac{\pi}{2}}\overline{Z}$.

（3）设 $Z_1, Z_2, \cdots, Z_n$ 对应的样本值为 $z_1, z_2, \cdots, z_n$，则似然函数为

$$L(\sigma)=\prod_{i=1}^{n} f(z_i)=\begin{cases}\left(\dfrac{2}{\pi}\right)^{\frac{n}{2}} \dfrac{1}{\sigma^n} e^{-\frac{1}{2\sigma^2}\sum\limits_{i=1}^{n} z_i^2}, & z_1, z_2, \cdots, z_n>0, \\ 0, & \text{其他}\end{cases}$$

当 $z_1, z_2, \cdots, z_n>0$ 时，取对数 $\ln L(\sigma)=\dfrac{n}{2}\ln\dfrac{2}{\pi}-n\ln\sigma-\dfrac{1}{2\sigma^2}\sum\limits_{i=1}^{n} z_i^2$，令

$$\frac{\mathrm{d}\ln L}{\mathrm{d}\sigma}=-\frac{n}{\sigma}+\frac{1}{\sigma^3}\sum_{i=1}^{n} z_i^2=0$$

解得 $\sigma=\sqrt{\dfrac{1}{n}\sum\limits_{i=1}^{n} z_i^2}$，故 σ 的最大似然估计量为 $\sqrt{\dfrac{1}{n}\sum\limits_{i=1}^{n} Z_i^2}$.

例 7.5.8　设某种元件的使用寿命 T 的分布函数为

$$F(t)=\begin{cases}1-e^{-\left(\frac{t}{\theta}\right)^m}, & t>0, \\ 0, & t\leqslant 0\end{cases}$$

其中 θ, m 为参数且大于零.

（1）求概率 $P\{T>t\}$ 与 $P\{T>s+t \mid T>s\}$，其中 $s>0$, $t>0$;

（2）任取 n 个这种元件做寿命试验，测得它们的寿命分别为 $t_1, t_2, \cdots, t_n$，若 m 已知，求 θ 的最大似然估计量 $\hat{\theta}$.

解　（1）当 $s>0$, $t>0$ 时，$P\{T>t\}=1-F(t)=e^{-\left(\frac{t}{\theta}\right)^m}$,

$$P\{T>s+t \mid T>s\}=\frac{P\{T>s+t, T>s\}}{P\{T>s\}}=\frac{e^{-\left(\frac{s+t}{\theta}\right)^m}}{e^{-\left(\frac{s}{\theta}\right)^m}}=e^{-\frac{(s+t)^m-s^m}{\theta^m}}$$

（2）总体 T 的概率密度为

$$f(t)=F'(t)=\begin{cases}\dfrac{mt^{m-1}}{\theta^m} e^{-\left(\frac{t}{\theta}\right)^m}, & t>0, \\ 0, & t\leqslant 0\end{cases}$$

似然函数为

$$L(\theta)=\prod_{i=1}^{n} f(t_i)=\begin{cases}\dfrac{m^n(t_1t_2\cdots t_n)^{m-1}}{\theta^{nm}} e^{-\frac{1}{\theta^m}\sum\limits_{i=1}^{n} t_i^m}, & t_1, t_2, \cdots, t_n>0, \\ 0, & \text{其他}\end{cases}$$

当 $t_1, t_2, \cdots, t_n>0$ 时，取对数得 $\ln L(\theta)=n\ln m+(m-1)\sum\limits_{i=1}^{n}\ln t_i-nm\ln\theta-\dfrac{1}{\theta^m}\sum\limits_{i=1}^{n} t_i^m$，令

$$\frac{\mathrm{d}\ln L}{\mathrm{d}\theta}=-\frac{nm}{\theta}+\frac{m}{\theta^{m+1}}\sum_{i=1}^{n} t_i^m=0$$

得 $\theta=\left(\dfrac{1}{n}\sum\limits_{i=1}^{n} t_i^m\right)^{\frac{1}{m}}$，故 θ 的最大似然估计量 $\hat{\theta}=\left(\dfrac{1}{n}\sum\limits_{i=1}^{n} T_i^m\right)^{\frac{1}{m}}$.

1. 设 $X_1, X_2, \cdots, X_n$ 是总体 $b(n, p)$ 的简单随机样本，$\overline{X}$ 和 S^2 分别为样本均值和样本方差. 若 $\overline{X} + kS^2$ 为 np^2 的无偏估计量，则 $k =$ ＿＿＿＿＿.

2. 设总体 X 的概率密度为 $f(x;\theta) = \begin{cases} \dfrac{2x}{3\theta^2}, & \theta < x < 2\theta, \\ 0, & 其他, \end{cases}$ 其中 θ 为不为零的未知参数，$X_1, X_2, \cdots, X_n$ 为来自总体 X 的简单随机样本. 若 $c\sum_{i=1}^{n} X_i^2$ 为 θ^2 的无偏估计，则 $c =$ ＿＿＿.

3. 设总体 X 的概率密度为

$$f(x) = \begin{cases} \lambda^2 x e^{-\lambda x}, & x > 0, \\ 0, & 其他 \end{cases}$$

其中参数 λ（$\lambda > 0$）未知；$X_1, X_2, \cdots, X_n$ 为来自总体 X 的简单随机样本. 求：

（1）参数 λ 的矩估计量；

（2）参数 λ 的最大似然估计量.

4. 设 $X_1, X_2, \cdots, X_n$ 为来自正态总体 $N(\mu_0, \sigma^2)$ 的简单随机样本，其中 μ_0 已知，$\sigma^2 > 0$ 未知. $\overline{X}$ 和 S^2 分别表示样本均值和样本方差.

（1）求参数 σ^2 的最大似然估计量 $\hat{\sigma}^2$；

（2）计算 $E(\hat{\sigma}^2)$ 和 $D(\hat{\sigma}^2)$.

5. 设总体 X 的概率密度为

$$f(x;\ \theta)=\begin{cases}\dfrac{\theta^2}{x^3}\mathrm{e}^{-\frac{\theta}{x}}, & x>0,\\ 0, & \text{其他}\end{cases}$$

其中 θ 为未知参数且大于零；X_1，X_2，…，X_n 为来自总体 X 的简单随机样本．求：

（1）参数 θ 的矩估计量；

（2）参数 θ 的最大似然估计量．

6. 设总体 X 的概率密度为

$$f(x;\ \theta)=\begin{cases}\dfrac{1}{1-\theta}, & \theta\leqslant x\leqslant 1,\\ 0, & \text{其他}\end{cases}$$

其中 θ 为未知参数；X_1，X_2，…，X_n 为来自总体 X 的简单随机样本．求：

（1）参数 θ 的矩估计量；

（2）参数 θ 的最大似然估计量．

7. 设总体 X 的概率密度为

$$f(x;\ \theta)=\begin{cases}\dfrac{3x^2}{\theta^3}, & 0<x<\theta,\\ 0, & \text{其他}\end{cases}$$

其中 $\theta\in(0,+\infty)$ 为未知参数；X_1，X_2，X_3 为来自总体 X 的简单随机样本. 令 $T=\max\{X_1,\ X_2,\ X_3\}$.

(1) 求 T 的概率密度；

(2) 确定 a，使得 aT 为 θ 的无偏估计.

8. 设总体 X 的概率密度为 $f(x;\ \theta)=\dfrac{1}{2\sigma}\mathrm{e}^{-\frac{|x|}{\sigma}}$，$-\infty<x<+\infty$，其中 $\sigma\in(0,+\infty)$ 且为未知参数；X_1，X_2，…，X_n 为来自总体 X 的简单随机样本；记 σ 的最大似然估计量为 $\hat{\sigma}$. 求：

(1) $\hat{\sigma}$；

(2) $E(\hat{\sigma})$，$D(\hat{\sigma})$.

9. 设总体 X 的概率密度为

$$f(x;\ \sigma^2)=\begin{cases}\dfrac{A}{\sigma}\mathrm{e}^{-\frac{(x-\mu)^2}{2\sigma^2}}, & x\geqslant\mu,\\ 0, & x<\mu\end{cases}$$

其中 μ 是已知参数；$\sigma>0$ 是未知参数；A 是常数；$X_1,\ X_2,\ \cdots,\ X_n$ 为来自总体 X 的简单随机样本. 求：

(1) A;

(2) σ^2 的最大似然估计量.

第 8 章

假设检验

基本要求

(1) 理解显著性检验的基本思想，掌握假设检验的基本步骤，了解假设检验可能产生的两类错误.

(2) 掌握单个及两个正态总体均值与方差的假设检验.

重点与难点

本章重点

(1) 假设检验的基本步骤.

(2) 关于正态总体参数的假设检验，并用于解决实际问题.

本章难点

(1) 对于实际问题，选取原假设与备择假设.

(2) 正确选用检验统计量，区分检验的单、双侧.

(3) 拒绝域的确定，做出拒绝还是接受原假设的判断.

8.1 假设检验

8.1.1 知识要点

1. 假设检验方法

对总体的分布形式或分布中未知参数提出某种假设，然后利用样本所提供的信息选择适当的检验统计量，根据“小概率事件在一次观测中几乎不可能发生”这一基本原理对假设做出“接受”还是“拒绝”的判断. 这类统计推断方法称为假设检验方法.

总体的分布类型已知，仅涉及总体分布未知参数的假设检验称为参数假设检验. 总体分布类型未知，对总体分布函数的假设检验，称为分布的拟合优度检验. 对总体的分布形式或其他的某些特征提出的假设检验都称为非参数假设检验.

2. 假设检验的基本思想

采用概率意义下的反证法的思想. 为了检验一个"假设"是否成立，先假定这个"假设"是成立的，然后看由此会产生的后果，如果导致一个不合理的现象出现，那么就表明原先的假定不正确，也就是说，"假设"不成立，因此，就拒绝这个"假设"；如果由此未导致不合理的现象发生，就不能拒绝原来这个"假设"，称原假设是相容的. 概率反证法有别于纯粹数学中的反证法. 因为这里所谓的"不合理"并不是形式逻辑中的绝对矛盾，而是基于人们实践中认可的一个原则：小概率事件在一次观测中可以认为基本上不会发生.

3. 原假设与备择假设

对要检验的问题提出一个原假设 H_0 和备择假设 H_1，在参数假设检验问题中原假设一般是关于总体未知参数 θ 与某个特殊常数值 θ_0 的比较，备择假设 H_1 是关于 θ 的不同于 H_0 的假设. 通常有以下三种假设形式：

(1) H_0：$\theta=\theta_0$，H_1：$\theta\neq\theta_0$，这样的检验问题称为双边检验问题；

(2) H_0：$\theta\leqslant\theta_0$，H_1：$\theta>\theta_0$，这样的检验问题称为右边检验问题；

(3) H_0：$\theta\geqslant\theta_0$，H_1：$\theta<\theta_0$，这样的检验问题称为左边检验问题.

左边检验问题与右边检验问题统称为单边检验问题.

4. 拒绝域

设 W 是样本的一个取值范围，若样本值 $(x_1, x_2, \cdots, x_n)\in W$，则拒绝原假设 H_0，否则接受原假设 H_0，故称 W 为拒绝域. 其一般形式见下表：

检验类型	检验问题	拒绝域
双侧检验	H_0：$\theta=\theta_0$；H_1：$\theta\neq\theta_0$	$W=\{\lvert\hat{\theta}-\theta_0\rvert>c\}$
右侧检验	H_0：$\theta\leqslant\theta_0$；H_1：$\theta>\theta_0$	$W=\{\hat{\theta}-\theta_0>c\}$
左侧检验	H_0：$\theta\geqslant\theta_0$；H_1：$\theta<\theta_0$	$W=\{\hat{\theta}-\theta_0<c\}$

其中 c 为临界值，$\hat{\theta}=\hat{\theta}(x_1, x_2, \cdots, x_n)$.

5. 两类错误

第一类错误（弃真错误）的概率：原假设 H_0 成立，但拒绝了 H_0，即 $P\{(x_1, x_2, \cdots, x_n)\in W\mid H_0\text{ 成立}\}$；第二类错误（取伪错误）的概率：原假设 H_0 不成立，但接受了 H_0，即 $P\{(x_1, x_2, \cdots, x_n)\notin W\mid H_1\text{ 成立}\}$. 假设检验的结论与两类错误的关系见下表：

检验带来的后果		根据样本值所得的结论	
		当 $(x_1, x_2, \cdots, x_n) \notin W$，接受 H_0	当 $(x_1, x_2, \cdots, x_n) \in W$，拒绝 H_0
总体分布的实际情况（未知）	H_0 成立	判断正确	犯第一类错误
	H_0 不成立	犯第二类错误	判断正确

6. 显著性水平

仅限制犯第一类错误的概率不超过事先设定的值 α ($0 < \alpha < 1$，通常很小)，再尽量减小犯第二类错误的概率，这种检验方法称为显著性检验，α 称为显著性水平. 犯第二类错误的概率常用 β 表示，即 $\beta = P\{$接受 $H_0 \mid H_0$ 不真$\}$.

一般地，在样本容量给定的情况下，如果降低犯第一类错误的概率，就会增加犯第二类错误的概率，反之亦然. 欲同时降低犯两类错误的概率，就需要增加样本容量.

7. 假设检验的步骤

在给定显著性水平 α 下，假设检验的一般步骤如下：

(1) 提出假设：根据实际问题提出原假设 H_0 及备择假设 H_1.

(2) 选择检验统计量：根据 H_0 选择适当的统计量 $T(X_1, X_2, \cdots, X_n)$，当 H_0 成立时确定其分布.

(3) 确定拒绝域与接受域：由 $T(X_1, X_2, \cdots, X_n)$ 的分布得到临界值 λ_1，λ_2，使

$$P\{\lambda_1 < T(X_1, X_2, \cdots, X_n) < \lambda_2\} = 1 - \alpha$$

此时，区域 $(-\infty, \lambda_1] \cup [\lambda_2, +\infty)$ 称为拒绝域，(λ_1, λ_2) 称为接受域.

(4) 判断：若统计量的观测值 $T(x_1, x_2, \cdots, x_n) \in (\lambda_1, \lambda_2)$，则接受 H_0；否则，拒绝 H_0.

8. p 值检验法

利用样本观测值能够做出拒绝原假设的最小显著性水平称为 p 值.

若 $p \leqslant \alpha$，则在显著性水平 α 下拒绝原假设 H_0；否则，接受原假设 H_0.

8.1.2 典型例题

例 8.1.1 设总体 $X \sim N(\mu, 1)$，$x_1, x_2, \cdots, x_{10}$ 是 X 的一组样本观察值，设在 $\alpha = 0.05$ 的水平下检验假设 H_0：$\mu = 0$；H_1：$\mu \neq 0$ 时，拒绝域为 $W = \{|\bar{x}| > c\}$.

(1) 求 c 的值；

(2) 若已知 $\bar{x} = 1$，是否可据此样本推断 $\mu = 0$；

(3) 若以 $W = \{|\bar{x}| > 1.15\}$ 作为检验 H_0：$\mu = 0$ 的拒绝域，求该检验的显著性水平 α.

分析 本题是给出了拒绝域的形式，求相应的临界点. 由于本问题中方差已知，故可由检验假设 H_0：$\mu = \mu_0$ 所构造的统计量出发求出相应的临界点. 而本题的第三问则是由已经给定的拒绝域反求显著性水平，这只要根据所构造的统计量的分布去计算相应的概率即可得到

显著性水平 α.

解　(1) 本题是方差已知的情况下，对于显著性水平 $\alpha=0.05$，求检验假设 H_0：$\mu=0$ 的临界点. 可选取检验统计量为

$$U=\frac{\overline{X}-\mu_0}{\sigma_0/\sqrt{n}}\sim N(0,\ 1)$$

其中 $\mu_0=0$，$\sigma_0=1$，对于 $\alpha=0.05$，查标准正态分布表，得 $P\{|U|\geqslant 1.96\}=0.05$，从而得本检验问题的拒绝域为

$$W=\{|u|\geqslant 1.96\}=\{|\sqrt{10}\,\overline{x}|\geqslant 1.96\}=\{|\overline{x}|\geqslant 0.62\}$$

由此可得 $c=0.62$.

(2) 由 $\overline{x}=1>0.62$，即样本观察值落入拒绝域，从而知不能由样本推断 $\mu=0$ 成立.

(3) 由于

$$P\{|\overline{x}|\geqslant 1.15\}=P\{|\sqrt{10}\,\overline{x}|\geqslant 1.15\sqrt{10}\}=1-P\{|\sqrt{10}\,\overline{x}|<1.15\sqrt{10}\}$$
$$=1-P\{-3.64<\sqrt{10}\,\overline{x}<3.64\}=1-[2\Phi(3.64)-1]\approx 0.000\,3$$

而显著性水平就是在 $\mu=0$ 成立时，拒绝 H_0 的概率. 由此知 $\alpha=0.000\,3$.

例 8.1.2　设总体 $X\sim N(\mu,\ \sigma^2)$，已知 $\sigma=\sigma_0$，未知参数 μ 只可能取两个值之一：μ_0 或 μ_1，且 $\mu_0<\mu_1$，抽取容量为 n 的样本，样本均值为 $\overline{x}$，在显著性水平 α 下，检验下面的假设：

$$H_0:\ \mu=\mu_0;\ H_1:\ \mu=\mu_1>\mu_0$$

(1) 求检验结果犯第二类错误（即“取伪”错误）的概率 β；

(2) 设 $\sigma_0=0.8$，$\mu_0=6.5$，$\mu_1=7.0$，$n=12$，取显著性水平 $\alpha=0.05$ 及 $\alpha=0.01$，分别计算相应的概率 β.

(3) 如果给定显著性水平 $\alpha=0.05$，则为了使概率 β 不大于 0.05，应取多大容量的样本？

分析　对于正态总体，σ_0 已知，当原假设 H_0：$\mu=\mu_0$ 成立时，统计量

$$U=\frac{\overline{X}-\mu_0}{\sigma_0/\sqrt{n}}\sim N(0,\ 1)$$

犯第二类错误的概率就是原假设 H_0 不正确，但是却错误地接受了 H_0 的概率. 注意到本检验为右边检验. 显然是因为统计量的观测值未落在关于 H_0 的拒绝域 $\mu>\mu_0$ 内，而是落在了区域 $\mu\leqslant\mu_0$ 内，也就是样本均值的观测值 $\overline{X}$ 落在了区间 $\left(-\infty,\ \mu_0+\dfrac{\sigma_0}{\sqrt{n}}u_\alpha\right)$ 内，由此可求出犯第二类错误的概率 β 的表达式，从而计算出概率 β 的值. 在给定显著性水平 α 的条件下，要使犯第二类错误的概率 β 不大于某一常数值，可通过解不等式确定样本容量 n 的大小.

解　(1) 由题意，若原假设 H_0 不成立，即 $\mu\neq\mu_0$，则应有 $\mu=\mu_1$，即总 $X\sim N(\mu_1,$

$\sigma_0^2)$. 由此可知，样本均值 $\overline{X} \sim N(\mu_1, \sigma_0^2/n)$，因此 $\dfrac{\overline{X}-\mu_1}{\sigma_0/\sqrt{n}} \sim N(0, 1)$. 所以

$$\beta = P\left\{-\infty < \overline{X} < \mu_0 + \frac{\sigma_0}{\sqrt{n}}u_\alpha\right\} = \Phi\left(\frac{\overline{X}-\mu_1}{\sigma_0/\sqrt{n}} < u_\alpha + \frac{\mu_0-\mu_1}{\sigma_0/\sqrt{n}}\right) = \Phi\left(u_\alpha - \frac{\mu_1-\mu_0}{\sigma_0}\sqrt{n}\right)$$

（2）由已知，$\sigma_0=0.8$，$\mu_0=6.5$，$\mu_1=7.0$，$n=12$，如果取显著性水平 $\alpha=0.05$，查表可得 $u_{0.05}=1.645$，从而 $u_\alpha - \dfrac{\mu_1-\mu_0}{\sigma_0/\sqrt{n}} = 1.645 - \dfrac{7.0-6.5}{0.8/\sqrt{12}} \approx -0.52$，查表可得

$$\beta = \Phi(-0.52) = 1-\Phi(0.52) = 1-0.698\,5 = 0.301\,5$$

如果取显著性水平 $\alpha=0.01$，查表得 $u_\alpha=2.33$，从而有

$$u_\alpha - \frac{\mu_1-\mu_0}{\sigma_0}\sqrt{n} = 2.33 - \frac{7.0-6.5}{0.8}\sqrt{12} \approx 0.165$$

查表可得

$$\beta = \Phi(0.165) = 0.565\,5$$

由此可见，当显著性水平 α 减小时，尽管可使假设检验犯第一类错误的概率 α 减小，但是犯第二类错误的概率 β 却要增大，也就是容易出现以假为真的检验结果.

（3）如果给定显著性水平 $\alpha=0.05$，为了使 $\beta \leqslant 0.05$，注意到

$$\Phi(-1.645) = 1-\Phi(1.645) = 1-0.95 = 0.05$$

所以应有 $\Phi\left(u_\alpha - \dfrac{\mu_1-\mu_0}{\sigma_0/\sqrt{n}}\right) = \beta \leqslant \Phi(-1.645) = 0.05$，另外，函数 $\Phi(x)$ 是单调增函数，故有 $u_\alpha - \dfrac{\mu_1-\mu_0}{\sigma_0/\sqrt{n}} \leqslant -1.645$. 将 $u_\alpha=1.645$，$\sigma_0=0.8$，$\mu_0=6.5$，$\mu_1=7.0$ 代入可得

$$1.645 - \frac{7.0-6.5}{0.8/\sqrt{n}} \leqslant -1.645$$

解此不等式，得

$$n \geqslant \left(\frac{3.29\times 0.8}{0.5}\right)^2 \approx 28$$

由以上计算可知，如果给定了显著性水平 α，则为了减小犯第二类错误的概率 β，必须增大样本容量 n.

常规训练

1. 假设在处理一个假设检验问题 H_0: $\theta=4.5$；H_1: $\theta>4.5$. 基于样本数据，下列决策是否有错误，分别是哪一类错误?

（1）最后做出拒绝原假设的决定，而事实上真值 $\theta=4.5$.（　　）

（2）最后做出接受原假设的决定，而事实上真值 $\theta=4.7$.（　　）

2. 在假设检验中，设 H_0 是待检验的原假设，则犯第一类错误是指（　　）.

A. H_0 为真接受 H_0　　　　B. H_0 不真时接受 H_0

C. H_0 不真时拒绝 H_0　　　　D. H_0 为真时拒绝 H_0

3. 在 H_0 为原假设, H_1 为备择假设的假设检验中，若显著性水平为 α，则（　　）.

A. $P\{接受 H_0 \mid H_0 成立\} = \alpha$　　　　B. $P\{接受 H_1 \mid H_1 成立\} = \alpha$

C. $P\{接受 H_1 \mid H_0 成立\} = \alpha$　　　　D. $P\{接受 H_0 \mid H_1 成立\} = \alpha$

4. 在进行产品质量检验时，若原假设为 H_0：产品合格. 在样本容量固定不变的条件下，为了使“次品混入正品”的可能性很小，显著性水平就取得__________（填“大些”或“小些”）.

5. 设 X_1，X_2，X_3，X_4 是来自正态总体 $N(\mu, 1)$ 的一个样本，检验假设 H_0：$\mu = 0$；H_1：$\mu = 1$，拒绝域为 $W = \{\overline{X} \geqslant 0.98\}$.

（1）分别求犯两类错误的概率；

（2）若要使犯第一类错误的概率小于0.01，则样本容量 n 最小取多少？

8.2　正态总体均值的假设检验

8.2.1　知识要点

1. 单个正态总体均值的假设检验

设 X_1，X_2，…，X_n 是来自正态总体 $X \sim N(\mu, \sigma^2)$ 的一个样本，$\overline{X}$ 和 S^2 分别为样本均值与样本方差，则均值 μ 的假设检验问题的检验统计量及拒绝域见下表：

<table>
<tr><th colspan="2">检验参数</th><th>原假设与备择假设</th><th>检验统计量</th><th>拒绝域 W</th></tr>
<tr><td rowspan="6">均值 μ</td><td rowspan="3">σ^2 已知</td><td>$H_0: \mu = \mu_0$；$H_1: \mu \neq \mu_0$</td><td rowspan="3">$U = \dfrac{\sqrt{n}(\overline{X} - \mu_0)}{\sigma} \sim N(0, 1)$</td><td>$|u| > u_{\alpha/2}$</td></tr>
<tr><td>$H_0: \mu \leqslant \mu_0$；$H_1: \mu > \mu_0$</td><td>$u > u_\alpha$</td></tr>
<tr><td>$H_0: \mu \geqslant \mu_0$；$H_1: \mu < \mu_0$</td><td>$u < -u_\alpha$</td></tr>
<tr><td rowspan="3">σ^2 未知</td><td>$H_0: \mu = \mu_0$；$H_1: \mu \neq \mu_0$</td><td rowspan="3">$T = \dfrac{\sqrt{n}(\overline{X} - \mu_0)}{S} \sim t(n-1)$</td><td>$|t| > t_{\alpha/2}(n-1)$</td></tr>
<tr><td>$H_0: \mu \leqslant \mu_0$；$H_1: \mu > \mu_0$</td><td>$t > t_\alpha(n-1)$</td></tr>
<tr><td>$H_0: \mu \geqslant \mu_0$；$H_1: \mu < \mu_0$</td><td>$t < -t_\alpha(n-1)$</td></tr>
</table>

2. **两个正态总体均值差的假设检验**

设 $X_1, X_2, \cdots, X_m$ 是来自正态总体 $X \sim N(\mu_1, \sigma_1^2)$ 的一个样本，$\overline{X}$ 和 S_1^2 分别为样本均值与样本方差，$Y_1, Y_2, \cdots, Y_n$ 是来自正态总体 $Y \sim N(\mu_2, \sigma_2^2)$ 的一个样本，$\overline{Y}$ 和 S_2^2 分别为样本均值与样本方差. 又设

$$S_w^2 = \frac{(m-1)S_1^2 + (n-1)S_2^2}{m+n-2},\ \hat{\sigma}_1^2 = \frac{1}{m}\sum_{i=1}^{m}(X_i - \mu_1)^2,\ \hat{\sigma}_2^2 = \frac{1}{n}\sum_{i=1}^{n}(Y_i - \mu_2)^2$$

则均值差 $\mu_1 - \mu_2$ 的假设检验问题的检验统计量及拒绝域见下表：

检验参数		原假设与备择假设	检验统计量	拒绝域 W
均值差 $\mu_1-\mu_2$	σ_1^2, σ_2^2 已知	$H_0: \mu_1 = \mu_2$；$H_1: \mu_1 \neq \mu_2$	$U = \dfrac{\overline{X}-\overline{Y}}{\sqrt{\dfrac{\sigma_1^2}{m}+\dfrac{\sigma_2^2}{n}}} \sim N(0,1)$	$\lvert u \rvert > u_{\alpha/2}$
		$H_0: \mu_1 \leqslant \mu_2$；$H_1: \mu_1 > \mu_2$		$u > u_\alpha$
		$H_0: \mu_1 \geqslant \mu_2$；$H_1: \mu_1 < \mu_2$		$u < -u_\alpha$
	$\sigma_1^2 = \sigma_2^2 = \sigma^2$ 未知	$H_0: \mu_1 = \mu_2$；$H_1: \mu \neq \mu_0$	$T = \dfrac{\overline{X}-\overline{Y}}{S_w\sqrt{\dfrac{1}{m}+\dfrac{1}{n}}} \sim t(m+n-2)$	$\lvert t \rvert > t_{\alpha/2}(m+n-2)$
		$H_0: \mu_1 \leqslant \mu_2$；$H_1: \mu_1 > \mu_2$		$t > t_\alpha(m+n-2)$
		$H_0: \mu_1 \geqslant \mu_2$；$H_1: \mu_1 < \mu_2$		$t < -t_\alpha(m+n-2)$

8.2.2 典型例题

例 8.2.1 正常人的脉搏跳动平均为 72 次/分钟. 现某医生从铅中毒的患者中抽取 10 个人，测得其脉搏跳动次数（单位：次/分）为：54，67，68，78，70，66，67，70，65，69. 设脉搏跳动次数服从正态分布 $N(\mu, \sigma^2)$，问：在显著性水平 $\alpha = 0.05$ 下，铅中毒患者与正常人的脉搏是否有显著性差异？

分析 以患者的脉搏跳动次数作为总体 X，且 $X \sim N(\mu, \sigma^2)$，抽查的 10 名患者的脉搏跳动次数就组成总体的一个样本，问题归结为方差未知的正态分布的均值等于某常数的检验问题.

解 本题是在方差 σ^2 未知的条件下，对于显著性水平 $\alpha = 0.05$，检验假设：

$$H_0: \mu = \mu_0;\ H_1: \mu \neq \mu_0$$

因 σ^2 未知，故选用检验统计量 $T = \dfrac{\overline{X}-\mu_0}{S/\sqrt{n}} \sim t(n-1)$，该检验的拒绝域为

$$W = \{\lvert t \rvert \geqslant t_{\alpha/2}(n-1)\}$$

由题意知 $\mu_0 = 72$，$\bar{x} = 67.4$，$s = 5.93$，$n = 10$. 查自由度为 9 的 t 分布表，得 $t_{0.025}(9) = 2.2622$，计算统计量的观察值，得

$$t = \frac{\bar{x}-\mu_0}{s/\sqrt{n}} = \frac{67.4-72}{5.93/\sqrt{10}} = -2.453$$

因为 $\lvert t \rvert = 2.453 > 2.2622 = t_{0.025}(9)$，故拒绝 H_0，即铅中毒患者的脉搏跳动次数与正常人的脉搏跳动次数有显著差异.

例8.2.2　某厂生产的电视机显像管的使用寿命 $X \sim N(5\,000,\ 300^2)$，为了解使用新设备后其使用寿命是否有提高，抽取了36只显像管进行测试. 以 $H_0: \mu = 5\,000$ 为原假设，求检验法的拒绝域与接受域（规定：以 $\bar{x} > 5\,100$ 为显像管寿命有提高，$\bar{x} \leqslant 5\,100$ 为显像管寿命没有提高)，并求犯第一类错误的概率.

分析　这是方差已知情况下对总体期望的检验问题. 犯第一类错误的概率也就是该检验法的显著性水平，这可以通过相应统计量的分布求得.

解　因为总体 $X \sim N(\mu,\ 300^2)$，μ 未知，方差已知，待检验假设为

$$H_0: \mu \leqslant 5\,000,\ H_1: \mu > 5\,100$$

$X_1, X_2, \cdots, X_{36}$ 为总体 X 的一个样本. 该检验的拒绝域为 $W = \left\{\frac{1}{36}\sum_{i=1}^{36} x_i > 5\,100\right\}$，接受域为 $\overline{W} = \left\{\frac{1}{36}\sum_{i=1}^{36} x_i \leqslant 5\,100\right\}$.

因为 $\overline{X} = \frac{1}{36}\sum_{i=1}^{36} X_i \sim N(\mu,\ 50^2)$，在条件 $\mu = 5\,000$ 成立时，$U = \frac{\overline{X} - 5\,000}{50} \sim N(0,\ 1)$，所以此检验法犯第一类错误的概率为

$$\alpha = P\{\text{拒绝 } H_0 \mid H_0 \text{ 为真}\} = P\left\{\frac{1}{36}\sum_{i=1}^{36} X_i > 5\,100 \middle| \mu = 5\,000\right\}$$

$$= P\left\{\frac{\overline{X} - \mu}{50} > \frac{5\,100 - \mu}{50} \middle| \mu = 5\,000\right\} = 1 - \Phi(2) = 0.022\,8$$

例8.2.3　某工厂采用新工艺处理废水，对处理后的水测量所含某种有毒物质的浓度，得到10个数据（单位：毫克/升）：

22　14　17　13　21　16　15　16　19　18

而以往用老工艺处理废水后，该种有毒物质的平均浓度为19，问：新工艺是否比老工艺效果好？取显著性水平 $\alpha = 0.05$，并设有毒物质浓度 $X \sim N(\mu,\ \sigma^2)$.

分析　若新工艺比老工艺效果好，则有毒物质平均浓度应低于老工艺处理后的有毒物质平均浓度 $\mu_0 = 19$，故原假设 H_0 为 $\mu = \mu_0$，备择假设 H_1 为 $\mu < \mu_0$. 该检验法的拒绝域与检验假设 $H_0: \mu \geqslant \mu_0$；$H_1: \mu < \mu_0$ 的拒绝域相同. 若接受 H_1，则可以认为新工艺效果好.

解　以有毒物质的浓度 X 为总体，且 $X \sim N(\mu,\ \sigma^2)$，方差未知. 待检验假设为

$$H_0: \mu = \mu_0;\ H_1: \mu < \mu_0$$

选取统计量 $T = \frac{\overline{X} - \mu_0}{S/\sqrt{n}} \sim t(n-1)$，该检验的拒绝域为

$$W = \{t < -t_\alpha(n-1)\}$$

由题意知，$\mu_0 = 19$，$\alpha = 0.05$，$n = 10$，查 t 分布表得 $t_{0.05}(9) = 1.833\,1$，计算统计量的观察值，得 $\bar{x} = 17.1$，$s^2 = \frac{1}{9}\sum_{i=1}^{10}(x_i - \bar{x})^2 = 8.544$，$s = 2.923$，

$$t=\frac{17.1-19}{2.923/\sqrt{10}}=-2.06<-1.8331$$

T 的观察值落入拒绝域，故拒绝 H_0，而接受 H_1，因此可以认为新工艺比老工艺效果好.

例 8.2.4 某厂生产某型号的小型电动机，说明书上写着：该电动机在正常负载下平均工作电流不会超过 0.8 安培. 现随机抽取该型号电动机 16 台进行试验，得平均工作电流为 0.92 安培，而由该样本求出的平均工作电流的标准差为 0.32 安培. 假设该型号电动机的工作电流服从正态分布，取显著性水平为 $\alpha=0.05$，问：根据这一抽样结果，能否否定厂方的断言？

分析 以该型号小型电动机的工作电流作为总体 X，并由题意知 $X\sim N(\mu,\sigma^2)$，σ^2 未知，问题归结为在方差未知时检验正态总体的数学期望是否超过某个常数.

解一 根据题意，待检验假设可以设为

$$H_0: \mu\leqslant\mu_0;\ H_1: \mu>\mu_0$$

此处 $\mu_0=0.8$，由于方差未知，故选用检验统计量

$$T=\frac{\overline{X}-\mu_0}{S/\sqrt{n}}\sim t(n-1)$$

该检验法的拒绝域为

$$W=\{t>t_\alpha(n-1)\}$$

由已知，$n=16$，$\bar{x}=0.92$，$s=0.32$，查 t 分布表，得 $t_{0.05}(15)=1.7531$，计算统计量的观察值，得

$$t=\frac{\bar{x}-\mu_0}{s/\sqrt{n}}=\frac{0.92-0.8}{0.32/\sqrt{16}}=1.5<1.7531$$

所以接受原假设 H_0，即不能否认厂方的断言.

解二 待检验假设可以设为

$$H_0: \mu>\mu_0;\ H_1: \mu\leqslant\mu_0$$

此处 $\mu_0=0.8$，由于方差未知，故选用检验统计量

$$T=\frac{\overline{X}-\mu_0}{S/\sqrt{n}}\sim t(n-1)$$

该检验的拒绝域为

$$W=\{t\leqslant-t_\alpha(n-1)\}$$

由已知，$n=16$，$\bar{x}=0.92$，$s=0.32$，查 t 分布表，得 $t_{0.05}(15)=1.7531$，计算统计量的观察值，得

$$t=\frac{\bar{x}-\mu_0}{s/\sqrt{n}}=\frac{0.92-0.8}{0.32/\sqrt{16}}=1.5>-1.7531$$

由此知样本观察值没有落入拒绝域内，故应接受原假设 H_0，即不能接受厂方所宣称的该型号电动机的工作电流不会超过 0.8 安培的断言.

注：在本题中我们看到，随着问题提法的不同（把哪一个断言作为零假设的不同），得出了截然相反的结论．这一点在统计上来说并不矛盾，此处有一个着眼点不同的问题．

当把“厂方断言正确”作为零假设时，我们是根据该厂以往的表现和信誉，对其断言已有了较大的信任，只有很不利于它的观察结果才能改变我们的看法，因而一般难以拒绝这个断言．反之，如果把“厂方断言不正确”作为零假设，我们一开始就对该厂的产品抱怀疑态度，只有很有利于厂方的结果才能改变我们的看法．因此在所得观察数据并非决定性地偏于一方时，我们的着眼点决定了所得的结论．

为了能较正确地反映实际情况，避免出现以假为真的检验错误，根据第一类错误和第二类错误的关系，可以增大显著性水平 α，从而减小犯第二类错误的概率 β．在本例中如果取显著性水平 $\alpha=0.3$，则 $t_{0.3}(15)=0.535\,7$，从而第一种方法中，因

$$t=\frac{\bar{x}-\mu_0}{s/\sqrt{n}}=\frac{0.92-0.8}{0.32/\sqrt{16}}=1.5>0.535\,7=t_{0.3}(15)$$

故拒绝原假设，即应否定厂方的断言．

在第二种检验法中，因

$$t=\frac{\bar{x}-\mu_0}{s/\sqrt{n}}=\frac{0.92-0.8}{0.32/\sqrt{16}}=1.5>-0.535\,7=-t_{0.3}(15)$$

由此知应接受原假设，即否定厂方的断言．现在我们看到两种方法所得的结论是一致的．

例 8.2.5 某林场采用两种方案做杨树育苗试验．已知两种方案下苗高均服从正态分布，标准差分别为 $\sigma_1=20$，$\sigma_2=18$．现各抽取 60 棵树苗作样本，测得苗高均值分别为 59.34 厘米和 53.16 厘米．试在显著性水平 $\alpha=0.05$ 下检验两种试验方案对杨树苗的高度有无显著影响．

分析 分别以两种试验方案下苗高作为总体 X 和总体 Y，则由题意知 $X\sim N(\mu_1,\sigma_1^2)$，$Y\sim N(\mu_2,\sigma_2^2)$，从而问题归结为对两个正态总体均值差的检验问题．

解 由题意，待检验假设可设为

$$H_0: \mu_1=\mu_2;\ H_1: \mu_1\neq\mu_2$$

由于 σ_1^2，σ_2^2 已知，故选取检验统计量

$$U=\frac{\overline{X}-\overline{Y}}{\sqrt{\frac{\sigma_1^2}{n}+\frac{\sigma_2^2}{m}}}$$

在原假设 H_0 成立时，$U\sim N(0,1)$，该检验的拒绝域为 $W=\{|u|\geqslant u_{\alpha/2}\}$．

由已知可得，$n=m=60$，$\alpha=0.05$，$\bar{x}=59.34$，$\bar{y}=53.16$，$\sigma_1=20$，$\sigma_2=18$，查正态分布表，得 $u_{\alpha/2}=u_{0.025}=1.96$．计算统计量的观察值，得

$$u=\frac{\bar{x}-\bar{y}}{\sqrt{\frac{\sigma_1^2}{n}+\frac{\sigma_2^2}{m}}}=\frac{59.34-53.16}{\sqrt{\frac{20^2}{60}+\frac{18^2}{60}}}=1.779\,1$$

由此知，$|u| = 1.7791 < 1.96 = u_{\alpha/2}$，故应接受 H_0，即认为两种方案对杨树苗的高度没有显著影响.

例8.2.6 有两台光谱仪 I_x，I_y，用来测量材料中某种金属的含量. 为鉴定它们的测量结果有无显著的差异，制备了9件试块（它们的成分、金属含量、均匀性等均各不相同），现在分别用这两台仪器对每一试块测量一次，得到9对观察值如下：

$x/\%$	0.20	0.30	0.40	0.50	0.60	0.70	0.80	0.90	1.00
$y/\%$	0.10	0.21	0.52	0.32	0.78	0.59	0.68	0.77	0.89
$d = x - y/\%$	0.10	0.09	-0.12	0.18	-0.18	0.11	0.12	0.13	0.11

问：据此能否认为这两台仪器的测量结果有显著的差异？（取 $\alpha = 0.01$）

分析 本问题中的数据是成对出现的，即对同一试块测出一对数据，两个数据的差异则可看作是仅由这两台仪器性能的差异所引起的，以 $d = x - y$ 表示这种差异，将对两个总体均值差的检验问题转化为对一个总体均值的检验问题.

解 各对数据的差记为 $d_i = x_i - y_i$，假设 $d_1, d_2, \cdots, d_9$ 来自正态总体 $N(\mu_d, \sigma^2)$，这里 μ_d，σ^2 均未知. 如果两台机器的性能一样，则各对数据的差异 $d_1, d_2, \cdots, d_9$ 属随机误差，而随机误差可以认为服从正态分布，其均值为零. 因此本问题归结为检验假设

$$H_0: \mu_d = 0; \ H_1: \mu_d \neq 0$$

由于 μ_d，σ^2 均未知，故选取检验统计量

$$T = \frac{\bar{d} - 0}{S/\sqrt{n}}$$

其中 $\bar{d} = \frac{1}{9}\sum_{i=1}^{9} d_i$，$s^2 = \frac{1}{8}\sum_{i=1}^{9}(d_i - \bar{d})^2$，在原假设成立时，$T \sim t(n-1)$，该检验的拒绝域为

$W = \left\{ |t| = \left| \frac{\bar{d} - 0}{s/\sqrt{n}} \right| \geqslant t_{\alpha/2}(n-1) \right\}$. 由已知条件算得，$n = 9$，$\bar{d} = 0.06$，$s = 0.1227$，查 t 分布表，得 $t_{\alpha/2}(n-1) = t_{0.005}(8) = 3.3554$，计算统计量的观察值，有

$$|t| = \left| \frac{\bar{d} - 0}{s/\sqrt{n}} \right| = \left| \frac{0.06 - 0}{0.1227/\sqrt{9}} \right| = 1.467 < 3.3554 = t_{0.005}(8)$$

$|t|$ 的值未落入否定域，故接受 H_0，即可以认为两台仪器的测量结果无显著差异.

例8.2.7 某运动设备制造厂生产一种新的人造钓鱼线，其平均切断力为8千克，标准差 $\sigma = 0.5$ 千克. 如果有50条随机样本进行检验，测得其平均切断力为7.8千克，试在显著性水平 $\alpha = 0.01$ 下检验假设

$$H_0: \mu = 8; \ H_1: \mu \neq 8$$

分析 以钓鱼线的切断力为总体 X，其方差为已知，要对其均值做检验，虽然总体 X 的分布未知，但是由于样本容量较大. 根据中心极限定理可知，统计量

$$U = \frac{\bar{X} - \mu_0}{\sigma_0/\sqrt{n}}$$

渐近服从标准正态分布 $N(0, 1)$，故仍可按正态总体下对均值进行检验的方法进行检验.

解　本题是已知方差，检验均值 μ 是否等于 $\mu_0 = 8$ 的问题. 待检验的假设为

$$H_0: \mu = \mu_0;\ H_1: \mu \neq \mu_0$$

其中 $\mu_0 = 8$，选取检验统计量为

$$U = \frac{\overline{X} - \mu_0}{\sigma_0 / \sqrt{n}}$$

在 H_0 为真的条件下，由中心极限定理知，统计量 U 渐近服从标准正态分布 $N(0, 1)$，故该检验的拒绝域为 $W = \{|u| \geqslant u_{\alpha/2}\}$. 由 $\alpha = 0.01$ 查标准正态分布表，得 $u_{\alpha/2} = u_{0.005} = 2.575$.

由样本数据，得 $\bar{x} = 7.8$，$n = 50$，$\sigma_0 = 0.5$，计算 U 的观察值，得

$$u = \frac{\bar{x} - \mu_0}{\sigma_0 / \sqrt{n}} = \frac{7.8 - 8.0}{0.5 / \sqrt{50}} = -2.83$$

由于 $|u| = 2.83 > 2.575 = u_{0.005}$，故拒绝原假设 H_0，即认为平均切断力不等于8千克.

常规训练

1. 对正态总体的数学期望 μ 进行假设检验，如果在显著性水平0.1下接受零假设 H_0：$\mu = \mu_0$，那么在显著性水平0.05下，下列结论成立的是（　　）.

A. 必须接受 H_0　　　　B. 可能接受也可能拒绝 H_0

C. 必须拒绝 H_0　　　　D. 不接受也不拒绝 H_0

2. 设 $X \sim N(\mu, \sigma^2)$，$X_1, X_2, \cdots, X_n$ 是来自该总体的一个样本，其观察值为 $x_1, x_2, \cdots, x_n$. 若方差 σ^2 已知，欲检验假设 H_0：$\mu = \mu_0$（其中 μ_0 为已知常数），则应选取检验统计量________，在________条件下，该统计量服从________分布.

3. 在第2题中，若方差 σ^2 未知，欲检验假设 H_0：$\mu = \mu_0$（其中 μ_0 为已知常数），则应选取检验统计量________，在________条件下，该统计量服从________分布.

4. 假设总体 $X \sim N(\mu, \sigma^2)$，由来自总体 X 的容量为16的简单随机样本，得样本均值 $\bar{x} = 31.645$，样本方差 $s^2 = 4$. 检验假设 H_0：$\mu \leqslant 30$；H_1：$\mu > 30$，应选取统计量________，其观测值为________，在显著性水平 $\alpha = 0.05$ 下，应________假设 H_0.

5. 从一批元件中任取16件测其长度（单位：厘米），得样本均值为 $\bar{x} = 2.12$，样本标准差为 $s = 0.017$. 已知元件长度服从正态分布，在显著性水平 $\alpha = 0.05$ 下，问：这批元件的平均长度是否为2厘米？

6. 某厂生产的电子元件，其电阻值服从正态分布，其平均电阻值 $\mu = 2.6$ 欧姆. 今该厂换了一种材料生产同类产品，从中抽查了 20 个，测得其样本电阻平均值为 3.0 欧姆，样本标准差为 $s = 0.11$ 欧姆，问：新材料生产的元件的平均电阻较原来元件的平均电阻值是否有明显的提高？（取显著性水平 $\alpha = 0.05$）

8.3 正态总体方差的假设检验

8.3.1 知识要点

1. 单个正态总体方差的假设检验

设 $X_1, X_2, \cdots, X_n$ 是来自正态总体 $X \sim N(\mu, \sigma^2)$ 的一个样本，$\overline{X}$ 和 S^2 分别为样本均值与样本方差，则方差 σ^2 的假设检验问题的检验统计量及拒绝域见下表：

检验参数		原假设与备择假设	检验统计量	拒绝域 W
均值 μ	μ 已知	$H_0: \sigma^2 = \sigma_0^2$；$H_1: \sigma^2 \neq \sigma_0^2$	$\chi^2 = \dfrac{\sum_{i=1}^{n}(X_i - \mu)^2}{\sigma_0^2} \sim \chi^2(n)$	$\chi^2 > \chi^2_{\alpha/2}(n)$ 或 $\chi^2 < \chi^2_{1-\alpha/2}(n)$
		$H_0: \sigma^2 \leqslant \sigma_0^2$；$H_1: \sigma^2 > \sigma_0^2$		$\chi^2 > \chi^2_{\alpha}(n)$
		$H_0: \sigma^2 \geqslant \sigma_0^2$；$H_1: \sigma^2 < \sigma_0^2$		$\chi^2 < \chi^2_{1-\alpha}(n)$
	μ 未知	$H_0: \sigma^2 = \sigma_0^2$；$H_1: \sigma^2 \neq \sigma_0^2$	$\chi^2 = \dfrac{(n-1)S^2}{\sigma_0^2} \sim \chi^2(n-1)$	$\chi^2 > \chi^2_{\alpha/2}(n-1)$ 或 $\chi^2 < \chi^2_{1-\alpha/2}(n-1)$
		$H_0: \sigma^2 \leqslant \sigma_0^2$；$H_1: \sigma^2 > \sigma_0^2$		$\chi^2 > \chi^2_{\alpha}(n-1)$
		$H_0: \sigma^2 \geqslant \sigma_0^2$；$H_1: \sigma^2 < \sigma_0^2$		$\chi^2 < \chi^2_{1-\alpha}(n-1)$

2. 两个正态总体方差比的假设检验

设 $X_1, X_2, \cdots, X_m$ 是来自正态总体 $X \sim N(\mu_1, \sigma_1^2)$ 的一个样本，$\overline{X}$ 和 S_1^2 分别为样本均值与样本方差，$Y_1, Y_2, \cdots, Y_n$ 是来自正态总体 $Y \sim N(\mu_2, \sigma_2^2)$ 的一个样本，$\overline{Y}$ 和 S_2^2 分别为样本均值与样本方差. 又设

$$S_w^2 = \frac{(m-1)S_1^2 + (n-1)S_2^2}{m+n-2},\quad \hat{\sigma}_1^2 = \frac{1}{m}\sum_{i=1}^{m}(X_i - \mu_1)^2,\quad \hat{\sigma}_2^2 = \frac{1}{n}\sum_{i=1}^{m}(Y_i - \mu_2)^2$$

则方差比 $\dfrac{\sigma_1^2}{\sigma_2^2}$ 的假设检验问题的检验统计量及拒绝域见下表：

检验参数		原假设与备择假设	检验统计量	拒绝域 W
方差比 $\dfrac{\sigma_1^2}{\sigma_2^2}$	μ_1，μ_2 已知	H_0：$\sigma_1^2 = \sigma_2^2$；H_1：$\sigma_1^2 \neq \sigma_2^2$	$F = \dfrac{\sum_{i=1}^{m}(X_i - \mu_1)^2/m}{\sum_{i=1}^{n}(Y_i - \mu_2)^2/n} \sim F(m, n)$	$f > F_{\alpha/2}(m, n)$ 或 $f < F_{1-\alpha/2}(m, n)$
		H_0：$\sigma_1^2 \leqslant \sigma_2^2$；$H_1$：$\sigma_1^2 > \sigma_2^2$		$f > F_{\alpha}(m, n)$
		H_0：$\sigma_1^2 \geqslant \sigma_2^2$；$H_1$：$\sigma_1^2 < \sigma_2^2$		$f < F_{1-\alpha}(m, n)$
	μ_1，μ_2 未知	H_0：$\sigma_1^2 = \sigma_2^2$；H_1：$\sigma_1^2 \neq \sigma_2^2$	$F = \dfrac{S_1^2}{S_2^2} \sim F(m-1, n-1)$	$f > F_{\alpha/2}(m-1, n-1)$ 或 $f < F_{1-\alpha/2}(m-1, n-1)$
		H_0：$\sigma_1^2 \leqslant \sigma_2^2$；$H_1$：$\sigma_1^2 > \sigma_2^2$		$f > F_{\alpha}(m-1, n-1)$
		H_0：$\sigma_1^2 \geqslant \sigma_2^2$；$H_1$：$\sigma_1^2 < \sigma_2^2$		$f < F_{1-\alpha}(m-1, n-1)$

8.3.2　典型例题

例 8.3.1　要求某种导线电阻的标准差不得超过 0.005 欧姆．今在生产的一批导线中抽取样品 9 根，测得 $s = 0.007$ 欧姆．设总体为正态分布，问：在显著性水平 $\alpha = 0.05$ 下能否认为这批导线的标准差显著偏大？

分析　把这批导线的电阻作为总体 X，问题归结为检验正态总体的方差是否大于已知的常数．

解　本题是在显著性水平 $\alpha = 0.05$ 下检验假设

$$H_0: \sigma^2 \leqslant \sigma_0^2;\ H_1: \sigma^2 > \sigma_0^2$$

其中 $\sigma_0 = 0.005$．选取检验统计量 $\chi^2 = \dfrac{(n-1)S^2}{\sigma_0^2}$，该检验的拒绝域为 $W = \{\chi^2 > \chi_{\alpha}^2(n-1)\}$．由题意知，$n = 9$，$s = 0.007$，查 χ^2 分布表得 $\chi_{0.05}^2(8) = 15.507\ 3$，计算统计量的观察值，得

$$\chi^2 = \frac{8s^2}{\sigma_0^2} = \frac{8 \times 0.007^2}{0.005^2} = 15.68 > 15.507\ 3$$

因此拒绝原假设 H_0，即认为这批导线的电阻的标准差显著偏大．

例 8.3.2　机器包装食盐，假设每袋盐的净重服从正态分布，规定每袋标准重量是 500 克，标准差不超过 10 克．某天开工后，为检查其机器工作是否正常，从装好的食盐中随机地抽取 9 袋测其净重（单位：克）为

497　507　510　475　484　488　524　491　515

问：这天包装机工作是否正常？(取显著性水平 $\alpha = 0.05$)

分析　设每袋盐的重量为总体 X，由题意知 $X \sim N(\mu, \sigma^2)$，故本问题归结为检验正态总体 X 的数学期望 $\mu = 500$ 和方差 $\sigma^2 \leqslant 10^2$．

解　(1) 首先对 $\mu = 500$ 进行检验．待检验的假设为

$$H_0: \mu = \mu_0;\ H_1: \mu \neq \mu_0$$

此处$\mu_0=500$，由于方差σ^2未知，故选用检验统计量$T=\dfrac{\overline{X}-\mu_0}{S/\sqrt{n}}$，该检验的拒绝域为$W=\{|t|\geqslant t_{\alpha/2}(n-1)\}$.

由题意知$n=9$，$\bar{x}=499$，$s^2=257$，查t分布表，得$t_{0.025}(8)=2.3060$. 计算检验统计量的观察值，有

$$|t|=\left|\frac{\bar{x}-\mu_0}{s/\sqrt{n}}\right|=\left|\frac{499-500}{\sqrt{257}/\sqrt{9}}\right|=|-0.1871|=0.1871<2.3060$$

故接受H_0，即可以认为平均每袋食盐净重为500克.

(2) 再检验$\sigma^2\leqslant 10^2$. 待检验的假设为

$$H_0:\ \sigma^2\leqslant\sigma_0^2;\ H_1:\ \sigma^2>\sigma_0^2$$

其中$\sigma_0^2=10^2$，选取检验统计量$\chi^2=\dfrac{(n-1)S^2}{\sigma_0^2}$，该检验的拒绝域为$W=\{\chi^2\geqslant\chi_\alpha^2(n-1)\}$.

根据题意知，$n=9$，$s^2=257$，查χ^2分布表，得$\chi_{0.05}^2(8)=15.507$，计算检验统计量的观察值，有

$$\chi^2=\frac{(n-1)s^2}{\sigma_0^2}=\frac{8\times 257}{10^2}=20.56>15.507=\chi_{0.05}^2(8)$$

所以拒绝H_0，即可以认为方差超过10^2.

综合以上两点可知，包装机虽然没有系统误差，但生产不够稳定. 因此应认为该天包装机工作不够正常.

例 8.3.3 某车间生产铜丝，其中一个主要质量指标是折断力大小. 用X表示该车间生产的铜丝的折断力，根据过去资料来看，可以认为X服从正态分布$N(\mu,\sigma^2)$，且$\mu_0=285$千克，$\sigma=4$千克. 今换了一批原材料，从性能上看，估计折断力的方差不会有什么大变化，为检验折断力的大小是否有所提高，从产品中任取10根，测得折断力数据如下：(单位：千克)

289 286 285 284 285 285 286 286 298 292

问：根据以上样本是否可以得出折断力有所提高的结论？(显著性水平$\alpha=0.05$)

分析 本题是在假定方差无变化的情况下检验均值是否大于已知数μ_0. 如果承认方差无变化的前提条件，就是方差已知检验均值的问题，可用U检验法. 有时为了慎重起见，可以利用观测数据，先检验方差是否可认为是原来的已知数σ_0^2. 如果是，则可用U检验法进行检验；如果不是，则不能用U检验法而应采用t检验法进行检验.

解 (1) 先检验方差是否不变，待检验假设为

$$H_0:\ \sigma^2=\sigma_0^2;\ H_1:\ \sigma^2\neq\sigma_0^2$$

其中 $\sigma_0^2 = 4^2$，选取检验统计量 $\chi^2 = \frac{(n-1)S^2}{\sigma_0^2} = \frac{\sum_{i=1}^{n}(X_i - \overline{X})^2}{\sigma_0^2}$，该检验的拒绝域为

$$W = \{\chi^2 \leqslant \chi^2_{1-\alpha/2}(n-1)\} \cup \{\chi^2 \geqslant \chi^2_{\alpha/2}(n-1)\}$$

由已知数据计算，得 $n = 10$，$\bar{x} = 287.6$，$s^2 = 18.933\,3$，$\alpha = 0.05$，查 χ^2 分布表，得 $\chi^2_{1-\alpha/2}(n-1) = \chi^2_{0.975}(9) = 2.700$，$\chi^2_{\alpha/2}(n-1) = \chi^2_{0.025}(9) = 19.023$，计算统计量的观察值，得

$$\chi^2 = \frac{(n-1)s^2}{\sigma_0^2} = \frac{9 \times 18.933\,3}{4^2} = 10.650$$

比较知，$2.700 < \chi^2 < 19.023$，故接受 H_0，即可以认为方差无变化.

（2）在方差 $\sigma^2 = 4^2$ 已知的条件下，检验假设

$$H_0: \mu \leqslant \mu_0;\ H_1: \mu > \mu_0$$

其中 $\mu_0 = 285$，选取检验统计量 $U = \frac{\overline{X} - \mu_0}{\sigma_0 / \sqrt{n}}$，该检验的拒绝域为 $W = \{u > u_\alpha\}$.

对于 $\alpha = 0.05$，查标准正态分布表，得 $u_\alpha = u_{0.05} = 1.65$，计算统计量的观察值，有

$$u = \frac{\bar{x} - \mu_0}{\sigma_0 / \sqrt{n}} = \frac{287.6 - 285}{4 / \sqrt{10}} = 2.055\,5 > 1.65 = u_\alpha$$

故拒绝 H_0，即可以认为铜丝的折断力较原先有显著提高.

例 8.3.4 两台机床加工同一种零件，分别取 6 个和 9 个零件测量其长度（单位：毫米），计算得

$$s_1^2 = 0.345;\ s_2^2 = 0.357$$

假定零件长度服从正态分布，问：是否可以在显著性水平 $\alpha = 0.05$ 下，认为两台机床加工的零件尺寸的方差无显著差异？

分析 以两台机床加工的零件长度分别作为总体 X 和 Y，则问题归结为对两个正态总体方差是否相等进行检验的问题.

解 本问题是在 μ_1，μ_2 未知的情形下，检验两个正态总体 $N(\mu_1, \sigma_1^2)$ 和 $N(\mu_2, \sigma_2^2)$ 的方差 σ_1^2 与 σ_2^2 是否相等的问题. 待检验假设为

$$H_0: \sigma_1^2 = \sigma_2^2;\ H_1: \sigma_1^2 \neq \sigma_2^2$$

选取检验统计量 $F = \frac{S_1^2}{S_2^2}$，该检验的拒绝域为

$$W = \{F \leqslant F_{1-\alpha/2}(n-1, m-1)\} \cup \{F \geqslant F_{\alpha/2}(n-1, m-1)\}$$

由已知 $n = 6$，$m = 9$，$s_1^2 = 0.345$，$s_2^2 = 0.357$，$\alpha = 0.05$，查 F 分布表，得

$$F_{\alpha/2}(n-1, m-1) = F_{0.025}(5, 8) = 4.82$$

$$F_{1-\alpha/2}(n-1, m-1) = \frac{1}{F_{\alpha/2}(m-1, n-1)} = \frac{1}{F_{0.025}(8, 5)} = \frac{1}{6.76} = 0.147\,9$$

由计算可得 $F=\dfrac{s_1^2}{s_2^2}=\dfrac{0.345}{0.357}=0.9664$，比较可得 $F_{0.975}(5,\ 8)<F<F_{0.025}(5,\ 8)$，故接受原假设，即认为两机床加工的零件尺寸的方差无显著差异.

例 8.3.5 某实验室有 A、B 两种仪器，测量某一物体长度 7 次和 10 次，得数据如下：

仪器 A：97 102 103 96 100 101 100

仪器 B：100 101 103 98 97 99 102 101 98 101

假设两种仪器测量的物体长度均服从正态分布，在显著性水平 $\alpha=0.05$ 下，能否认为仪器 B 的精度比仪器 A 的精度高？

分析 对于测量仪器来说，测量精度的高低可由测量方差的大小来衡量，方差大的精度差，而方差小的精度高，因此本问题实际上是比较两个正态总体方差大小的问题.

解 以仪器 A 和仪器 B 测量的物体长度分别看作总体 X 和 Y，则由题设可知 $X\sim N(\mu_1,\ \sigma_1^2)$，$Y\sim N(\mu_2,\ \sigma_2^2)$，其中 μ_1，μ_2 均未知，X 与 Y 相互独立，待检验的假设为

$$H_0:\ \sigma_1^2\leqslant\sigma_2^2;\ H_1:\ \sigma_1^2>\sigma_2^2$$

选取检验统计量 $F=\dfrac{S_1^2}{S_2^2}$，该检验的拒绝域为 $W=\{F\geqslant F_{1-\alpha}(n-1,\ m-1)\}$.

由题设知，$n=7$，$m=10$，$s_1^2=6.4762$，$s_2^2=3.7778$，查 F 分布表，得

$$F_{1-\alpha}(n-1,\ m-1)=F_{0.95}(6,\ 9)=\frac{1}{F_{0.05}(9,\ 6)}=\frac{1}{4.10}=0.2439$$

计算统计量的观察值，得

$$F=\frac{s_1^2}{s_2^2}=\frac{6.4762}{3.7778}=1.7143>0.2439=F_{0.95}(6,\ 9)$$

故拒绝原假设，即认为仪器 B 的测量精度比仪器 A 的测量精度高.

例 8.3.6 对两批同型号的电子元件各抽取 6 个测量其电阻，得数据如下（单位：欧姆）：

第一批：0.140 0.138 0.143 0.141 0.144 0.137

第二批：0.135 0.140 0.142 0.136 0.138 0.141

设这两批电子元件的电阻分别服从正态分布 $N(\mu_1,\ \sigma_1^2)$ 和 $N(\mu_2,\ \sigma_2^2)$，且相互独立. 试在显著性水平 $\alpha=0.05$ 下检验两批元件的电阻有无显著差异.

分析 由于两批元件的电阻分别服从正态分布 $N(\mu_1,\ \sigma_1^2)$ 和 $N(\mu_2,\ \sigma_2^2)$，故要检验这两批元件的电阻是否有显著差异，就是检验 $H_0:\ \mu_1=\mu_2$. 由于两总体的方差未知，是否相等也未知，因此需先用 F 检验对其方差是否相等作检验，然后再用 t 检验对其均值是否相等作检验.

解 （1）先对方差是否相等作检验，其显著性水平也取为 $\alpha=0.05$. 待检验假设为

$$H'_0:\ \sigma_1^2=\sigma_2^2;\ H'_1:\ \sigma_1^2\neq\sigma_2^2$$

选取检验统计量 $F=\dfrac{S_1^2}{S_2^2}$，该检验的拒绝域为

$$W=\{F\leqslant F_{1-\alpha/2}(n-1,\ m-1)\}\cup\{F\geqslant F_{\alpha/2}(n-1,\ m-1)\}$$

根据已知，计算可得 $\bar{x}=0.140\,5$，$\bar{y}=0.138\,67$，$s_1^2=0.000\,007\,5$，$s_2^2=0.000\,007\,867$，计算统计量的观察值，得

$$F=\frac{s_1^2}{s_2^2}=\frac{0.000\,007\,5}{0.000\,007\,867}=0.953\,3$$

查表得 $F_{\alpha/2}(n-1,\ m-1)=F_{0.025}(5,\ 5)=7.15$，$F_{0.975}(5,\ 5)=\dfrac{1}{F_{0.025}(5,\ 5)}=\dfrac{1}{7.15}=0.139\,9$，比较可知，$0.139\,9<F<7.15$，故接受原假设 H'_0，即可以认为两批电子元件电阻的方差相等.

（2）对两批元件的电阻值是否相等作检验. 待检验的假设为

$$H_0:\ \mu_1=\mu_2;\ H_1:\ \mu_1\neq\mu_2$$

因为仅知道 $\sigma_1^2=\sigma_2^2$，故选取检验统计量

$$T=\frac{\overline{X}-\overline{Y}}{S_w\sqrt{\dfrac{1}{n}+\dfrac{1}{m}}}$$

其中 $S_w=\sqrt{\dfrac{(n-1)S_1^2+(m-1)S_2^2}{n+m-2}}$，又 $n+m-2=10$，在原假设为真时，$T\sim t(10)$，查表可得 $t_{\alpha/2}(10)=t_{0.025}(10)=2.228\,1$，计算统计量的观察值，有

$$s_w=\sqrt{\frac{(n-1)s_1^2+(m-1)s_2^2}{n+m-2}}=\sqrt{\frac{5\times0.000\,007\,5+5\times0.000\,007\,867}{10}}=0.002\,772$$

$$t=\frac{\bar{x}-\bar{y}}{s_w\sqrt{\dfrac{1}{n}+\dfrac{1}{m}}}=\frac{0.140\,5-0.138\,67}{\sqrt{\dfrac{1}{6}+\dfrac{1}{6}}\times0.002\,772}=1.143\,5$$

显然，$|t|=1.143\,5<2.228\,1=t_{0.025}(10)$，故接受原假设，认为两批元件的电阻无显著差异.

例 8.3.7　要对两种汽车用燃料的辛烷值进行比较，得数据如下：

燃料 A：80　84　79　76　82　83　84　80　79　82　81　79

燃料 B：76　74　78　79　80　79　82　76　81　79　82　78

燃料的辛烷值越高，燃料质量越好，因燃料 B 较燃料 A 价格便宜. 因此，如果两种辛烷值相同，则使用燃料 B. 设两种燃料的辛烷值均服从正态分布，而且两样本相互独立，问：应采用哪种燃料？（显著性水平 $\alpha=0.01$）

分析　按题意，需要在显著性水平 $\alpha=0.01$ 下检验假设

$$H_0:\ \mu_A\leqslant\mu_B;\ H_1:\ \mu_A>\mu_B$$

因为方差未知，故应用 t 检验法，应先检验两个正态总体方差是否有显著差异，从而确定是否可以认为 $\sigma_A^2=\sigma_B^2$. 在对方差进行检验时. 可以取显著性水平 $\alpha=0.10$，因为对于较大的显著性水平仍能接受原假设，说明犯第二类错误的概率相对较小，从而接受 H_0 更有说服力.

解 设燃料 A 的总体为 $X_A\sim N(\mu_A,\sigma_A^2)$，燃料 B 的总体为 $X_B\sim N(\mu_B,\sigma_B^2)$.

(1) 给定 $\alpha=0.10$，检验假设 H_0: $\sigma_A^2=\sigma_B^2$; H_1: $\sigma_A^2\neq\sigma_B^2$. 选取检验统计量

$$F=\frac{S_A^2}{S_B^2}$$

且 $F\sim F(n-1,m-1)$，对于显著性水平 α，该检验的拒绝域为

$$W=\{F\leqslant F_{1-\alpha/2}(n-1,m-1)\}\cup\{F\geqslant F_{\alpha/2}(n-1,m-1)\}$$

由已知得 $n=12$，$m=12$，$\bar{x}_A=80.75$，$s_A^2=5.6591$，$\bar{x}_B=78.6667$，$s_B^2=6.0606$，查 F 分布表得

$$F_{\alpha/2}(n-1,m-1)=F_{0.05}(11,11)=2.82$$

$$F_{1-\alpha/2}(n-1,m-1)=\frac{1}{F_{\alpha/2}(m-1,n-1)}=\frac{1}{F_{0.05}(11,11)}=\frac{1}{2.82}=0.3546$$

计算统计量的观察值，得

$$F=\frac{s_A^2}{s_B^2}=\frac{5.6591}{6.0606}=0.9338$$

比较可得 $0.3546<F<2.82$，故接受 H_0，即可以认为两种燃料总体的方差相等.

(2) 在方差未知，但是 $\sigma_A^2=\sigma_B^2=\sigma^2$ 的条件下，检验假设

$$H_0:\ \mu_A\leqslant\mu_B;\ H_1:\ \mu_A>\mu_B$$

选取检验统计量

$$T=\frac{\bar{X}_A-\bar{X}_B}{S_w\sqrt{\frac{1}{n}+\frac{1}{m}}}$$

其中

$$S_w=\sqrt{\frac{(n-1)S_A^2+(m-1)S_B^2}{n+m-2}}$$

对于给定的显著性水平 α，该检验的拒绝域为

$$W=\{t>t_\alpha(n+m-2)\}$$

查 t 分布表，得 $t_\alpha(n+m-2)=t_{0.01}(22)=2.5083$，计算统计量的观察值，有

$$s_w=\sqrt{\frac{(n-1)s_A^2+(m-1)s_B^2}{n+m-2}}=\sqrt{\frac{11\times5.6591+11\times6.0606}{22}}=2.4207$$

$$t=\frac{\bar{x}_A-\bar{x}_B}{s_w\sqrt{\frac{1}{n}+\frac{1}{m}}}=\frac{80.75-78.6667}{2.4207\cdot\sqrt{\frac{1}{12}+\frac{1}{12}}}=2.1081<2.5083=t_{0.01}(22)$$

故接受 H_0，可以认为燃料 A 的辛烷值不比燃料 B 的大，故应选用较便宜的燃料.

1. 自动装袋机装出的物品每袋重量服从正态分布 $N(\mu, \sigma^2)$，规定每袋重量的方差不超过 C. 为了检验自动装袋机的生产是否正常，对它的产品进行抽样检查，取零假设为 H_0：$\sigma^2 \leqslant C$，显著性水平 $\alpha = 0.05$，则下列说法中正确的是（　　）.

A. 如果生产正常，则检验结果也认为生产是正常的概率等于 0.95

B. 如果生产不正常，则检验结果也认为生产是不正常的概率等于 0.95

C. 如果检验结果认为生产正常，则生产确实正常的概率等于 0.95

D. 如果检验结果认为生产不正常，则生产确实不正常的概率等于 0.95

2. 设总体 X 服从正态分布 $N(\mu, \sigma^2)$，μ 为未知参数，样本 $X_1, X_2, \cdots, X_n$ 的方差为 S^2，对于待检验假设 H_0：$\sigma \geqslant 2$；H_1：$\sigma < 2$，关于显著性水平 α 的拒绝域是（　　）.

A. $\{\chi^2 \leqslant \chi^2_{1-\alpha/2}(n-1)\}$　　B. $\{\chi^2 \leqslant \chi^2_{1-\alpha}(n-1)\}$

C. $\{\chi^2 \leqslant \chi^2_{1-\alpha/2}(n)\}$　　D. $\{\chi^2 \leqslant \chi^2_{1-\alpha}(n)\}$

3. 设 $X \sim N(\mu, \sigma^2)$，$X_1, X_2, \cdots, X_n$ 是来自该总体的一个样本，若均值 $\mu = \mu_0$ 已知，欲检验假设 H_0：$\sigma^2 = \sigma_0^2$（其中 σ_0^2 为已知常数），则应选取检验统计量__________，在__________条件下，该统计量服从__________分布.

4. 在第 3 题中，若均值 μ 未知，欲检验假设 H_0：$\sigma^2 = \sigma_0^2$；H_1：$\sigma^2 > \sigma_0^2$，则应选取检验统计量为__________，在__________条件下，该统计量服从__________分布，检验的拒绝域为__________.

5. 随机抽查某班 10 位学生的概率统计课程考试成绩为

74　82　96　68　84　90　71　86　79　88

据此在显著性水平 $\alpha = 0.05$ 下，能否认为该班学生该课程考试成绩的方差不超过 70？

6. 一台清凉饮料销售机，若其每杯容量的方差大于1.15，则被认定为发生故障. 假设其容量近似服从正态分布，若此机器所卖的25杯饮料，其方差为$s^2 = 2.03$，在显著性水平$\alpha = 0.05$下，是否可认定此机器发生故障?

7. 在355毫升罐装苏打饮料上印刷的“营养成分”中标明了仅含有35毫克的钠. 为表明饮料中钠的含量保持在$\mu = 34.5$毫克和$\sigma = 0.24$毫克，在正常的质量控制检验中，从生产线上随机地取了10罐，若样本的标准差明显大于0.24毫克（$\alpha = 0.05$），则停止生产并进行调整苏打配制程序. 现如果在此次检验中，得到$s = 0.29$毫克，问：是否有必要调整配料?

8.4　考研指导与训练

1. **考试内容**

本章考试内容主要有：显著性检验，假设检验的两类错误，单个及两个正态总体的均值和方差的假设检验. 本章非数学三的考试内容.

2. **考试要求**

(1) 理解显著性检验的基本思想，掌握假设检验的基本步骤，了解假设检验可能产生的两类错误.

(2) 掌握单个及两个正态总体的均值和方差的假设检验.

3. **考点分析**

本章内容从 1999 年到 2020 年的历次考试中几乎未考过，可进行简要复习，重点掌握正态总体参数的假设检验.

4. **常见题型**

例 8.4.1　设 X_1，X_2，…，X_n 是来自正态总体 $N(\mu,\ \sigma^2)$ 的简单随机样本，其中参数 μ 和 σ^2 未知，记 $\overline{X}=\frac{1}{n}\sum\limits_{i=1}^{n}X_i$，$Q^2=\sum\limits_{i=1}^{n}(X_i-\overline{X})^2$，则假设 H_0：$\mu=0$ 的 t 检验使用统计量 $t=$ ________.

解　填 $\frac{\sqrt{n(n-1)}\,\overline{X}}{Q}$. 因为 σ^2 未知，故采用 t 检验法，使用的检验统计量为 $t=\frac{\overline{X}-0}{S/\sqrt{n}}$.

将其改写，有

$$t=\frac{\overline{X}-0}{S/\sqrt{n}}=\frac{\sqrt{n}\,\overline{X}}{\sqrt{\frac{1}{n-1}\sum\limits_{i=1}^{n}(X_i-\overline{X})^2}}=\frac{\sqrt{n(n-1)}\,\overline{X}}{\sqrt{Q^2}}=\frac{\sqrt{n(n-1)}\,\overline{X}}{Q}$$

例 8.4.2　设某次考试的学生成绩服从正态分布，从中随机地抽取 36 位考生的成绩，算得平均成绩为 66.5 分，标准差为 15 分，问：在显著性水平 0.05 下，是否可以认为这次考试全体考生的平均成绩为 70 分？并给出检验过程.

解　设该次考试的考生成绩为 X，则由题意知，$X\sim N(\mu,\ \sigma^2)$，要检验的假设是

$$H_0:\ \mu=70\ ;\ H_1:\ \mu\neq 70$$

因为方差 σ^2 未知，故选取 t 统计量：$t=\frac{\overline{X}-\mu_0}{S/\sqrt{n}}$，在原假设成立时，$t\sim t(n-1)$.

又已知 $\mu_0=70$，$n=36$，$\bar{x}=66.5$，$s=15$，由此得检验统计量的观测值为

$$t=\frac{66.5-70}{15/\sqrt{36}}=-1.4$$

查表得 $t_{0.025}(35)=2.03$. 因为 $|t|=1.4<2.03=t_{0.025}(35)$，即样本观测值没有落到拒绝域内，所以在显著性水平 $\alpha=0.05$ 下接受原假设 H_0，即认为这次考试全体考生的平均成绩是 70 分.

1. 给定总体 $X \sim N(\mu, \sigma^2)$，σ^2 已知，给定样本 $X_1, X_2, \cdots, X_n$，对总体均值 μ 进行检验，令 $H_0: \mu=\mu_0$；$H_1: \mu \neq \mu_0$，则（　　）.

A. 若显著性水平 $\alpha=0.05$ 时拒绝 H_0，则 $\alpha=0.01$ 时必拒绝 H_0

B. 若显著性水平 $\alpha=0.05$ 时接受 H_0，则 $\alpha=0.01$ 时必拒绝 H_0

C. 若显著性水平 $\alpha=0.05$ 时拒绝 H_0，则 $\alpha=0.01$ 时必接受 H_0

D. 若显著性水平 $\alpha=0.05$ 时接受 H_0，则 $\alpha=0.01$ 时必接受 H_0

2. 某台机器原生产零件的平均直径是 3.278 厘米，标准差为 0.002 厘米. 经过大修后，从新生产的产品中抽测了 10 只，得直径的长度数据（单位：厘米）如下：

3.281　3.276　3.278　3.286　3.279　3.278　3.284　3.279　3.280　3.279

假设直径长度服从正态分布，大修后直径长度的方差不变，在显著性水平 $\alpha=0.05$ 下，问：产品的规格是否有变化？

3. 某车间生产铜丝，生产一向比较稳定，其折断力服从正态分布. 今从产品中随机地抽取 10 根检验折断力，得数据如下（单位：千克）：

578　572　570　568　572　570　570　572　596　584

问：该车间生产的铜丝折断力的方差是否可以认为是 64？（取显著性水平 $\alpha=0.05$）

4. 某纺织厂生产的一种细纱支数的均方差为1.2. 现从当日生产的一批产品中，随机抽取了16缕进行支数测量，求得样本均方差为2.1. 问：在正态总体的假定下，纱的均匀程度是否变差？(取显著性水平 $\alpha = 0.05$)

5. 某出租车公司欲检验装配哪一种轮胎省油，以12部装有 Ⅰ 型轮胎的车辆经过预定的测试. 在不变换驾驶员的情况下，将这12部车辆换装 Ⅱ 型轮胎并重复测试，其汽油消耗量如下表所示（单位：公里/升）：

汽车号 i	1	2	3	4	5	6	7	8	9	10	11	12
Ⅰ 型轮胎 x_i	4.2	4.7	6.6	7.0	6.7	4.5	5.7	6.0	7.4	4.9	6.1	5.2
Ⅱ 型轮胎 y_j	4.1	4.9	6.2	6.9	6.8	4.4	5.7	5.8	6.9	4.7	6.0	4.9

假定总体为正态分布，在 $\alpha = 0.025$ 的显著性水平下，问：是否可以推断安装 Ⅰ 型轮胎比安装Ⅱ 型轮胎要省油？

6. 某机床厂某日从两台机器所加工的同一种零件中，分别抽出若干个样品测量零件尺寸，得数据如下：

机器甲：15.0　14.5　15.2　15.5　14.8　15.1　15.2　14.8

机器乙：15.2　15.0　14.8　15.2　15.0　15.0　14.8　15.1　14.8

设零件尺寸服从正态分布，问：机器乙的加工精度是否比机器甲的高？（显著性水平 $\alpha = 0.05$）

附录 1

综合测试题

综合测试题一

一、单选题（每小题 3 分，共计 18 分）

1. 设 $0 < P(A) < 1$，$0 < P(B) < 1$，$P(A|B) + P(\bar{A}|\bar{B}) = 1$，则下列正确的是（　　）.

A. A 与 B 相互独立　　B. A 与 B 相互对立

C. A 与 B 互不相容　　D. A 与 B 互不独立

2. 设 $F_1(x)$ 与 $F_2(x)$ 分别为随机变量 X_1 与 X_2 的分布函数，为使 $F(x) = aF_1(x) - bF_2(x)$ 是某一变量的分布函数，在下列给定的各组数值中应取（　　）.

A. $a = \frac{3}{5}$，$b = -\frac{2}{5}$　　B. $a = \frac{2}{3}$，$b = \frac{2}{3}$

C. $a = -\frac{1}{2}$，$b = \frac{3}{2}$　　D. $a = \frac{1}{2}$，$b = -\frac{3}{2}$

3. 设 A，B，C 是三个相互独立的随机事件，且 $0 < P(C) < 1$. 则在下列给定的四对事件中不相互独立的是（　　）.

A. $\overline{A \cup B}$ 与 C　　B. $\overline{AC}$ 与 $\bar{C}$

C. $\overline{A - B}$ 与 $\bar{C}$　　D. $\overline{AB}$ 与 $\bar{C}$

4. 设随机变量 X 的概率密度为 $f(x)$，且 $f(-x) = f(x)$，$F(x)$ 是 X 的分布函数，则对任意实数 a，有（　　）.

A. $F(-a) = 1 - \int_0^a f(x)\mathrm{d}x$　　B. $F(-a) = \frac{1}{2} - \int_0^a f(x)\mathrm{d}x$

C. $F(-a) = F(a)$　　D. $F(-a) = 2F(a) - 1$

5. 设随机变量 X 服从二项分布，且 $E(X)=2.4$，$D(X)=1.44$，则二项分布的参数 n，p 的值为（　　）.

A. $n=4$，$p=0.6$　　B. $n=6$，$p=0.4$

C. $n=8$，$p=0.3$　　D. $n=24$，$p=0.1$

6. 设二维随机向量 (X, Y) 服从二维正态分布，且 X 与 Y 不相关，$f_X(x)$ 与 $f_Y(y)$ 分别表示 X 与 Y 的概率密度，则在 $Y=y$ 的条件下，X 的条件概率密度 $f_{X|Y}(x|y)$ 为（　　）.

A. $f_X(x)$　　B. $f_Y(y)$

C. $f_X(x)\cdot f_Y(y)$　　D. $\dfrac{f_X(x)}{f_Y(y)}$

二、填空题（每小题3分，共18分）

7. 已知 A，B 两个事件满足条件 $P(AB)=P(\overline{A}\,\overline{B})$，且 $P(A)=p$，则 $P(B)=$ ________.

8. 设随机变量 X 服从参数为1的泊松分布，则 $P\{X=E(X^2)\}=$ ________.

9. 在区间 (0，1) 内随机地取两个数，则事件“两数之和小于 $\dfrac{6}{5}$”的概率为________.

10. 设随机变量 X_1，X_2，…，X_n，…相互独立同分布，且 $X_i\sim b(1, p)$，$i=1, 2, \cdots$，$\Phi(x)$ 为标准正态分布的分布函数，则 $\lim\limits_{n\to\infty}P\left\{\dfrac{\sum\limits_{i=1}^{n}X_i-np}{\sqrt{np(1-p)}}\geqslant 2\right\}=$ ________.

11. 设随机变量 $X\sim N(\mu, 4)$，$Y\sim\chi^2(n)$，$T=\dfrac{\sqrt{n}(X-\mu)}{2\sqrt{Y}}$，则 T 服从自由度为______的 t 分布.

12. 设总体 $X\sim N(\mu_1, \sigma_1^2)$，$X_1$，$X_2$，…，$X_m$ 为来自 X 的样本，$\overline{X}$ 为其样本均值，总体 $Y\sim N(\mu_2, \sigma_2^2)$，$Y_1$，$Y_2$，…，$Y_n$ 为来自 Y 的样本，$\overline{Y}$ 为其样本均值，且 X 与 Y 相互独立，则 $D(\overline{X}+\overline{Y})=$ ________.

三、解答题（每小题8分，共64分）

13. 已知随机变量 X 的分布律为

X	-2	0	2
P	0.4	a	0.3

求：(1) 常数 a；(2) $E(3X^2+5)$，$D(\sqrt{10}X-5)$；(3) $Y=X^2$ 的分布律.

14. 设随机变量 X 的概率密度为

$$f(x)=\begin{cases}ax+1, & 0\leqslant x\leqslant 2,\\ 0, & \text{其他}\end{cases}$$

求：(1) 常数 a；(2) X 的分布函数；(3) $P\{1<X<3\}$.

15. 箱中装有6个球，其中红，白，黑球的个数分别为1，2，3个. 现从箱中随机地取出2个球，记 X 为取出的红球个数，Y 为取出的白球个数.

求：(1) 二维随机向量 (X, Y) 的联合分布律；(2) 协方差 $\mathrm{Cov}(X, Y)$.

16. 设二维随机向量 (X, Y) 的联合概率密度为 $f(x, y)=\begin{cases}6xy, & 0\leqslant x\leqslant 1,\ x^2\leqslant y\leqslant 1,\\ 0, & \text{其他}.\end{cases}$

求：(1) $P\{(X, Y)\in D\}$，其中 $D=\{(x, y)\mid 0\leqslant x\leqslant 1,\ x^2\leqslant y\leqslant x\}$；

(2) (X, Y) 的边缘概率密度 $f_X(x)$ 与 $f_Y(y)$，并判断 X 与 Y 的独立性.

17. 有两台同样的自动仪，每台无故障工作的时间服从参数为5的指数分布. 首先开动其中一台，当其发生故障时停用而另一台自行开动. 试求：两台记录仪无故障工作的总时间 T 的概率密度 $f(t)$、数学期望 $E(T)$ 和方差 $D(T)$.

18. 设总体 X 的分布函数为

$$F(x;\ \beta)=\begin{cases}1-\dfrac{1}{x^{\beta}}, & x>1,\\ 0, & x\leqslant 1\end{cases}$$

其中未知参数 $\beta>1$，X_1，X_2，…，X_n 为来自总体 X 的简单随机样本，求：

(1) β 的矩估计量；(2) β 的最大似然估计量.

19. 生产一个零件所需时间（单位：秒）$X\sim N(\mu,\ \sigma^2)$，观察 25 个零件的生产时间，得 $\bar{x}=5.5$，$s=1.73$，试求置信度为 0.95 的 μ 和 σ^2 的置信区间.

附表：$t_{0.025}(24)=2.0639$，$t_{0.025}(25)=2.0595$，$\chi^2_{0.025}(24)=39.364$，$\chi^2_{0.025}(25)=40.646$，$\chi^2_{0.975}(24)=12.401$，$\chi^2_{0.975}(25)=13.120$.

20. 根据长期的经验，某工厂生产的特种金属丝的折断力 $X\sim N(\mu,\ \sigma^2)$（单位：千克）. 已知 $\sigma=8$ 千克，现从该厂生产的一大批特种金属丝中随机抽取 10 个样品，测得样本均值 $\bar{x}=572.2$ 千克. 问：这批金属丝的平均折断力可否认为是 570 千克？（显著性水平 $\alpha=5\%$）

附表：$\Phi(1.96)=0.975$，$t_{0.025}(9)=2.2622$，$t_{0.025}(10)=2.2281$.

综合测试题二

一、单选题（每小题 3 分，共计 18 分）

1. 某人射击时，中靶的概率为 $\frac{3}{4}$，若射击直到中靶为止，则射击次数为 3 的概率为（　　）.

A. $\left(\frac{1}{4}\right)^2 \times \frac{3}{4}$　　B. $\left(\frac{3}{4}\right)^3$　　C. $\left(\frac{3}{4}\right)^2 \times \frac{1}{4}$　　D. $\left(\frac{1}{4}\right)^3$

2. 事件 $A-B$ 的概率等于（　　）.

A. $P(A)-P(B)$　　B. $P(A)P(\overline{B})$

C. $P(A)-P(AB)$　　D. $P(A)+P(\overline{B})$

3. 若 X 服从参数为 λ 的泊松分布，且 $P\{X=2\}=P\{X=3\}$，那么 $E(X)$ 等于（　　）.

A. 4　　B. 3　　C. 2　　D. 1

4. 设二维连续型随机变量 (X, Y) 的联合概率密度函数为 $f(x, y)=\begin{cases}\frac{1}{\pi}, & x^2+y^2 \leqslant 1, \\ 0, & \text{其他},\end{cases}$ 则随机变量 X 和 Y 为（　　）.

A. 独立同分布　　B. 独立不同分布

C. 不独立同分布　　D. 不独立不同分布

5. 随机变量 $X \sim N(\mu, \sigma^2)$，则随 σ 增大，$P\{|X-\mu|<3\sigma\}$（　　）.

A. 单调增大　　B. 单调减少　　C. 保持不变　　D. 增减不定

6. 设 X_1，X_2，X_3 为总体 X 的单随机样本，总体 X 的期望 $E(X)=\mu$，$\mu_1=\frac{1}{2}X_1+\frac{1}{2}X_2$，$\mu_2=\frac{1}{3}X_1+\frac{2}{3}X_2$，$\mu_3=\frac{1}{3}X_1+\frac{1}{3}X_2+\frac{1}{3}X_3$ 分别为 μ 的三个无偏估计，则（　　）.

A. μ_1 比 μ_2 更有效，μ_2 比 μ_3 更有效　　B. μ_3 比 μ_2 更有效，μ_2 比 μ_1 更有效

C. μ_1 比 μ_3 更有效，μ_3 比 μ_2 更有效　　D. μ_3 比 μ_1 更有效，μ_1 比 μ_2 更有效

二、填空题（每小题 3 分，共 18 分）

7. 设 A，B 是相互独立的事件，且 $P(A\cup B)=0.7$，$P(A)=0.4$，则 $P(B)=$________.

8. 已知随机变量 X 的均值 $\mu=12$，标准差 $\sigma=3$，试用切比雪夫不等式估计：$P\{6<X<18\} \geqslant$________.

9. 设 X_1，X_2，X_3，X_4 是来自正态总体 $N(0, 2^2)$ 的样本，令 $Y=(X_1+X_2)^2+(X_3-X_4)^2$，若随机变量 $CY \sim \chi^2(2)$，则 $C=$________.

10. 设 (X, Y) 是二维随机变量，已知 $D(X)=2$，$D(Y)=4$，相关系数 $\rho_{XY}=\frac{\sqrt{2}}{4}$，则协方差 $\mathrm{Cov}(X+Y, Y)=$________.

11. 设 $X \sim b(100, 0.2)$，则概率 $P\{|X-20| \leqslant 4\} \approx$ ________.（$\Phi(1)=0.84$）

12. 单正态总体 $N(\mu, \sigma^2)$，$\sigma=2$，随机取100个样本，得样本均值为4，此时 μ 置信水平为0.95的双侧置信区间为________.（$u_{0.025}=1.96$，$u_{0.05}=1.645$）

三、解答题（每小题8分，共64分）

13. 随机变量 X 在区间 $[1, 6]$ 上服从均匀分布，现在对 X 进行3次独立观察，求这3次观察中至少有两次观察值大于4的概率.

14. 一工厂有一、二、三3个车间生产同种产品，每个车间的产量占总产量的45%，35%，20%，如果3个车间的次品率分别为3%，4%，5%，求：

（1）从全厂产品中任意抽取一个产品，此产品是次品的概率；

（2）如果从全厂产品中抽出的一个恰好是次品，此次品是第一个车间生产的概率.

15. 设随机变量 X 的密度函数为 $f(x)=\begin{cases} a(1-x^2), & -1 \leqslant x \leqslant 1, \\ 0, & \text{其他}. \end{cases}$

求：（1）常数 a；（2）$P\left\{X \geqslant \frac{1}{2}\right\}$；（3）$X$ 的分布函数；（4）$E(X)$，$D(X)$.

16. 设二维离散型随机变量（X，Y）的概率分布为

X	Y	
	0	1
0	0.4	a
1	b	0.1

且事件 $\{X=0\}$ 与 $\{X+Y=1\}$ 相互独立，求：(1) 常数 a，b；(2) X 与 Y 的相关系数 ρ_{XY}.

17. 设 (X, Y) 的联合分布函数 $F(x, y)=\begin{cases}1-\mathrm{e}^{-x}-\mathrm{e}^{-y}+\mathrm{e}^{-x-y}, & x>0, y>0, \\ 0, & \text{其他},\end{cases}$ 求：

(1) 边缘概率密度 $f_X(x)$，$f_Y(y)$；(2) $Z=X+Y$ 的密度函数 $f_Z(z)$.

18. 设 X 为指数分布总体

$$f(x)=\begin{cases}\lambda \mathrm{e}^{-\lambda x}, & x>0, \\ 0, & x \leqslant 0\end{cases}$$

其中未知参数 $\lambda>0$. X_1，X_2，…，X_n 为来自总体 X 的简单随机样本，求：

(1) λ 的矩估计量；(2) λ 的极大似然估计量.

19. 假设某物体的实际重量μ未知，把它放在天平上重复称量了6次，结果为（单位：克）

$$5.52 \quad 5.48 \quad 5.64 \quad 5.51 \quad 5.43 \quad 5.54$$

假设每次称量相互独立且都服从正态分布$N(\mu, \sigma^2)$，求μ和σ^2的置信度为0.95的置信区间.

附表：$t_{0.025}(5) = 2.571$，$t_{0.025}(6) = 2.447$，$\chi^2_{0.025}(5) = 12.832$，$\chi^2_{0.025}(6) = 14.449$，$\chi^2_{0.975}(5) = 0.831$，$\chi^2_{0.975}(6) = 1.237$.

20. 某厂生产一种产品，其质量指标假定服从正态分布$N(\mu, \sigma^2)$，标准规格为均值$\mu = 120$. 现从该厂抽出5件产品，测得其指标值为

$$119 \quad 120 \quad 119.2 \quad 119.7 \quad 119.6$$

试根据这些数据判断该厂产品是否符合预定规格$\mu = 120$.（显著性水平$\alpha = 0.05$）

附表：$u_{0.025} = 1.96$，$t_{0.025}(4) = 2.776$，$t_{0.025}(5) = 2.571$.

综合测试题三

一、选择题（每小题3分，共15分）

1. 若事件A，B满足$P(A)+P(B)>1$，则A，B一定（　　）.

A. 不独立　　B. 互不相容　　C. 相互独立　　D. 相容

2. 可以作为连续型随机变量的分布函数的是（　　）.

A. $F(x)=\begin{cases} e^x, & x<0, \\ 1, & x\geqslant 0 \end{cases}$　　B. $F(x)=\begin{cases} e^{-x}, & x<0, \\ 1, & x\geqslant 0 \end{cases}$

C. $F(x)=\begin{cases} 0, & x<0, \\ 1-e^x, & x\geqslant 0 \end{cases}$　　D. $F(x)=\begin{cases} 0, & x<0, \\ 1+e^{-x}, & x\geqslant 0 \end{cases}$

3. 设随机变量X和Y相互独立，若$X\sim b(6,0.5)$，$Y\sim N(1,4)$，则$E(2X+5Y)=$（　　）.

A. 25　　B. 37　　C. 6　　D. 11

4. 设总体$X\sim N(\mu,\sigma^2)$，其中σ^2已知，但μ未知，而X_1，X_2，…，X_n为它的一个简单随机样本，则下列选项中不是统计量的是（　　）.

A. $\dfrac{1}{n}\sum\limits_{i=1}^{n}(X_i-\mu)^2$　　B. $\dfrac{1}{n}\sum\limits_{i=1}^{n}X_i$

C. $\dfrac{1}{n-1}\sum\limits_{i=1}^{n}(X_i-\overline{X})^2$　　D. $\dfrac{\overline{X}-3}{\sigma}\sqrt{n}$

5. 设(X,Y)的分布律如下：

X	Y		
	1	2	3
1	$\frac{1}{6}$	$\frac{1}{9}$	$\frac{1}{18}$
2	$\frac{1}{3}$	α	β

若X，Y相互独立，则α，β的取值为（　　）.

A. $\alpha=\dfrac{2}{9}$，$\beta=\dfrac{1}{9}$　　B. $\alpha=\dfrac{1}{9}$，$\beta=\dfrac{2}{9}$

C. $\alpha=\dfrac{1}{6}$，$\beta=\dfrac{1}{6}$　　D. $\alpha=\dfrac{5}{18}$，$\beta=\dfrac{1}{18}$

二、填空题（每小题3分，共21分）

6. 设A，B是两个事件，$P(A)=0.2$，$P(B)=0.3$，$P(A\cup B)=0.4$，则$P(\overline{A}\cup\overline{B})=$________.

7. 设随机变量 X，Y 相互独立，其分布函数分别为 $F_X(x)$ 和 $F_Y(y)$，令 $N=\min\{X, Y\}$，则 N 的分布函数 $F_N(z)=$____________.

8. 3 人独立地去破译一个密码，他们能译出的概率分别为 $\frac{1}{5}$，$\frac{1}{3}$，$\frac{1}{4}$，则能将此密码译出的概率为__________.

9. 设随机变量 X 服从参数为 λ 的泊松分布，且 $P\{X=1\}=P\{X=2\}$，则 $\lambda=$________.

10. 设随机变量 X 与 Y 的数学期望分别为 -2 和 2，方差分别为 1 和 4，而相关系数为 -0.5，则由切比雪夫不等式可知 $P\{|X+Y|\geqslant 6\}\leqslant$__________.

11. 设随机变量 Y_1，Y_2，…，Y_n 相互独立，且均服从 $N(0, 1)$，则它们的平方和 $Y_1^2+Y_2^2+\cdots+Y_n^2$ 服从____________分布，自由度是_______________.

12. 设总体 X 方差为 σ^2，X_1，X_2，…，X_n 是来自总体 X 的样本，则__________是 σ^2 的无偏估计量.

三、计算题（每小题 8 分，共 64 分）

13. 设 A，B，C 为三个事件，已知 $P(A)=0.3$，$P(B)=0.8$，$P(C)=0.6$，$P(A\cup B)=0.9$，$P(AC)=0.1$，$P(BC)=0.6$，$P(ABC)=0.1$. 试求：(1) $P(A\bar{B})$；(2) $P(A\cup B\cup C)$.

14. 设离散型随机变量 X 的分布律为

X	-1	1	2
P	0.2	0.5	0.3

求：(1) X 的分布函数；(2) $P\{-1\leqslant X\leqslant 3\}$；(3) $E(X^2-3X+1)$.

15. 已知随机变量 (X, Y) 的联合分布律如下：

X	Y		
	-1	0	1
2	0.2	0.1	0.1
4	0.1	0.3	0.2

求：(1) (X, Y) 各自的边缘分布律；(2) X，Y 是否相互独立？

16. 已知某型号电子管的使用寿命 X 为连续随机变量，其概率密度为

$$f(x)=\begin{cases}\dfrac{c}{x^2}, & x>1\ 000,\\ 0, & \text{其他}\end{cases}$$

（1）求常数 c；（2）已知一个设备装有 3 个这样的电子管，每个电子管能否正常工作相互独立，求在使用的最初 1 500 小时只有一个损坏的概率.

17. 设随机变量 (X, Y) 的概率密度为

$$f(x, y)=\begin{cases}k(6-x-y), & 0<x<2,\ 2<y<4,\\ 0, & \text{其他}\end{cases}$$

试求：(1) 系数 k；(2) $P\{X<1, Y<3\}$；(3) 判别随机变量 X 与 Y 的相互独立性.

18. 设总体 X 的概率密度函数为

$$f(x)=\begin{cases}\theta c^{\theta}x^{-(\theta+1)}, & x>c,\\ 0, & \text{其他}\end{cases}$$

其中 $\theta(\theta>1)$ 是未知参数；$c(c>0)$ 为已知；$X_1, X_2, \cdots, X_n$ 为总体 X 的一个样本，求未知参数 θ 的矩估计量.

19. 设二维随机变量 (X, Y) 的概率密度

$$f(x, y)=\begin{cases}12y^2, & 0\leqslant y\leqslant x\leqslant 1,\\ 0, & \text{其他}\end{cases}$$

求 $E(X)$，$E(Y^2)$.

20. 随机抽取某粮食加工厂生产的大米9袋，称其净重为（千克）：

100.5　99.6　105.0　99.4　102.5　101.2　99.5　98.9　99.3

若大米质量服从正态分布 $N(\mu, \sigma^2)$，由以往长期经验知其标准差 $\sigma=0.9$ 千克，且保持不变，求大米质量 μ 的置信度为95%的置信区间.

（已知 $u_{0.05}=1.645$，$u_{0.025}=1.96$，$t_{0.025}(5)=2.5706$，$t_{0.05}(5)=2.0150$）.

综合测试题四

一、选择题（每小题 3 分，共 15 分）

1. 设事件 A 和 B 为任意两个随机事件，则事件 $(A \cup B)(\Omega - AB)$ 表示（　　）.

A. 必然事件　　B. A 和 B 恰有一个发生

C. 不可能事件　　D. A 和 B 不同时发生

2. 袋中有 5 个球，其中 3 个红球，2 个白球，现无放回地从中随机抽取两次，每次取一球，则第二次取到红球的概率为（　　）.

A. $\frac{3}{5}$　　B. $\frac{1}{2}$　　C. $\frac{3}{4}$　　D. $\frac{3}{10}$

3. 3 名射击运队员一次射击命中目标的概率分别为 0.1、0.2 和 0.3，且 3 人射击相互独立，现让每人射击一次，则 3 人命中目标的人数的数学期望是（　　）.

A. 0.6　　B. 0.1　　C. 0.2　　D. 0.3

4. 若随机变量 $X \sim N(0, 1)$，$Y \sim \chi^2(n)$，且 X 与 Y 相互独立，若 $T = X/\sqrt{Y/n}$，则 T 服从（　　）.

A. 自由度是 n 的 $\chi^2(n)$ 分布　　B. 自由度是 n 的 t 分布

C. 自由度是 1，n 的 F 分布　　D. 以上说法都不正确

5. 设总体 $X \sim N(\mu, \sigma^2)$，$X_1, \cdots, X_n$ 为抽取样本，则 $\sum_{i=1}^{n}(X_i - \overline{X})^2/n$ 是（　　）.

A. μ 的无偏估计　　B. σ^2 的无偏估计

C. μ 的矩估计　　D. σ^2 的矩估计

二、填空题（每小题 3 分，共 21 分）

6. 甲、乙、丙 3 人各自独立打靶一次，他们的命中率分别为 0.4，0.5，0.6，则至少有一人击中的概率为________.

7. 已知 $P(A) = \frac{1}{2}$，$P(B|A) = \frac{1}{4}$，$P(A|B) = \frac{1}{4}$，则 $P(A \cup B) =$ ________.

8. 已知随机变量 $X \sim \pi(2)$（泊松），$Y \sim U(0, 4)$，$Z = 2X^2 - 3Y$，$E(Z) =$ ________.

9. 设离散型随机变量 X 的分布函数为

$$F(x) = \begin{cases} 0, & x < -1, \\ a, & -1 \leqslant x < 1, \\ \frac{2}{3} - a, & 1 \leqslant x < 2, \\ a + b, & x \geqslant 2 \end{cases}$$

且 $P\{X = 2\} = \frac{1}{2}$，则 $a =$ ________，$b =$ ________.

10. 设总体 $X \sim N(0, 1)$，X_1，X_2，X_3 为总体的样本，则 $X_1^2 + X_2^2 + X_3^2$ 服从______分布.

11. 设总体 $X \sim N(m, 1)$，X_1，X_2 为总体的样本，则 $\hat{m} = \frac{2}{3}X_1 + \frac{1}{3}X_2$ 是 m 的______估计量（填“有偏”或“无偏”）

12. 随机变量（X，Y）的分布律为

X	Y	
	1	2
1	$\frac{1}{16}$	a
2	$\frac{3}{16}$	b

若 X 与 Y 相互独立，则 $a =$ ______，$b =$ ______.

三、计算题（每小题8分，共64分）

13. 对同一目标进行3次独立射击，第一、二、三次击中的概率分别为0.4，0.5，0.7，试求：(1) 在这3次射击中，恰好有一次击中目标的概率；

(2) 至少有一次命中目标的概率.

14. 某商店销售一批照相机共10台，其中有3台次品，其余均为正品，某顾客去选购时，商店已售出2台，该顾客从剩下的8台中任意选购一台，求该顾客购到正品的概率.

15. 设有 36 个电子元件，它们的使用寿命（单位：小时）T_1，T_2，…，T_{36} 都服从参数为 $\lambda=0.1$ 的指数分布，其使用情况如下：第 1 个损坏，第 2 个立即使用，第 2 个损坏，第 3 个立即使用，依次类推. 令 T 为 36 个电子元件使用的总时间，用中心极限定理计算 T 超过 420 小时的概率.（已知 $\Phi(1)=0.841\ 3$）

16. 某科统考的考试成绩 X 近似地服从正态分布 $N(70, 10^2)$，第 100 名的成绩为 60 分，问：第 20 名的成绩约为多少？

标准正态分布的部分表格如下：

x	0	0.5	0.75	0.86	0.97	1
$\Phi(x)$	0.5	0.691 5	0.773 4	0.805 1	0.834 0	0.841 3

17. 从学校乘车到火车站的途中有 3 个交通岗，假设在各个交通岗遇到红灯的事件是相互独立的，并且概率都是 0.4，设 X 为途中遇到红灯的次数，求随机变量 X 的分布律、分布函数和数学期望.

18. 设 X，Y 为两个随机变量，已知 $D(X)=1$，$D(Y)=4$，$\mathrm{Cov}(X, Y)=1$，记 $X_1=X-2Y$，$X_2=2X-Y$，试求 X_1 与 X_2 的相关系数.

19. 假设一批产品的不合格品数与合格品数之比为 R（未知常数）．现在按还原抽样方式随意抽取的 n 件产品中发现 k 件不合格品．试求 R 的极大似然估计值．

20. 设大学生男生身高的总体 $X \sim N(\mu, 16)$（单位：厘米），若要使其平均身高置信度为 0.95 的置信区间长度小于 1.2，问：至少要抽查多少名学生的身高？

附录 2

参考答案

第 1 章　随机事件及其概率

1.1　随机事件及其运算

1. （1）错；（2）对.

2. （1）B；（2）B.

3. （1）互逆事件；(2) $\bar{A}\bar{B}\bar{C}$；（3）$\Omega=\{\omega_x \mid -\infty<x<+\infty\}$，$A=\{\omega_x \mid -\infty<x<20\}$.

4. $A=\{$（正，正)，(正，反）$\}$；$B=\{$（正，正)，(反，反）$\}$；$C=\{$（正，正)，(正，反)，(反，正）$\}$.

5. $D\subset A$，$D\subset C$，$\bar{A}=B$，$B\cap D=\varnothing$.

6. （1）3 次射击至少有一次没击中靶子；（2）前两次射击都没击中靶子；（3）恰好连续两次击中靶子.

7. $A(B\cup C)$.

8. （1）$\varnothing$；（2）AB.

9. 略.

1.2　频率与概率

1. （1）错；（2）对.

2. （1）C；（2）D.

3. 0.7.

4. （1）$\frac{1}{16}$；（2）$\frac{15}{16}$；（3）$\frac{7}{16}$.

5. 0.8.

6. 0.3.

7. $1-p$.

8. （1）当 $A \subset B$ 时，$P(AB)|_{\max} = P(A) = 0.6$；（2）当 $P(A \cup B) = 1$ 时，$P(AB)|_{\min} = 0.3$.

1.3　古典概型

1. （1）错；（2）错.

2. （1）A；（2）A.

3. $\frac{9}{25}$.

4. $\frac{3}{4}$.

5. （1）$\frac{15}{28}$；（2）$\frac{9}{14}$.

6. $\frac{8}{15}$.

7. $\frac{1}{4}$；$\frac{3}{8}$.

8. （1）$\frac{C_{400}^{90}C_{1\,100}^{110}}{C_{1\,500}^{200}}$；（2）$1-\frac{C_{1\,100}^{200}}{C_{1\,500}^{200}}-\frac{C_{400}^{1}C_{1\,100}^{199}}{C_{1\,500}^{200}}$.

9. $\frac{13}{21}$.

10. $\frac{7}{9}$.

1.4　条件概率

1. （1）对；（2）错.

2. （1）C；（2）A.

3. 0.6；0.3.

4. $P(A)=0.8$，$P(B)=0.6$，$P(AB)=0.5$，$P(A|B)=\frac{5}{6}$，$P(B|A)=0.625$.

5. $\frac{1}{3}$.

6. 0.4；0.1；$\frac{2}{3}$.

7. 0.93.

8. $\frac{32}{165}$.

9. （1）0.943 2；（2）0.848 2.

1.5　独立性

1. （1）错；（2）对.

2. （1）A；（2）A.

3. （1）0.79；（2）0.8.

4. $C_9^3 p^4 (1-p)^6$.

5. （1）0.56；（2）0.24；（3）0.14.

6. 第一种工艺的一级品率更大.

7. （1）0.409 6；（2）0.590 4；（3）0.409 6；（4）0.819 2；（5）0.102 4.

8. $P(A)=P(B)=\frac{1}{2}$.

1.6 考研训练

1. C. 2. D. 3. B. 4. B. 5. C. 6. B. 7. A.

8. 0.3. 9. $\frac{3}{4}$. 10. $\frac{1}{1\ 260}$. 11. $p=\frac{19}{36}$，$q=\frac{1}{18}$. 12. $\frac{3}{7}$. 13. $\frac{2}{5}$. 14. $\frac{1}{4}$. 15. $\frac{2}{3}$. 16. $\frac{13}{48}$.

17. （1）$\frac{2C_{48}^9}{C_{52}^{13}}$；（2）$\frac{2C_{48}^9}{C_{52}^{13}}-\frac{C_{48}^9 C_{48}^9}{C_{52}^{13} C_{52}^{13}}$. 18. $\frac{1}{2}+\frac{1}{\pi}$. 19. 0.999 3.

20. $\frac{a+2m}{a+b+3m}\cdot\frac{b}{a+b+2m}\cdot\frac{a+m}{a+b+m}\cdot\frac{a}{a+b}$.

第2章 随机变量及其分布

2.1 随机变量

1. （1）随机变量是定义在样本空间上的一个实值函数；（2）随机变量的取值是随机的，事先或试验前不知道取哪个值；（3）随机变量取确定值的概率大小是确定的.

2. （1）离散型随机变量；（2）连续型随机变量.

3. 记 $X=$ “取到的球的号码数”；$P\{X<5\}=\frac{1}{2}$；$P\{X=5\}=\frac{1}{10}$；$P\{X>5\}=\frac{2}{5}$.

2.2 离散型随机变量及其分布律

1. （1）错；（2）对.

2. A.

3. （1）

X	0	1	2
p	$\frac{7}{15}$	$\frac{7}{15}$	$\frac{1}{15}$

（2）$P\{X=k\}=C_{k-1}^{r-1}p^r(1-p)^{k-r}$，$(k=r, r+1, r+2, \cdots)$.

4. （1）0.2；（2）0.4；（3）0.6.

5. $c=\frac{37}{16}$, 0.32.

6.

X	3	4	5
p_k	0.1	0.3	0.6

7. $P\{X=k\}=\left(\frac{3}{10}\right)^{k-1}\cdot\frac{7}{10}$,（$k=1, 2, \cdots$）.

8. $\frac{19}{27}$.

9. $\lambda=2$.

10. 0.237 4.

11. $\frac{1}{25}(1+2\ln 5)$.

2.3 随机变量的分布函数

1. (1) 错；(2) 对.

2. D.

3. (1)

X	−1	0	2	4	5
p	0.2	0.3	0.3	0.1	0.1

(2) $F(x)=\begin{cases}0, & x<0,\\ \frac{7}{15}, & 0\leqslant x<1,\\ \frac{14}{15}, & 1\leqslant x<2,\\ 1, & x\geqslant 2.\end{cases}$

4. 是. 理由略.

5. $F(x)=\begin{cases}0, & x<1,\\ 0.3, & 1\leqslant x<3,\\ 0.8, & 3\leqslant x<5,\\ 1, & x\geqslant 5;\end{cases}$ 图略.

6. (1)

X	−1	1	3
p_k	0.4	0.4	0.2

(2) $\frac{2}{3}$.

7. 0.6, 0.75, 0.

8. (1) $q=1-\frac{\sqrt{2}}{2}$，(2) $F(x)=\begin{cases}0, & x<-1,\\ 0.5, & -1\leqslant x<0,\\ \sqrt{2}-0.5, & 0\leqslant x<1,\\ 1, & x\geqslant 1.\end{cases}$

9. $A=1$，$\frac{1}{2}$.

2.4 连续型随机变量及其概率密度

1. (1) 对；(2) 错.

2. (1) A；(2) B；(3) B.

3. (1) 0.8；(2) 0.2；(3) 6.

4. 0.25；0；$F(x)=\begin{cases}0, & x\leqslant 0,\\ x^2, & 0<x<1,\\ 1, & x\geqslant 1.\end{cases}$

5. (1) $A=1$，$B=-1$；(2) $1-e^{-2}$；(3) $f(x)=\begin{cases}2e^{-2x}, & x>0,\\ 0, & x\leqslant 0.\end{cases}$

6. $\frac{8}{27}$.

7. $c=3$，$d\leqslant 0.436$.

8. 0.875.

9. 略.

2.5 随机变量函数的分布

1. (1) 对；(2) 错.

2. (1) $\sum\limits_{g(x_k)\leqslant y} p_k$；(2) $f_Y(y)=\begin{cases}f_X[h(y)]\,|h'(y)|, & \alpha<y<\beta,\\ 0, & \text{其他};\end{cases}$

(3) $f_Y(y)=\begin{cases}\dfrac{1}{4\sqrt{y}}, & 0<y<4,\\ 0, & \text{其他}.\end{cases}$

3. (1) $a=0.1$；(2)

Y	-1	0	3	8
p_i	0.3	0.2	0.3	0.2

4.

Y	-1	0	1
p_i	$\frac{2}{15}$	$\frac{1}{3}$	$\frac{8}{15}$

5. $f_Y(y)=\begin{cases}\dfrac{1}{c(b-a)}, & ac+d<y\leqslant bc+d,\\ 0, & \text{其他},\end{cases}\quad c>0;$

$f_Y(y)=\begin{cases}-\dfrac{1}{c(b-a)}, & bc+d<y\leqslant ac+d,\\ 0, & \text{其他},\end{cases}\quad c<0.$

6. $f_Y(y)=\begin{cases}f(y)+f(-y), & y>0,\\ 0, & y\leqslant 0;\end{cases}$

7. $f_Y(y)=\begin{cases}\dfrac{1}{2\sqrt{\pi(y-1)}}\mathrm{e}^{-\frac{y-1}{4}}, & y>1,\\ 0, & y\leqslant 1.\end{cases}$

2.6　考研指导与训练

1. D.　2. A.　3. B.　4. [1, 6].

5. $F(x)=\begin{cases}0, & x\leqslant 0,\\ 0.5x^2, & 0<x\leqslant 1,\\ -1+2x-0.5x^2, & 1<x\leqslant 2,\\ 1, & x>2.\end{cases}$

6. $c=\mathrm{e}^{\lambda a}$；$1-\mathrm{e}^{-\lambda}$.

7. 0.578 1.

8. (1) 不是，理由略；(2) 略.

9. 0.8.

10. (1) 0.32；(2) 0.93.

11. $f_Y(y)=\begin{cases}\left(\dfrac{y-3}{2}\right)^3\mathrm{e}^{-\left(\frac{y-3}{2}\right)^2}, & y\geqslant 3,\\ 0, & y<3.\end{cases}$

12. $F_Y(y)=\begin{cases}0, & y<1,\\ 1-(1-\sqrt{y-1})^2, & 1\leqslant y<2,\\ 1, & y\geqslant 2;\end{cases}\quad f_Y(y)=\begin{cases}\dfrac{1}{\sqrt{y-1}}-1, & 1<y<2,\\ 0, & \text{其他}.\end{cases}$

第3章　多维随机变量及其分布

3.1　二维随机变量

1. (1) 错；(2) 对.

2. D.　3. C.

4. (1) $F(b,c)-F(a,c)$；(2) $F(+\infty,b)-F(+\infty,a)$；(3) $F(+\infty,b)-F(a,b)$.

5. 0.

6. $\frac{5}{7}$.

7. $f(x, y)=\begin{cases}2, & (x, y) \in D, \\ 0, & 其他;\end{cases}$ $f_X(x)=\begin{cases}2(1-x), & 0<x<1, \\ 0, & 其他;\end{cases}$

$f_Y(y)=\begin{cases}2(1-y), & 0<y<1, \\ 0, & 其他.\end{cases}$

8. （1）

X	Y	
	0	1
0	$\frac{25}{36}$	$\frac{5}{36}$
1	$\frac{5}{36}$	$\frac{1}{36}$

（2）

X	Y	
	0	1
0	$\frac{15}{22}$	$\frac{5}{33}$
1	$\frac{5}{33}$	$\frac{1}{66}$

9.

X	Y			$P\{X=x_i\}$
	1	2	3	
1	0	$\frac{1}{6}$	$\frac{1}{12}$	$\frac{1}{4}$
2	$\frac{1}{6}$	$\frac{1}{6}$	$\frac{1}{6}$	$\frac{1}{2}$
3	$\frac{1}{12}$	$\frac{1}{6}$	0	$\frac{1}{4}$
$P\{Y=y_j\}$	$\frac{1}{4}$	$\frac{1}{2}$	$\frac{1}{4}$	1

10. （1）$c=24$.

（2）$f_X(x)=\begin{cases}12x^2(1-x), & 0<x<1, \\ 0, & 其他,\end{cases}$ $f_Y(y)=\begin{cases}12y-24y^2+12y^3, & 0<y<1, \\ 0, & 其他;\end{cases}$

(3) $\frac{67}{256}$；(4) $F(x, y)=\begin{cases}0, & x \leqslant 0 \text{ 或 } y \leqslant 0, \\ 12xy^2-6x^2y^2-8y^3+3y^4, & 0<x \leqslant 1, y<x, \\ 6y^2-8y^3+3y^4, x>1, & y \leqslant x, \\ 4x^3-3x^4, & 0<x \leqslant 1, y>x, \\ 1, x>1, & y \geqslant x.\end{cases}$

11. (1) $c=12$；(2) $F(x, y)=\begin{cases}(1-e^{-3x})(1-e^{-4y}), x>0, y>0, \\ 0, \quad 其他;\end{cases}$ $f_X(x)=\begin{cases}3e^{-3x}, x>0, \\ 0, \quad x \leqslant 0,\end{cases}$

$f_Y(y)=\begin{cases}4e^{-4y}, y>0, \\ 0, \quad y \leqslant 0;\end{cases}$ (3) $(1-e^{-8})(1-e^{-3})$.

12. (1) $c=1$；(2) $f(x, y)=\begin{cases}2e^{-(2x+y)}, x>0, y>0, \\ 0, \quad 其他;\end{cases}$ (3) $1-2e^{-1}+e^{-2}$.

3.2　条件分布

1. (1) 错；(2) 对.

2. (1)

$X \mid Y=1$	0	1	2
p	$\frac{3}{11}$	$\frac{8}{11}$	0

(2)

$Y \mid X=2$	0	1	2
p	$\frac{4}{7}$	0	$\frac{3}{7}$

3.

$X \mid Y=1$	0	1
p	$\frac{2}{3}$	$\frac{1}{3}$

$X \mid Y=2$	0	2
p	$\frac{4}{7}$	$\frac{3}{7}$

$X \mid Y=3$	0	3
p	$\frac{3}{5}$	$\frac{2}{5}$

$Y \mid X=0$	1	2	3
p	$\frac{8}{15}$	$\frac{4}{15}$	$\frac{1}{5}$

$Y \mid X=1$	1	2	3
p	$\frac{4}{9}$	$\frac{1}{3}$	$\frac{2}{9}$

4. $f_{X \mid Y}(x \mid y)=\begin{cases}\frac{1}{y} e^{-\frac{x}{y}}, x>0, y>0, \\ 0, \quad 其他;\end{cases}$

5. (1) $A=10$；(2) $f_X(x)=\begin{cases}2e^{-2x}, x>0, \\ 0, \quad x \leqslant 0,\end{cases}$ $f_Y(y)=\begin{cases}5e^{-5y}, y>0, \\ 0, \quad y \leqslant 0;\end{cases}$ (3) $\frac{5}{3}e^{-6}-$

$\frac{2}{3}e^{-15}$；(4) $f_{X|Y}(x|y)=\begin{cases}2e^{-2x}, & x>0, y>0,\\ 0, & 其他,\end{cases}$ $f_{Y|X}(y|x)=\begin{cases}5e^{-5y}, & y>0, x>0,\\ 0, & 其他.\end{cases}$

6. (1) $f_{Y|X}(y|x)=\begin{cases}\dfrac{2y}{1-x^2}, & 0<x<1, 0<x<y,\\ 0, & 其他;\end{cases}$ (2) $\frac{47}{64}$.

3.3 相互独立的随机变量

1. (1) 对；(2) 错；(3) 错.

2. B.

3. (1) $\alpha=\frac{7}{24}$；(2) 不是.

4. $\frac{5}{9}$.

5. $f(x, y)=\begin{cases}\sqrt{\dfrac{2}{\pi}}e^{-\frac{x^2}{2}-2y}, & y>0,\\ 0, & y\leqslant 0.\end{cases}$

6.

X	Y			$P\{X=x_i\}=p_{i\cdot}$
	y_1	y_2	y_3	
x_1	$\frac{1}{24}$	$\frac{1}{8}$	$\frac{1}{12}$	$\frac{1}{4}$
x_2	$\frac{1}{8}$	$\frac{3}{8}$	$\frac{1}{4}$	$\frac{3}{4}$
$P\{Y=y_j\}=p_{\cdot j}$	$\frac{1}{6}$	$\frac{1}{2}$	$\frac{1}{3}$	1

7.

X	Y		
	$-\frac{1}{2}$	1	3
−2	$\frac{1}{8}$	$\frac{1}{16}$	$\frac{1}{16}$
−1	$\frac{1}{6}$	$\frac{1}{12}$	$\frac{1}{12}$
0	$\frac{1}{24}$	$\frac{1}{48}$	$\frac{1}{48}$
$\frac{1}{2}$	$\frac{1}{6}$	$\frac{1}{12}$	$\frac{1}{12}$

$P\{X+Y=1\}=\dfrac{1}{12}$，$P\{X+Y\neq 0\}=\dfrac{3}{4}$.

8. $f_X(x)=\begin{cases} x\mathrm{e}^{-x}, & x>0, \\ 0, & x\leqslant 0; \end{cases}$ $f_Y(y)=\begin{cases} \dfrac{1}{(1+y)^2}, & y>0, \\ 0, & y\leqslant 0; \end{cases}$ X 与 Y 相互独立.

9. 不相互独立.

10. $\dfrac{1}{3}$.

3.4　两个随机变量函数的分布

1. （1）对；（2）错；（3）对；（4）错.

2. A. 3. B.

4. $F_{\min}(z)=1-[1-F_X(z)][1-F_Y(z)]$.

5. （1）

$Z=X+Y$	-1	0	1	2
p_i	0.1	0.5	0.2	0.2

（2）

$Z=XY$	-6	-4	-3	-2	-1
p_i	0.1	0.35	0.2	0.2	0.15

（3）

$Z=\dfrac{X}{Y}$	-2	-1	$-\dfrac{2}{3}$	$-\dfrac{1}{2}$	$-\dfrac{1}{3}$
p_i	0.1	0.5	0.1	0.1	0.2

（4）

$Z=\max\{X, Y\}$	1	2	3
p_i	0.25	0.45	0.3

6.

V	U		
	1	2	3
1	$\dfrac{1}{9}$	$\dfrac{2}{9}$	$\dfrac{2}{9}$
2	0	$\dfrac{1}{9}$	$\dfrac{2}{9}$
3	0	0	$\dfrac{1}{9}$

7. $f_{X-Y}(z)=\begin{cases}1+z, & -1<z\leqslant 0,\\ 1-z, & 0<z\leqslant 1,\\ 0, & 其他;\end{cases}$ $f_{XY}(z)=\begin{cases}-\ln z, & 0<z<1,\\ 0, & 其他.\end{cases}$

8. $f_Z(z)=\begin{cases}\dfrac{9z^2}{8}, & 0<z<1,\\ \dfrac{3}{2}-\dfrac{3}{8}z^2, & 1\leqslant z<2,\\ 0, & 其他.\end{cases}$

9. $f_Z(z)=\begin{cases}z\mathrm{e}^{-z}, & z>0,\\ 0, & z\leqslant 0.\end{cases}$

10. (1) $f_Z(z)=\begin{cases}z^2, & 0\leqslant z<1,\\ 2z-z^2, & 1\leqslant z<2,\\ 0, & 其他;\end{cases}$ (2) $f_M(z)=\begin{cases}3z^2, & 0\leqslant z\leqslant 1,\\ 0, & 其他;\end{cases}$

(3) $f_N(z)=\begin{cases}1+2z-3z^2, & 0\leqslant z\leqslant 1,\\ 0, & 其他.\end{cases}$

3.5 考研指导与训练

1. A.

2. D.

3. B.

4. $\dfrac{1}{4}$.

5. $\dfrac{1}{9}$.

6. (1) $\dfrac{1}{2}$; (2) $f_Z(z)=\begin{cases}\dfrac{1}{3}, & -1\leqslant z\leqslant 2,\\ 0, & 其他.\end{cases}$

7. $g(u)=0.3f(u-1)+0.7f(u-2)$.

8. (1) $f_X(x)=\begin{cases}2x, & 0<x<1,\\ 0, & 其他,\end{cases}$ $f_Y(y)=\begin{cases}\dfrac{1}{2}(2-y), & 0<y<2,\\ 0, & 其他;\end{cases}$

(2) $f_Z(z)=\begin{cases}\dfrac{1}{2}(2-z), & 0<z<2,\\ 0, & 其他;\end{cases}$ (3) $\dfrac{3}{4}$.

9. (1) $f_{Y|X}(y\mid x)=\begin{cases}\dfrac{1}{x}, & 0<y<x,\\ 0, & 其他;\end{cases}$ (2) $\dfrac{\mathrm{e}-2}{\mathrm{e}-1}$.

10. $A=\dfrac{1}{\pi}$, $f_{Y|X}(y\mid x)=\dfrac{1}{\sqrt{\pi}}\mathrm{e}^{-(y-x)^2}$, $-\infty<y<+\infty$.

第4章　随机变量的数字特征

4.1　数学期望

1. (1) 错; (2) 对; (3) 错.

2. 4.

3. 7.8 元.

4. c.

5. $\frac{4}{3}$.

6. $A = e^{-2}$; $B = 2$.

7. 乙.

8. 13 666.67 元.

9. (1) 略; (2) $\frac{n+1}{2}$.

10. (1) $\frac{5}{3}$; (2) $2e$; (3) $2 - 2\ln 2$.

11. $\frac{\pi(a+b)(a^2+b^2)}{24}$.

12. $E(X) = \frac{13}{18}$, $E(Y) = \frac{10}{9}$, $E(XY) = \frac{43}{54}$, $E(3X^2 + 4Y^2) = \frac{713}{90}$.

4.2　方差

1. (1) 错; (2) 错; (3) 对.

2. B.　3. C.　4. A.

5. $E(X) = 1$, $D(X) = \frac{1}{2}$.

6. $E(X) = 2$, $D(X) = 2$.

7. 乙.

8. $E(X) = \frac{3}{2}$, $D(X) = \frac{3}{4}$.

9. 46.

10. $E(X) = 2$.

11. $E(XY) = 4$, $D(XY) = \frac{5}{2}$.

4.3　协方差与相关系数

1. (1) 对; (2) 错; (3) 对; (4) 错.

2. C.

3. D.

4. 57.

5. $\frac{3}{40}\theta^4$.

6. $E(X)=\frac{1}{4}$，$E(Y)=\frac{7}{6}$，$D(X)=\frac{3}{16}$，$D(Y)=\frac{5}{36}$，$\rho_{XY}=\frac{\sqrt{15}}{15}$.

7. $E(X)=2$，$D(Y)=18$，$\mathrm{Cov}(X,Y)=6$，$\rho_{XY}=1$.

8. $\mathrm{Cov}(X,Y)=\frac{4}{225}$，$\rho_{XY}=\frac{4}{\sqrt{66}}$，$D(X-2Y)=\frac{19}{225}$.

9.

X	Y	
	−1	1
0	0.4	0.1
1	0.1	0.4

10. $E(X)=\frac{4}{5}$，$E(Y)=\frac{3}{5}$，$\rho_{XY}=\frac{\sqrt{6}}{4}$.

4.4　考研指导与训练

1. D.

2. A.

3. D.

4. D.

5. $\frac{1}{2}\mathrm{e}^{-1}$.

6. e^{-1}.

7. −0.02.

8. 6.

9. (1)

X	Y		
	−1	0	1
0	0	$\frac{1}{3}$	0
1	$\frac{1}{3}$	0	$\frac{1}{3}$

（2）

$Z = XY$	-1	0	1
p_i	$\frac{1}{3}$	$\frac{1}{3}$	$\frac{1}{3}$

（3）$\rho_{XY} = 0$.

10. λ.

11. （1）$P\{Y = n\} = (n-1)\left(\frac{1}{8}\right)^2\left(\frac{7}{8}\right)^{n-2}$，$n = 2, 3, \cdots$；（2）16.

12. （1）

X	Y	
	0	1
0	$\frac{2}{3}$	$\frac{1}{12}$
1	$\frac{1}{6}$	$\frac{1}{12}$

（2）$\rho_{XY} = \frac{\sqrt{15}}{15}$.

（3）

Z	0	1	2
p	$\frac{2}{3}$	$\frac{1}{4}$	$\frac{1}{12}$

13. （1）

X	Y	
	0	1
0	$\frac{2}{9}$	$\frac{1}{9}$
1	$\frac{1}{9}$	$\frac{5}{9}$

（2）$\frac{4}{9}$.

14. （1）

X	Y		
	0	1	2
0	$\frac{1}{5}$	$\frac{2}{5}$	$\frac{1}{15}$
1	$\frac{1}{5}$	$\frac{2}{15}$	0

（2）$-\frac{4}{45}$；

15. （1）

U	V	
	1	2
1	$\frac{4}{9}$	0
2	$\frac{4}{9}$	$\frac{1}{9}$

（2）$\frac{4}{81}$.

第5章　大数定律及中心极限定理

5.1　大数定律

1. （1）错；（2）错；（3）对.

2. D.

3. 1/8.

4. 1/2.

5. 3/4.

6. ≥ 19/20.

7. （1）≥ 3/4；（2）≥ 10.

5.2　中心极限定理

1. （1）对；（2）对.

2. B.

3. 0.489 1.

4. 0.006 2.

5. 0.692.

6. 0.868 2.

7. 0.141 6.

5.3　考研指导与训练

1. 利用切比雪夫不等式证明.

2. 0.939 2 或 0.943 1.

3. 0.683 9.

4. 1 825.

5. 2 094.

第6章　样本及抽样分布

6.1　总体与样本

1. (1) 错; (2) 对.

2. $F_6(x)=\begin{cases}0, & x<1,\\ 1/3, & 1\leqslant x<3,\\ 5/6, & 3\leqslant x<7,\\ 1, & x\geqslant 7.\end{cases}$

3. (1) $f(x_1, x_2, \cdots, x_n)=\begin{cases}\dfrac{1}{\theta^n}, & 0\leqslant x_i\leqslant\theta,\ i=1, \cdots, n,\\ 0, & \text{其他};\end{cases}$

(2) $f(x_1, x_2, \cdots, x_n)=\begin{cases}\lambda^n e^{-\lambda\sum\limits_{i=1}^{n}x_i}, & x_i>0,\ i=1, 2, \cdots, n,\\ 0, & \text{其他};\end{cases}$

(3) $P\{X_1=x_1, X_2=x_2, \cdots, X_n=x_n\}=p^{\sum\limits_{i=1}^{n}x_i}(1-p)^{n-\sum\limits_{i=1}^{n}x_i}$, $x_i=0, 1$, $i=1, 2, \cdots, n$.

6.2　抽样分布

1. (1) 错; (2) 对.

2. C.

3. C.

4. $\bar{x}=5$; $s^2=6.5$; $b_2=5.2$.

5. 1/3.

6. 4; t.

7. F; (10, 5).

8. $E(\overline{X})=n$, $D(\overline{X})=n/5$, $E(S^2)=2n$.

9. 0.285 7.

10. (1) $n\geqslant 22$; (2) $n\geqslant 16$.

11. 0.99.

6.3 考研指导与训练

1. C.

2. D.

3. C.

4. 2.

5. σ^2.

6. $n \geqslant 35$.

7. $2(n-1)\sigma^2$.

第7章 参数估计

7.1 矩估计

1. (1) 错；(2) 对；(3) 错.

2. C.

3. D.

4. $\frac{1}{2}$；$\frac{1}{4}$.

5. $\frac{1}{n}\sum_{i=1}^{n} X_i^2$（或 A_2）；$\frac{2}{3}$.

6. $\hat{\theta} = \frac{1}{\overline{X}} - 1$.

7. $\hat{\theta} = \overline{X} - 1$.

7.2 极大似然估计

1. (1) 错；(2) 对；(3) 错.

2. $\overline{X}$；$1 - e^{-\overline{X}}$；1.

3. $\frac{1}{n}\sum_{i=1}^{n} |X_i|$.

4. $\hat{\theta}_{矩} = \frac{1}{\overline{X} - 1}$；$\hat{\theta}_{MLE} = \frac{n}{\sum_{i=1}^{n} \ln X_i} - 1$.

5. (1) $\hat{\sigma} = \overline{X} - \mu$；(2) $\hat{\mu} = \min_{1 \leqslant i \leqslant n}\{X_i\}$；(3) $\hat{\mu} = \min_{1 \leqslant i \leqslant n}\{X_i\}$，$\hat{\sigma} = \overline{X} - \min_{1 \leqslant i \leqslant n}\{X_i\}$.

7.3 估计量的评选标准

1. (1) 错；(2) 错.

2. A.

3. D.

4. λ.

5. $\frac{3}{10}$.

6. 均值的无偏估计为33，方差的无偏估计为18.8.

7. $D(\hat{\mu}_1)=\frac{5}{9}$；$D(\hat{\mu}_2)=\frac{5}{8}$；$D(\hat{\mu}_3)=\frac{1}{2}$；$\hat{\mu}_3$ 最有效.

8. 略.

7.4 区间估计

1. （1）错；（2）对；（3）对.

2. A.

3. C.

4. (4.412，5.588).

5. (60.97，193.53).

6. 4.

7. （1）(5.608，6.392)；（2）(5.558，6.442).

8. （1）(0.379，5.858)；（2）(0.378，8.699).

9. 385.

10. (−0.002，0.006).

11. (0.342 9，2.946 5).

7.5 考研指导与训练

1. −1.

2. $\frac{2}{5n}$.

3. （1）矩估计量 $\frac{2}{\overline{X}}$；（2）最大似然估计量 $\hat{\lambda}=\frac{2}{\overline{X}}$.

4. （1）最大似然估计量为 $\hat{\sigma}^2=\frac{1}{n}\sum_{i=1}^{n}(X_i-\mu_0)^2$；（2）$E(\hat{\sigma}^2)=\sigma^2$，$D(\hat{\sigma}^2)=\frac{2\sigma^4}{n}$.

5. （1）矩估计量为 $\overline{X}$；（2）最大似然估计量为 $\frac{2n}{\sum_{i=1}^{n}\frac{1}{X_i}}$.

6. （1）矩估计量为 $2\overline{X}-1$；（2）最大似然估计量 $\min\limits_{1\leqslant x_i\leqslant n}\{X_i\}$.

7. （1）概率密度为 $f(t)=\begin{cases}\frac{9t^8}{\theta^9}, & 0<t<\theta,\\ 0, & 其他；\end{cases}$ （2）$a=\frac{10}{9}$.

8. （1）$\hat{\sigma}=\frac{1}{n}\sum_{i=1}^{n}|X_i|$；（2）$E(\hat{\sigma})=\sigma^2$，$D(\hat{\sigma})=\frac{\sigma^2}{n}$.

9. （1）$A=\sqrt{\dfrac{2}{\pi}}$；（2）最大似然估计量为 $\hat{\sigma}^2=\dfrac{1}{n}\sum_{i=1}^{n}(X_i-\mu)^2$.

第8章　假设检验

8.1　假设检验

1. （1）决策有错，犯第一类错误；（2）决策有错，犯第二类错误.

2. D.

3. C.

4. 大些.

5. （1）犯第一类错误的概率为0.025，犯第二类错误的概率为0.484；（2）$n=6$.

8.2　正态总体均值的假设检验

1. A.

2. $U=\dfrac{\overline{X}-\mu_0}{\sigma/\sqrt{n}}$；$H_0$ 成立的；标准正态.

3. $T=\dfrac{\overline{X}-\mu_0}{S\sqrt{n}}$；$H_0$ 成立的；自由度为 $n-1$ 的 t.

4. $T=\dfrac{\overline{X}-30}{S/4}$；$t=3.29$；拒绝.

5. 检验假设 H_0：$\mu=2$；H_1：$\mu\neq 2$，拒绝 H_0，不能认为元件的平均长度为2厘米.

6. 检验假设 H_0：$\mu\leqslant 2.6$；H_1：$\mu>2.6$，拒绝 H_0，即可认为平均电阻值没有明显提高.

8.3　正态总体方差的假设检验

1. A.

2. B.

3. $\chi^2=\dfrac{\sum_{i=1}^{n}(X_i-\mu_0)^2}{\sigma_0^2}$；$H_0$ 成立的；自由度为 n 的卡方.

4. $\chi^2=\dfrac{(n-1)S^2}{\sigma_0^2}$；$H_0$ 成立的；自由度为 $n-1$ 的卡方；$\chi^2>\chi_\alpha^2(n-1)$.

5. 检验假设 H_0：$\sigma^2\leqslant 70$；H_1：$\sigma^2>70$，接受 H_0，可以认为考试成绩的方差不超过70.

6. 检验假设 H_0：$\sigma^2\leqslant 1.15$；H_1：$\sigma^2>1.15$，拒绝 H_0，即可以认定此机器发生故障.

7. 检验假设 H_0：$\sigma\leqslant 0.24$；H_1：$\sigma>0.24$，接受 H_0，即没有必要调整配料.

8.4　考研指导与训练

1. D.

2. 检验假设 H_0：$\mu=3.728$；H_1：$\mu\neq 3.728$，拒绝 H_0，即认为产品的规格发生了变化.

3. 检验假设 H_0：$\sigma^2=64$；H_1：$\sigma^2\neq 64$，接受 H_0，折断力的方差可以认为是64.

4. 检验假设 H_0：$\sigma\leqslant 1.2$；H_1：$\sigma>1.2$，拒绝 H_0，认为纱的均匀程度变差.

5. 按成对数据进行处理，设 $D_i=X_i-Y_i\sim N(\mu_d,\sigma_d^2)$，检验假设 H_0：$\mu_d=0$；H_1：$\mu_d<0$，接受 H_0，认为 Ⅰ 型轮胎不比 Ⅱ 型轮胎省油.

6. 检验假设 H_0：$\sigma_1^2=\sigma_2^2$；H_1：$\sigma_1^2>\sigma_2^2$，拒绝 H_0，可以认为机器乙的加工精度比机器甲的加工精度高.

综合测试题参考答案

综合测试题一

一、单选题

1. A. 2. A. 3. B. 4. B. 5. B. 6. A.

二、填空题

7. $1-p$. 8. $\frac{1}{2\mathrm{e}}$. 9. $\frac{17}{25}$. 10. $1-\Phi(2)\approx 0.0228$. 11. n. 12. $\frac{\sigma_1^2}{m}+\frac{\sigma_2^2}{n}$.

三、解答题

13. (1) $a=0.3$; (2) $E(3X^2+5)=13.4$, $D(\sqrt{10}X-5)=27.6$; (3) $Y=X^2$ 的分布律为

X	0	4
p	0.3	0.7

14. (1) $a=-\frac{1}{2}$; (2) $F(x)=\begin{cases}0, & x<0,\\ x-\frac{x^2}{4}, & 0\leqslant x\leqslant 2,\\ 1, & x>2;\end{cases}$ (3) $P\{1<X<3\}=\frac{1}{4}$.

15. (1)

X	Y		
	0	1	2
0	$\frac{1}{5}$	$\frac{2}{5}$	$\frac{1}{15}$
1	$\frac{1}{5}$	$\frac{2}{15}$	0

(2) $\mathrm{Cov}(X, Y)=-\frac{4}{45}$.

16. （1）$\frac{1}{4}$.

（2）$f_X(x)=\begin{cases}3x(1-x^4), & 0\leqslant x\leqslant 1,\\ 0, & 其他,\end{cases}$ $f_Y(x)=\begin{cases}3y^2, & 0\leqslant y\leqslant 1,\\ 0, & 其他,\end{cases}$ X 与 Y 不相互独立.

17. $f(t)=\begin{cases}25te^{-5t}, & t>0,\\ 0, & t\leqslant 0;\end{cases}$ $E(T)=\frac{2}{5}$；$D(T)=\frac{2}{25}$.

18. （1）$\hat{\beta}=\frac{\overline{X}}{\overline{X}-1}$；（2）$\hat{\beta}=\frac{n}{\sum_{i=1}^{n}\ln X_i}$.

19. （1）μ 的置信区间为：(4.785 8，6.214 1)；（2）σ^2 的置信区间为：(1.824 8，5.792 2).

20. 检验假设 H_0：$\mu=570$；H_1：$\mu\neq 570$，拒绝 H_0，即不能认为平均折断力为 570 千克.

综合测试题二

一、单选题

1. A.　2. C.　3. B.　4. C.　5. C.　6. D.

二、填空题

7. 0.5.　8. $\geqslant 3/4$.　9. 1/8.　10. 5.　11. 0.68.　12. (3.61，4.39).

三、解答题

13. 0.352.

14. （1）0.037 5；（2）0.36.

15. （1）$a=\frac{3}{4}$；（2）$P\left\{X\geqslant\frac{1}{2}\right\}=\frac{5}{32}$.

（3）$F(x)=\begin{cases}0, & x<-1,\\ \frac{3}{4}\left(x-\frac{x^3}{3}\right)+\frac{1}{2}, & -1\leqslant x<1\\ 1, & x\geqslant 1;\end{cases}$

（4）$E(X)=0$，$D(X)=\frac{1}{5}$.

16. （1）$a=0.4$，$b=0.1$；（2）0.

17. （1）$f_X(x)=\begin{cases}e^{-x}, & x>0,\\ 0, & x\leqslant 0,\end{cases}$ $f_Y(y)=\begin{cases}e^{-y}, & y>0,\\ 0, & y\leqslant 0;\end{cases}$

（2）$f_Z(z)=\begin{cases}ze^{-z}, & z>0,\\ 0, & z\leqslant 0.\end{cases}$

18. （1）$1/\overline{X}$；（2）$1/\overline{X}$.

19. μ 的置信度为0.95的置信区间为(5.447，5.594)；

σ^2 的置信度为0.95的置信区间为(0.0019，0.0295).

20. 该厂产品不符合预定规格.

综合测试题三

一、单选题

1. D.　2. A.　3. D.　4. A.　5. A.

二、填空题

6. 0.9.　7. $1-[1-F_X(z)][1-F_Y(z)]$.　8. $\frac{3}{5}$.　9. 2.　10. $\frac{1}{12}$.　11. $\chi^2(n)$；n.

12. S^2.

三、解答题

13. (1) 0.1；(2) 0.9.

14. (1) $F(x)=\begin{cases}0, & x<-1,\\ 0.2, & -1\leqslant x<1,\\ 0.7, & 1\leqslant x<2,\\ 1, & x\geqslant 2;\end{cases}$ (2) 1；(3) 0.2.

15. (1)

X	−1	0	1
p	0.3	0.4	0.3

Y	2	4
p	0.4	0.6

(2) 不相互独立.

16. (1) $c=1\,000$；(2) $\frac{4}{9}$.　17. (1) $k=\frac{1}{8}$；(2) $\frac{3}{8}$；(3) 不相互独立.

18. $\hat{\theta}=\frac{\overline{X}}{\overline{X}-c}$.　19. $E(X)=\frac{4}{5}$；$E(Y^2)=\frac{2}{5}$.　20. (100.07，101.25).

综合测试题四

一、单选题

1. D.　2. A.　3. A.　4. B.　5. D.

二、填空题

6. 0.88.　7. $\frac{7}{8}$.　8. 6.　9. $a=\frac{1}{6}$，$b=\frac{5}{6}$.　10. $\chi^2(3)$.　11. 无偏.

12. $a=\dfrac{3}{16}$，$b=\dfrac{9}{16}$.

三、解答题

13. （1）0.36；（2）0.91.

14. $\dfrac{7}{10}$.

15. 0.158 7.

16. 79.6.

17. 分布律为

X	0	1	2	3
p	$\dfrac{27}{125}$	$\dfrac{54}{125}$	$\dfrac{36}{125}$	$\dfrac{8}{125}$

分布函数为

$$F(x)=\begin{cases}0, & x<0,\\ \dfrac{27}{125}, & 0\leqslant x<1,\\ \dfrac{81}{125}, & 1\leqslant x<2,\\ \dfrac{117}{125}, & 2\leqslant x<3,\\ 1, & x\geqslant 3\end{cases}$$

数学期望 $E(X)=\dfrac{6}{5}$.

18. $\rho_{X_1X_2}=\dfrac{5}{26}\sqrt{13}$.

19. $\hat{R}_l=\dfrac{k}{n-k}$.

20. 171.

参 考 文 献

[1] 张野芳，曹金亮．概率论与数理统计［M］．北京：地质出版社，2018.

[2] 李长青，张野芳．概率论与数理统计学习指导［M］．上海：上海交通大学出版社，2016.

[3] 盛骤，谢式千，潘承毅．概率论与数理统计（第四版）［M］．北京：高等教育出版社，2008.

[4] 王松桂，张忠占，程维虎，高旅端．概率论与数理统计（第三版）［M］．北京：科学出版社，2011.

[5] 茆诗松，程依明，濮晓龙．概率论与数理统计教程（第二版）［M］．北京：高等教育出版社，2011.

[6] 魏宗舒．概率论与数理统计教程（第二版）［M］．北京：高等教育出版社，2008.

[7] Sheldon M. Ross．概率论基础教程（原书第九版）［M］．童行伟，梁宝生，译．北京：机械工业出版社，2016.

[8] 陈希孺．概率论与数理统计［M］．合肥：中国科学技术大学出版社，2009.